SECTIONS DE TECHNICIEN SUPÉRIEUR
INSTITUTS UNIVERSITAIRES DE TECHNOLOGIE

PRÉCIS D'ÉLECTRONIQUE

TOME 2

Jean-Luc AZAN
Ancien élève de l'E.N.S. Cachan
Professeur au Lycée G. Eiffel de Cachan
Professeur à l'Ecole Supérieure d'Ingénieurs
en Electrotechnique et Electronique

1, rue de Rome 93561 Rosny s/Bois Cedex

Egalement parus aux éditions BREAL :

- Probabilités - statistiques et leurs applications de J. Trignan
- Les intégrales et leurs applications de J. Trignan
- La mécanique des fluides de M. Hanauer

Dépôt légal : mai 1994.
ISBN 2-85394-709 2

Avant-propos

Ce tome II couvre le programme de deuxième année des sections de techniciens supérieurs et des IUT d'électronique. Il pourra être utilisé avec profit par les étudiants des maîtrises E.E.A. et des écoles d'ingénieurs d'électronique.

Sa structure est identique à celle du premier tome :

- un résumé de cours clair et synthétique, couvrant la totalité des connaissances requises par le programme ;
- des exercices avec leurs solutions détaillées, qui favorisent l'application directe du cours, et l'assimilation des méthodes de calcul et modèles théoriques utilisés en électronique ;
- des sujets non corrigés, qui permettent aux élèves de s'entraîner et de tester leur niveau de connaissance.

Tous les exercices proposés ont été testés, et correspondent à des fonctions que l'on rencontre effectivement dans l'étude des systèmes électroniques industriels.

Certains de ces exercices correspondent à des sujets d'examen récents.

Le premier chapitre traite des asservissements analogiques linéaires étudiés à l'aide de la transformée de Laplace. Les points suivants sont exposés :

- représentation par schéma bloc du système bouclé ;
- étude de la stabilité ;
- correction proportionnelle, P.I. et P.I.D.

Le deuxième chapitre introduit la transformée en z pour analyser et synthétiser des filtres numériques. Les filtres numériques du premier ordre, du second ordre, récursifs et non récursifs sont étudiés en détail. Deux méthodes de synthèse de filtre numérique sont présentées :

- par transformation bilinéaire ;
- par invariance de la réponse indicielle.

Le troisième chapitre expose les méthodes d'étude des asservissements numériques linéaires à l'aide de la transformée en z. On y étudie les problèmes liés à :

- la représentation par schéma bloc ;
- la stabilité ;
- la correction P., P.I., P.I.D. ainsi que la méthode du modèle (réponse "pile").

Les deux derniers chapitres présentent les systèmes et les circuits associés aux modulations d'amplitude et de fréquence.

L'aspect spectral ainsi que de nombreux exemples pratiques sont analysés en détail.

L'auteur remercie par avance tous les lecteurs qui lui feront part de leurs critiques et de leurs remarques constructives.

L'auteur.

Sommaire

I. Schéma bloc

II. Stabilité

III. Précision statique

IV. Correction

1 Asservissements analogiques linéaires

Un asservissement à la structure générale suivante :

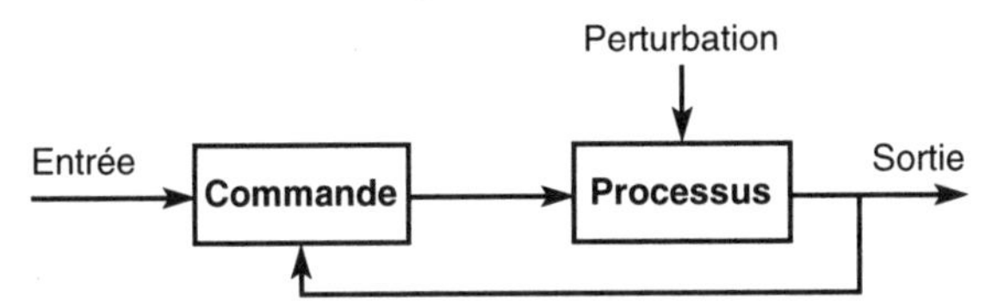

Une boucle d'asservissement peut apporter les avantages suivants :
- améliorer la rapidité de fonctionnement du système
- augmenter la précision
- diminuer l'influence des pertubations
- rendre contrôlable un système qui ne l'est pas en boucle ouverte
- diminuer les effets non-linéaires du processus.

I. SCHÉMA BLOC

Pour étudier les caractéristiques d'un asservissement, on le représente par un schéma bloc.

1. Exemple de schéma bloc : à une entrée et à retour unitaire

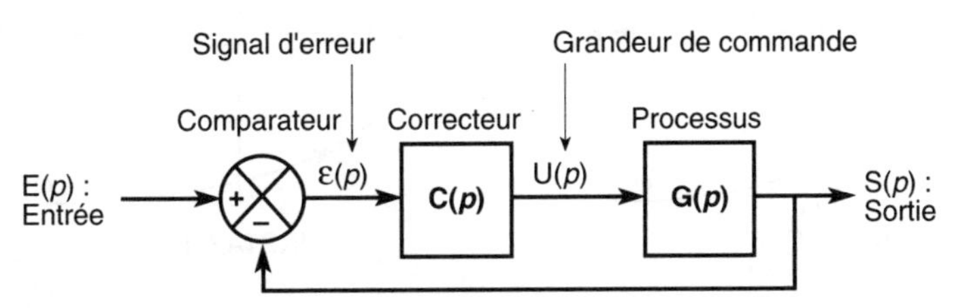

Le système asservi étant supposé linéaire, on associe à chaque bloc leur fonction de transfert de Laplace.

2. Fonction de transfert en boucle fermée

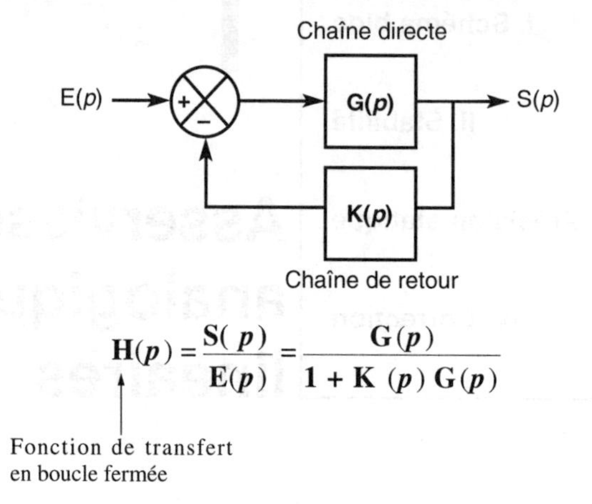

$$H(p) = \frac{S(p)}{E(p)} = \frac{G(p)}{1 + K(p)\,G(p)}$$

Fonction de transfert en boucle fermée

II. STABILITÉ

1. Condition générale de stabilité

Un asservissement est stable si tous les pôles de $H(p)$, fonction de transfert en boucle fermée, sont à partie réelle négative.

2. Critère du revers

Ce critère permet à partir de l'étude en boucle ouverte dans déduire la stabilité du système en boucle fermée. Soit la transmittance en boucle ouverte $T(p) = G(p)\,K(p)$, on trace le lieu de Nyquist pour $p = j\omega$ avec ω croissant de 0 à $+\infty$.

Le système asservi en boucle fermée est stable si le lieu de Nyquist de $\underline{T}(j\omega)$ passe à droite du point $(-1,0)$, appelé point critique dans le plan de Nyquist.

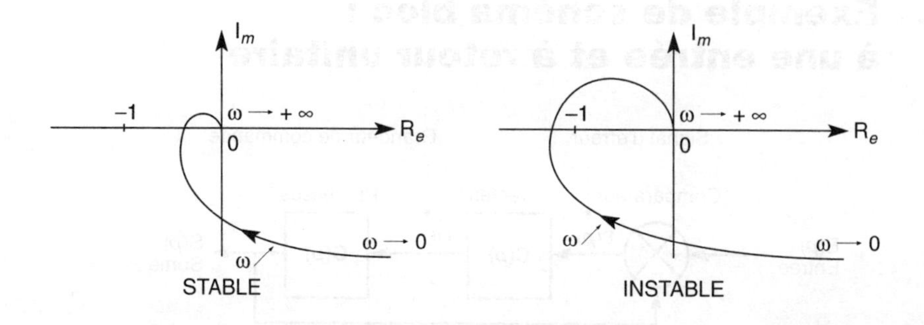

3. Degré de stabilité : marge de phase et marge de gain

Un système est "d'autant plus stable" en boucle fermée que le lieu de Nyquist de sa fonction de transfert en boucle ouverte $\underline{T}(j\omega)$ passe "loin" du point critique.

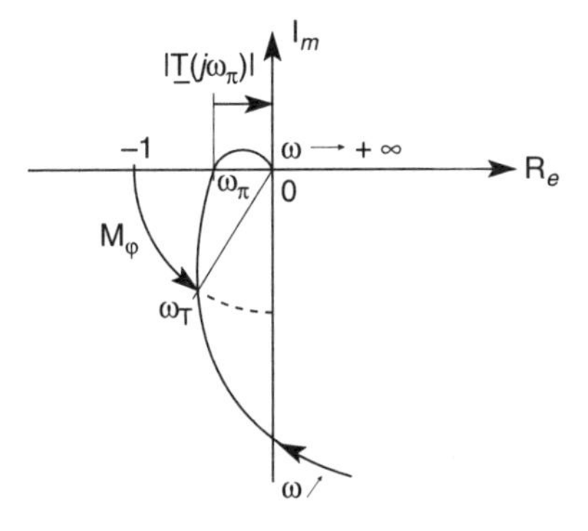

– Lieu de Nyquist de $\underline{T}(j\omega)$

ω_T : pulsation de transition telle que $|\underline{T}(j\omega_T)| = 1$

ω_π : pulsation telle que $\arg[\underline{T}(j\omega_\pi)] = \pi$

On définit les grandeurs suivantes :

Marge de phase : $M\varphi = 180° + \arg[\underline{T}(j\omega_T)]$

Marge de gain : $M_G = -20 \log |\underline{T}(j\omega_\pi)|$

Pour obtenir un degré de stabilité suffisant on s'impose :

$M\varphi > 45°$ et $M_G > 6$ dB.

Marge de phase et marge de gain dans le plan de Bode.

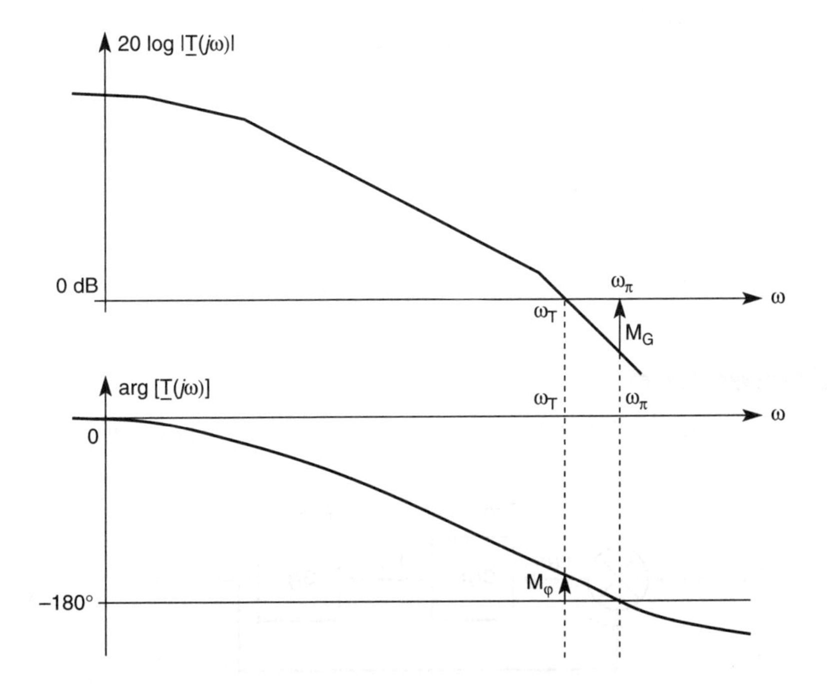

III. PRÉCISION STATIQUE

Soit un asservissement à retour unitaire :

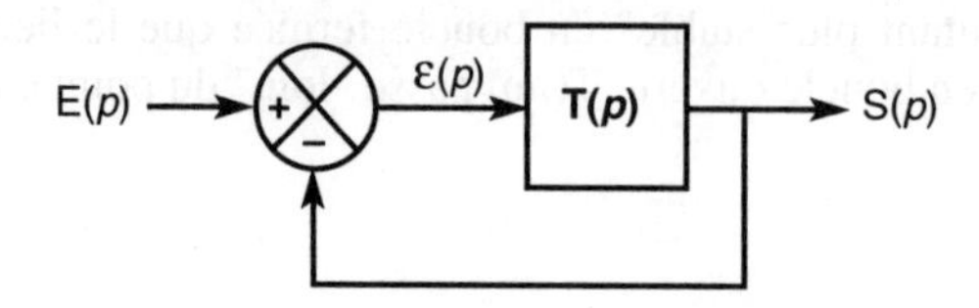

$\varepsilon(p)$ correspond à la transformée de Laplace du signal d'erreur $\varepsilon(t)$ entre l'entrée et la sortie : $\varepsilon(t) = e(t) - s(t)$.

Nous avons : $\varepsilon(p) = \dfrac{1}{1 + T(p)} E(p)$

L'erreur en régime permanent est donnée par :

$$\varepsilon(+\infty) = \lim_{p \to 0} p\,\varepsilon(p) = \lim_{p \to 0} \frac{p\,E(p)}{1 + T(p)}$$

L'annulation de l'erreur statique va dépendre de la présence d'intégration, terme en $\frac{1}{p}$, dans la chaîne directe. On peut établir le tableau suivant :

		Pas d'intégration $n = 0$	Une intégration $n = 1$	Deux intégrations $n = 2$
Entrée échelon $e(t) = E\Gamma(t)$	Erreur de position : $\varepsilon_0(+\infty)$	$\dfrac{E}{1 + T_0}$	0	0
Entrée rampe $e(t) = at\,\Gamma(t)$	Erreur de traînage : $\varepsilon_1(+\infty)$	$+\infty$	$\dfrac{a}{T_0}$	0

Avec : $T(p) = \dfrac{T_0}{p^n} \times \dfrac{N(p)}{D(p)}$

n intégrations (terme $\frac{T_0}{p^n}$)

fraction rationnelle en p telle que : $\dfrac{N(0)}{D(0)} = 1$

IV. Correction

Une structure classique est d'insérer le correcteur en cascade avec le processus.

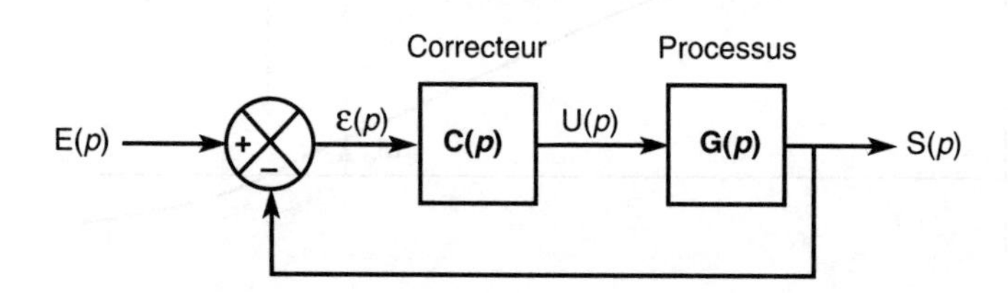

1. Correcteur de type proportionnel et intégral : P.I.

$C(p) = K\left(1 + \frac{1}{\tau_i p}\right)$: on possède 2 paramètres de réglage K et τ_i. L'intégration peut permettre d'annuler certaines erreurs statiques donc d'améliorer la précision.

2. Correcteur de type proportionnel, intégral et dérivé : P.I.D.

$C(p) = K\left(1 + \frac{1}{\tau_i p} + \tau_d p\right)$: on possède 3 paramètres de réglage K et τ_i et τ_d.

Le correcteur réel a une action dérivée filtrée :

$$C(p) = K\left(1 + \frac{1}{\tau_i p} + \frac{\tau_d p}{1 + \tau p}\right) \quad \text{avec} \quad \tau \ll \tau_d$$

Le correcteur P.I.D. améliore la précision et la rapidité de l'asservissement.

Exemple d'un schéma structurel parallèle d'un régulateur P.I.D. :

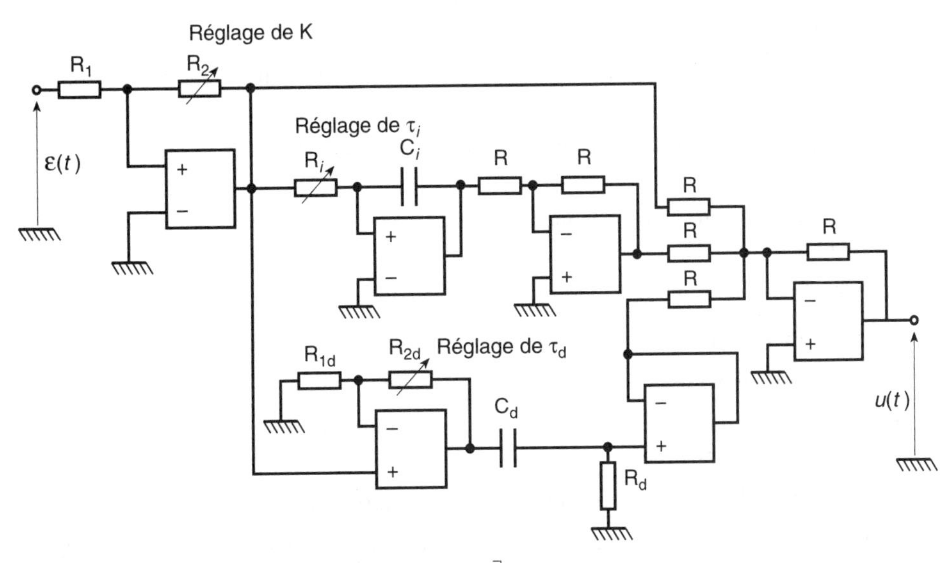

$$\frac{\underline{U}}{\underline{\varepsilon}} = \frac{R_2}{R_1}\left[1 + \frac{1}{R_i C_i p} + \left(1 + \frac{R_{2d}}{R_{1d}}\right)\frac{R_d C_d p}{1 + R_d C_d p}\right] = C(p)$$

Soit : $K = \frac{R_2}{R_1}$, $\tau_i = R_i C_i$ et $\begin{cases} \tau_d = \left(1 + \frac{R_{2d}}{R_{1d}}\right) R_d C_d \\ \tau = R_d C_d \end{cases}$

Exercices résolus

101 Asservissement du premier ordre : régulation proportionnelle

Un processus physique est modélisé par une fonction de transfert du premier ordre :

$$G(p) = \frac{G_0}{1 + \tau p} \quad \text{avec } \tau = 1 \text{ s et } G_0 = 1.$$

Ce processus est inséré dans une boucle d'asservissement contenant un régulateur proportionnel : $C(p) = K$.

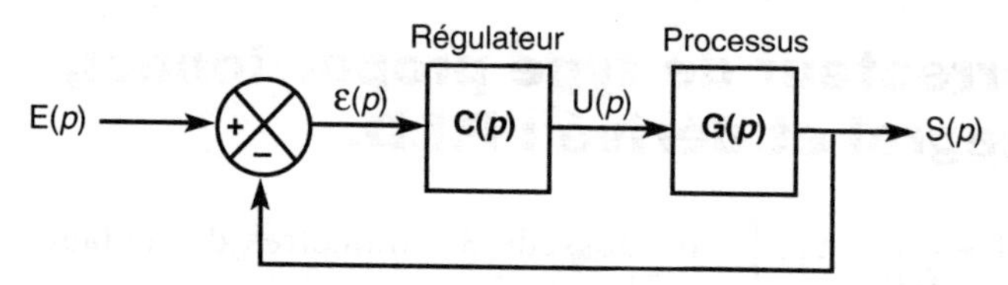

Les variables $e(t)$, $\varepsilon(t)$, $u(t)$ et $s(t)$ sont des tensions "images" des grandeurs physiques correspondantes.

1) a. Déterminer l'expression de la fonction de transfert en boucle fermée $H(p) = \frac{S(p)}{E(p)}$ et la mettre sous la forme suivante : $H(p) = \frac{H_0}{1 + \tau_{BF}\, p}$.

Exprimer H_0 et τ_{BF} en fonction de τ, G_0 et K.

b. Calculer les valeurs de la constante de temps en boucle fermée τ_{BF} et du gain statique H_0 pour $K = 10$.

c. Etablir l'expression de la grandeur de commande $U(p)$ en fonction de $E(p)$, K_0, G_0, et τ.

2) On applique à l'entrée un échelon d'amplitude unité : E = 1 V et on règle le correcteur avec $K = 10$.

a. On se place en régime permanent, calculer les valeurs de la sortie $s(+\infty)$ et de la commande $u(+\infty)$.

b. A l'aide du théorème de la valeur initiale, calculer $u(0^+)$.

c. Déterminer l'expression de $s(t)$ et la représenter graphiquement.

d. Déterminer l'expression de $u(t)$ et la représenter graphiquement.

3) En fait la grandeur de commande $u(t)$ est limitée par les tensions de saturation suivantes : $\pm U_{SAT} = \pm 5$ V.

a. Représenter la caractéristique de transfert statique $u(\varepsilon)$ pour $K = 10$.

b. Déterminer la valeur limite, K_{MAX}, du régulateur pour éviter une saturation de la grandeur de commande lorsque la consigne est un échelon d'amplitude unité.

c. La consigne est un échelon d'amplitude E.

Calculer les valeurs de K et E pour obtenir :

- $s(+\infty) = 1$ V
- un fonctionnement en régime linéaire
- un temps de réponse de $s(t)$ le plus petit possible.

En déduire la valeur du temps de réponse à 5 %, $t_{r5\,\%}$, de $s(t)$.

1) a. On obtient la fonction de transfert en boucle fermée en appliquant la formule de Black :

$$H(p) = \frac{C(p)\,G(p)}{1 + C(p)\,G(p)} = \frac{KG_0}{1 + \tau p + KG_0}$$

Soit : $\mathbf{H(p) = \dfrac{KG_0}{1 + KG_0} \times \dfrac{1}{1 + \dfrac{\tau}{1 + KG_0}\,p}}$

On en déduit : $\mathbf{H_0 = \dfrac{KG_0}{1 + KG_0}}$ et $\mathbf{\tau_{BF} = \dfrac{\tau}{1 + KG_0}}$

b. Pour K = 10 on obtient : $\mathbf{H_0 = \dfrac{10}{11} = 0{,}91}$ et $\mathbf{\tau_{BF} = \dfrac{\tau}{11} = 91\ ms}$

Le système en boucle fermée est $1 + KG_0 = 11$ fois plus rapide que le système en boucle ouverte.

c. Pour la grandeur de commande nous pouvons écrire :

$$U(p) = \frac{S(p)}{G(p)} = \frac{H(p)}{G(p)}\,E(p) = \frac{H_0}{1 + \tau_{BF}\,p} \times \frac{1 + \tau p}{G_0}\,E(p)$$

alors : $U(p) = \dfrac{H_0}{G_0} \times \dfrac{1 + \tau p}{1 + \tau_{BF}\,p}\,E(p)$ soit : $\mathbf{U(p) = \dfrac{K}{1 + KG_0} \times \dfrac{1 + \tau p}{1 + \dfrac{\tau}{1 + KG_0}\,p} \times E(p)}$

2) a. On utilise le théorème de la valeur finale :

$$s(+\infty) = \lim_{p \to 0} p\,S(p) \quad \text{avec } S(p) = H(p)\,E(p)$$

soit : $S(p) = \dfrac{H_0}{1 + \tau_{BF}\,p} \times \dfrac{E}{p}$

donc : $s(+\infty) = \lim\limits_{p \to 0} \dfrac{H_0 E}{1 + \tau_{BF}\,p}$ donc $\mathbf{s(+\infty) = H_0 E = \dfrac{KG_0}{1 + KG_0}\,E}$

Pour l'application numérique on obtient : $\mathbf{s(+\infty) = 0{,}91\ V.}$

Pour la grandeur de commande, nous pouvons écrire :
$s(+\infty) = G_0\,u(+\infty)$ car $G(p)$ est un premier ordre.

Alors : $\mathbf{u(+\infty) = \dfrac{K}{1 + KG_0}\,E = 0{,}91\ V.}$

b. D'après le théorème de la valeur initiale, on a pour la grandeur de commande :

$$u(0^+) = \lim_{p \to +\infty} p\,U(p) \quad \text{avec } U(p) = \frac{H_0}{G_0} \times \frac{1 + \tau p}{1 + \tau_{BF}\,p} \times E(p)$$

soit : $U(p) = \dfrac{H_0}{G_0} \times \dfrac{1 + \tau p}{1 + \tau_{BF}\,p} \times \dfrac{E}{P}$

alors : $u(0^+) = \lim\limits_{p \to +\infty} \dfrac{H_0}{G_0} \times \dfrac{1 + \tau p}{1 + \tau_{BF}\,p} \times E = \dfrac{H_0\,\tau}{G_0\,\tau_{BF}}\,E$

En remplaçant H_0 et τ_{BF} par leurs expressions on obtient $\boldsymbol{u(0^+) = KE = 10\ V}$.

On a pu améliorer la rapidité du système en boucle fermée en surdimensionnant la grandeur de commande $u(t)$.

Celle-ci fournit une impulsion au départ onze fois plus grande ($u(0^+) = 10$ V) que la valeur fournit en régime permanent ($u(+\infty) = 0{,}91$ V).

c. Soit $S(p) = \dfrac{H_0}{1 + \tau_{BF}\, p} \times \dfrac{E}{p}$

D'après la table des transformées de Laplace on obtient la réponse à un échelon pour un système du 1er ordre :

$\boldsymbol{s(t) = H_0\, E\, (1 - e^{-t/\tau_{BF}})}$ pour $t > 0$.

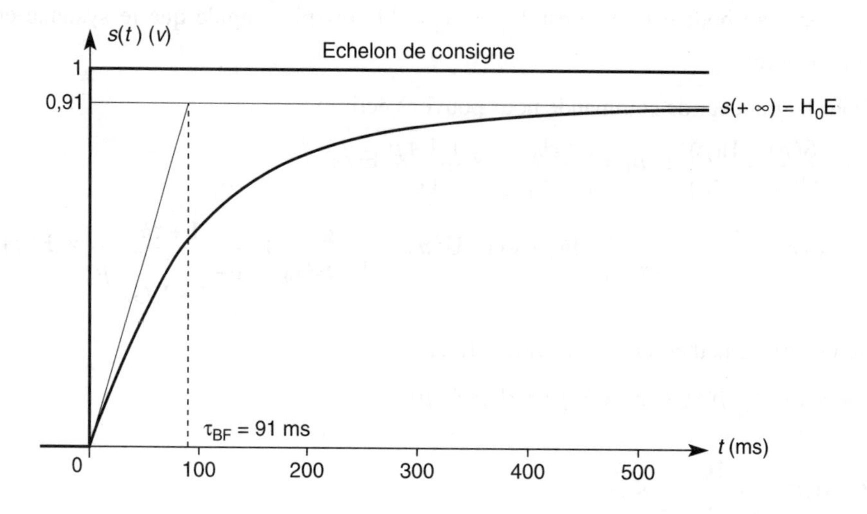

d. Nous avons : $U(p) = \dfrac{H_0}{G_0} \times \dfrac{1 + \tau\, p}{1 + \tau_{BF}\, p} \times \dfrac{E}{P}$

Soit : $U(p) = \dfrac{H_0}{G_0}\, E \times \dfrac{1}{p\,(1 + \tau_{BF}\, p)} + \dfrac{H_0}{G_0}\, E \times \dfrac{\tau}{1 + \tau_{BF}\, p}$

D'après la table des transformées de Laplace on peut écrire pour $t > 0$:

$$u(t) = \frac{H_0}{G_0}\, E\, \left(1 - e^{-t/\tau_{BF}}\right) + \frac{H_0}{G_0} \times \frac{\tau}{\tau_{BF}}\, E\, e^{-t/\tau_{BF}}$$

d'où : $u(t) = \dfrac{H_0}{G_0}\, E \left[1 + \left(\dfrac{\tau}{\tau_{BF}} - 1\right) e^{-t/\tau_{BF}}\right]$

En remplaçant H_0 et τ_{BF} par leur expression, on obtient :

$$\boldsymbol{u(t) = \frac{KE}{1 + KG_0} \left[1 + KG_0\, e^{-t/\tau_{BF}}\right] \Gamma(t)}$$

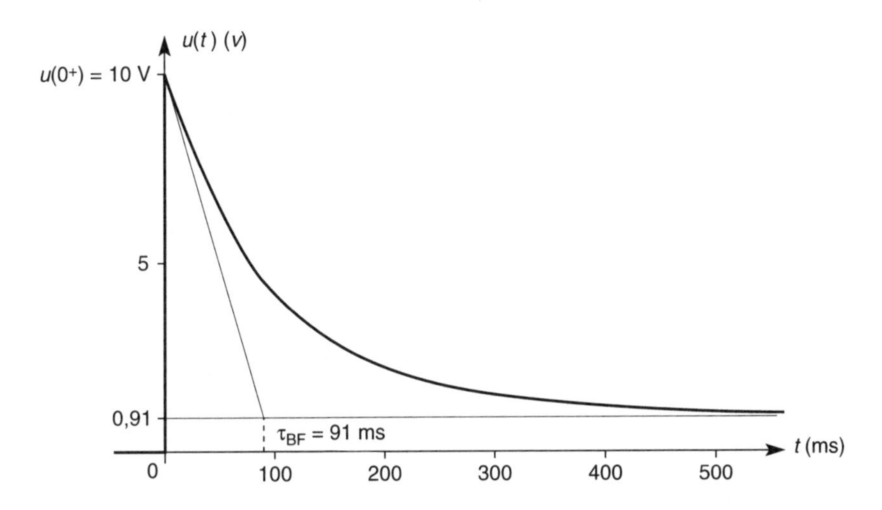

3) a. Caractéristique de transfert statique en tenant compte des tensions de saturation :

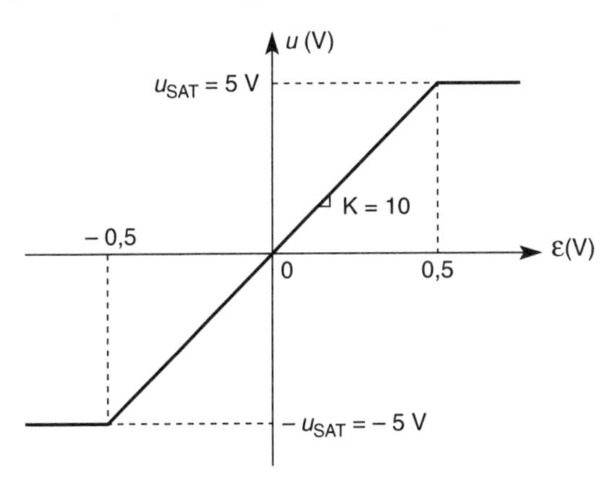

b. Lorsque la consigne est un échelon, la grandeur de commande est maximale à l'instant $t = 0^+$ avec : $u(0^+) = \mathrm{KE}$.

On se place à la limite de la saturation d'où :

$\mathrm{U_{SAT} = K_{MAX}\,E}$ soit $\mathbf{K_{MAX} = \dfrac{U_{SAT}}{E} = 5}$

c. Pour respecter le cahier des charges nous pouvons écrire :

– $\mathbf{K = K_{MAX} = 5}$: on choisit la valeur du gain la plus grande possible compatible avec le régime linéaire.

– $s(+\infty) = \mathrm{H_0\,E} = \dfrac{\mathrm{KG_0}}{1 + \mathrm{KG_0}}\,\mathrm{E}$ alors $\mathbf{E = \left(1 + \dfrac{1}{K_{MAX}\,G_0}\right)}\boldsymbol{s(+\infty)} \mathbf{= 1{,}2\ V.}$

Il faut régler la valeur de l'échelon de consigne à E = 1,2 V car il y a un signal d'erreur non nul, la chaîne directe de l'asservissement ne possédant pas d'intégration.

– Le temps de réponse à 5 % est donné pour un 1er ordre par :

$\boldsymbol{t_{r5\%} \approx 3\,\tau_{BF} = 0{,}5\ \mathrm{s}}.$

102 Asservissement du second ordre : type asservissement de vitesse

Un processus physique est modélisé par une fonction de transfert du second ordre :

$$G(p) = \frac{G_0}{(1 + \tau_1\, p)\ (1 + \tau_2\, p)} \quad \text{avec } G_0 = 1 \ \ \tau_1 = 10 \text{ s et } \tau_2 = 2 \text{ s}$$

Ce processus est inséré dans une boucle d'asservissement contenant un régulateur proportionnel : C(p) = K.

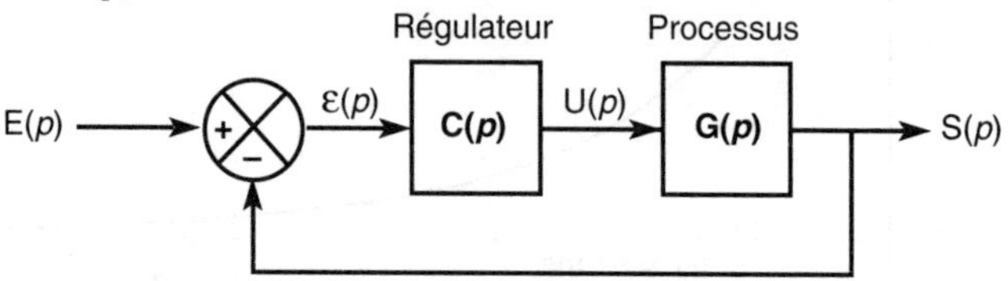

Les variables $e(t)$, $\varepsilon(t)$, $u(t)$ et $s(t)$ sont des tensions "images" des grandeurs physiques correspondantes.

1) a. Déterminer l'expression de la fonction de transfert en boucle fermée : $H(p) = \frac{S(p)}{E(p)}$ et la mettre sous la forme canonique suivante :

$$H(p) = \frac{H_0}{1 + 2\, m\, \frac{p}{\omega_0} + \left(\frac{p}{\omega_0}\right)^2}$$

En déduire les expressions des paramètres des H(p) :

– amplification statique : H_0

– coefficient d'amortissement : m

– pulsation propre : ω_0

en fonction de τ_1, τ_2, G_0 et K.

b. Calculer la valeur de K pour obtenir $m \approx 0{,}7$.

2) Dans la suite du problème, la consigne est un échelon d'amplitude unité E = 1 V.

L'amplification K est réglée pour obtenir $m \approx 0{,}7$.

a. On se place en régime permanent, déterminer l'expression de $s(+\infty)$ et calculer sa valeur.

b. Exprimer l'erreur de position, écart entre la consigne et la sortie, soit : $\varepsilon_0(+\infty) = e(+\infty) - s(+\infty)$ et calculer sa valeur.

c. Calculer la valeur du $t_{r5\,\%}$ sachant que pour $m \approx 0{,}7$: $t_{r5\,\%} \approx \frac{3}{\omega_0}$.

d. Représenter l'allure de $s(t)$.

3) Pour diminuer l'erreur de position, on augmente la valeur de K.

a. Calculer la valeur de K pour obtenir $\varepsilon_0(+\infty) = 0{,}05$ V.

b. En déduire la nouvelle valeur du coefficient d'amortissement m de la fonction de transfert en boucle fermée.

c. Calculer l'amplitude relative du premier dépassement D_1 sachant qu'il est donné par : $D_1 = 100\, e^{-\pi m / \sqrt{1 - m^2}}$ (exprimée en %).

d. Pour $m < 0{,}7$, on a $t_{r5\,\%} \approx \dfrac{3}{m\omega_0}$, calculer la nouvelle valeur de $t_{r5\,\%}$.

e. Représenter l'allure de $s(t)$.

f. A l'aide du théorème de la valeur initiale, calculer, $u(0^+)$. Sachant que la grandeur de commande $u(t)$ est maximale à l'instant $t = 0^+$, en déduire la dynamique nécessaire à la sortie du régulateur pour que l'asservissement fonctionne toujours en régime linéaire.

1) a. On obtient la fonction de transfert en boucle fermée en appliquant la formule de Black :

$$H(p) = \frac{C(p)\,G(p)}{1 + C(p)\,G(p)} = \frac{KG_0}{(1 + \tau_1\,p)\,(1 + \tau_2\,p) + KG_0}$$

$$H(p) = \frac{KG_0}{(1 + KG_0) + (\tau_1 + \tau_2)\,p + \tau_1\tau_2\,p^2}$$

soit : $$\mathbf{H(p)} = \frac{KG_0}{1 + KG_0} \times \frac{1}{1 + \left(\dfrac{\tau_1 + \tau_2}{1 + KG_0}\right)p + \dfrac{\tau_1\,\tau_2}{1 + KG_0}\,p^2}$$

On en déduit : $$\mathbf{H_0} = \frac{KG_0}{1 + KG_0} \qquad \omega_0 = \sqrt{\frac{1 + KG_0}{\tau_1\tau_2}}$$

$$m = \frac{\tau_1 + \tau_2}{2\sqrt{\tau_1\,\tau_2\,(1 + KG_0)}}$$

b. Exprimons K en fonction de m, à partir de l'expression de m, on peut écrire :

$$\tau_1\,\tau_2\,(1 + KG_0) = \left(\frac{\tau_1 + \tau_2}{2\,m}\right)^2$$

D'où : $$\mathbf{K} = \frac{1}{G_0}\left[\left(\frac{\tau_1 + \tau_2}{2\,m}\right)^2 \frac{1}{\tau_1\tau_2} - 1\right]$$

En remplaçant par les valeurs numériques avec $m \approx 0{,}7$, on obtient : $\mathbf{K \approx 2{,}67}$.

2.a. Nous avons $S(p) = H(p)\,E(p)$ avec $E(p) = \dfrac{E}{p}$

Soit :

$$S(p) = \frac{H_0}{1 + 2\,m\,\dfrac{p}{\omega_0} + \left(\dfrac{p}{\omega_0}\right)^2} \times \frac{E}{p}$$

A l'aide du théorème de la valeur finale on obtient :

$$s(+\infty) = \lim_{p \to 0} p\,S(p) = H_0\,E$$

donc : $$s(+\infty) = \frac{KG_0}{1 + KG_0}\,E \approx \mathbf{0{,}73\ V}$$

b. Pour l'erreur de position nous avons : $\varepsilon(+\infty) = e(+\infty) - s(+\infty) = E - \dfrac{KG_0}{1 + KG_0}\,E$

donc : $$\varepsilon(+\infty) = \frac{E}{1 + KG_0} \approx \mathbf{0{,}27\ V}$$

c. Le temps de réponse à 5 % est donné par : $t_{r5\,\%} \approx \dfrac{3}{\omega_0}$.

$\omega_0 = \sqrt{\dfrac{1 + KG_0}{\tau_1 \tau_2}} \approx 0{,}43 \text{ rad } s^{-1}$ d'où : $\boldsymbol{t_{r5\,\%} \approx 7}$ **s.**

d. Réponse à un échelon pour K = 2,67.

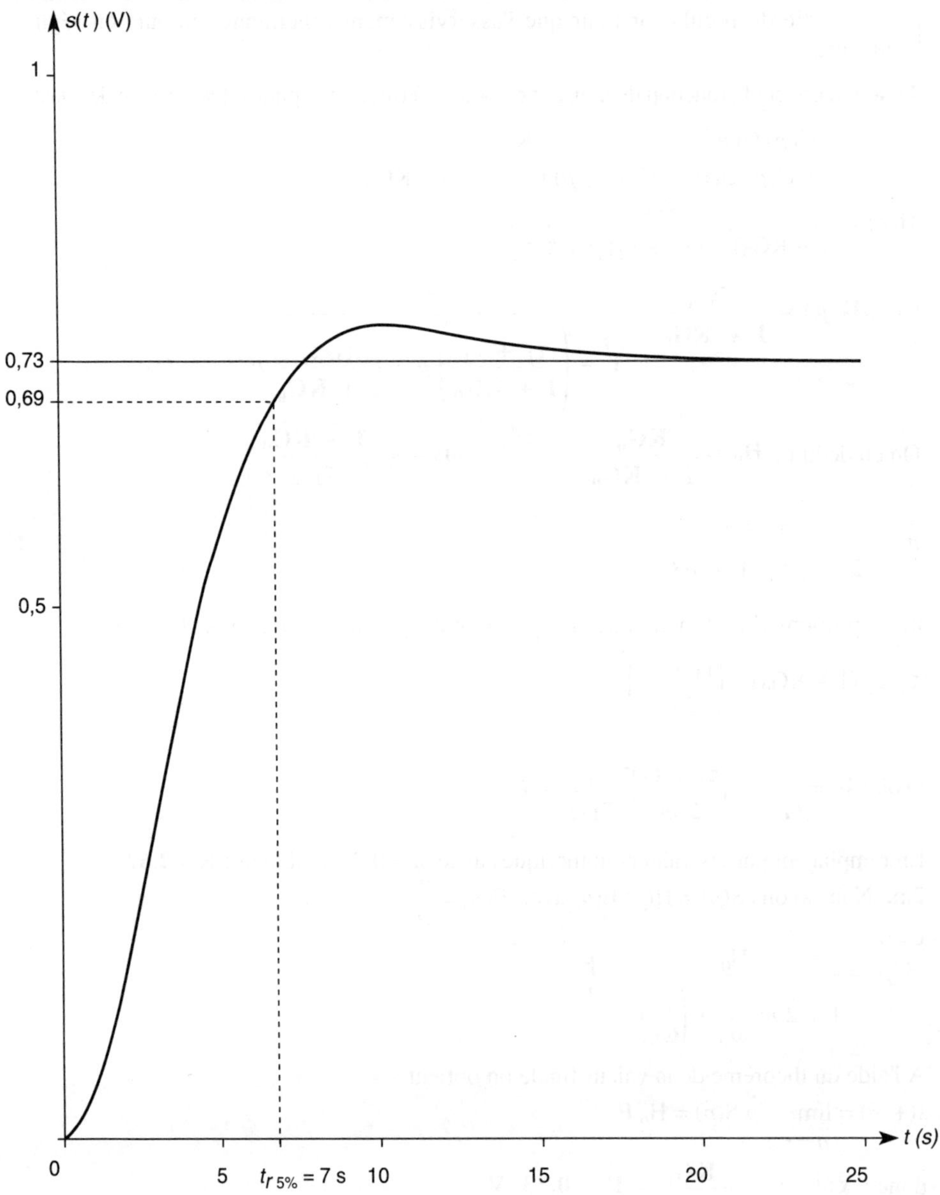

3) a. L'erreur de position est donnée par : $\varepsilon_0(+\infty) = \dfrac{E}{1 + KG_0}$,

alors : $K = \dfrac{1}{G_0}\left[\dfrac{E}{\varepsilon(+\infty)} - 1\right]$

Pour $\varepsilon_0(+\infty) = 0{,}05$ V, on obtient : **K = 19.**

b. Pour K = 19 nous avons $\boldsymbol{m = 0{,}3}$, l'augmentation de l'amplification K a diminué notablement la valeur du coefficient d'amortissement ce qui va provoquer une réponse peu amortie.

c. On obtient pour l'amplitude relative du premier dépassement : $\mathbf{D_1 \approx 41\ \%}$, cette valeur élevée sera en général à éviter.

d. Le temps de réponse à 5 % à lui aussi augmenté, on obtient :

$$\omega_0 = \sqrt{\frac{1 + KG_0}{\tau_1 \tau_2}} \approx 1 \text{ rad } s^{-1}$$

donc : $\boldsymbol{t_{r5\,\%} \approx \frac{3}{m\ \omega_0} \approx 10\ s}$

e. Réponse à un échelon pour K = 19

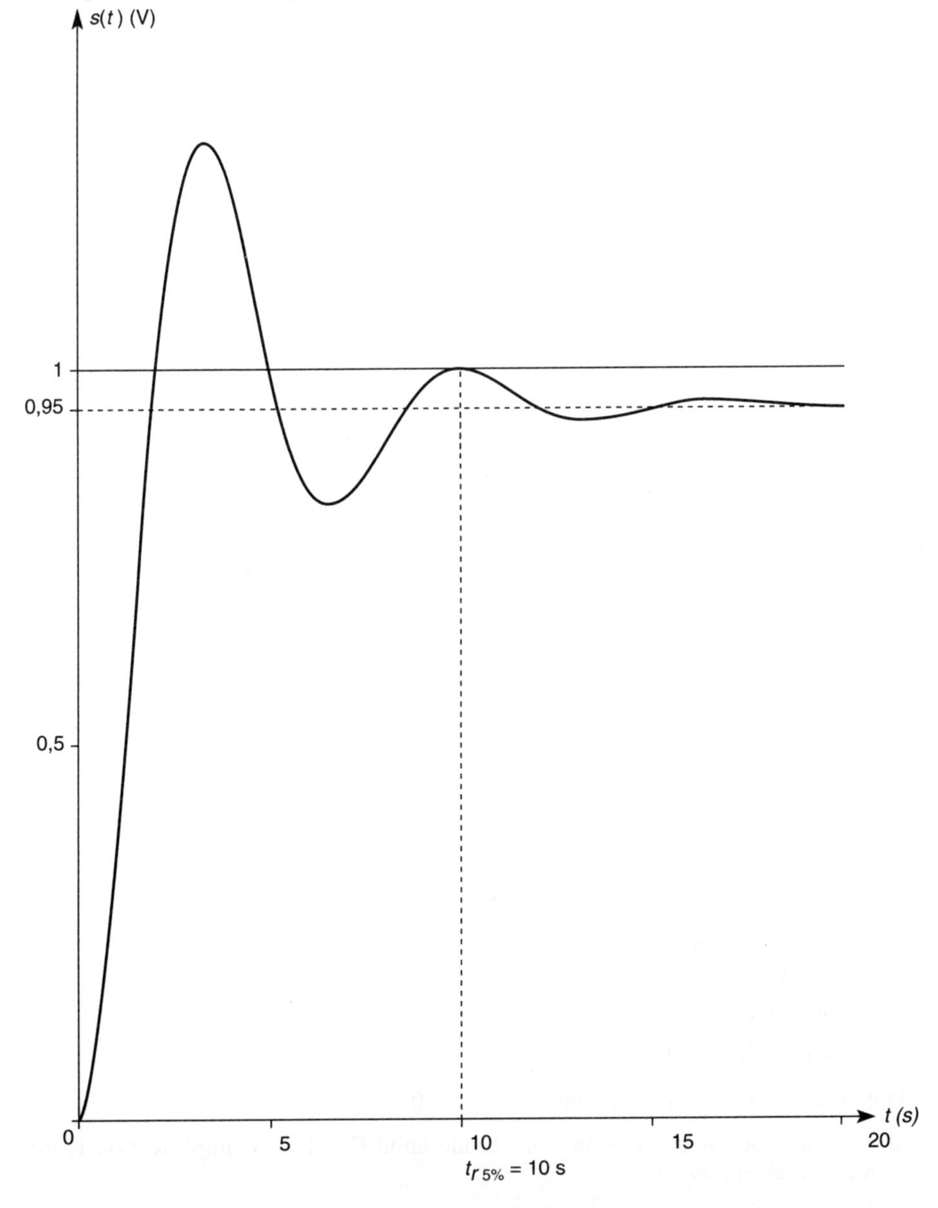

f. Nous pouvons écrire pour la grandeur de commande :

$$U(p) = \frac{S(p)}{G(p)} \quad \text{soit} \quad U(p) = \frac{H(p)}{G(p)} E(p)$$

d'où : $U(p) = \frac{K}{1 + KG(p)} E(p)$ avec $E(p) = \frac{E}{p}$

donc : $U(p) = \frac{K\,(1 + \tau_1 p)\,(1 + \tau_2 p)}{(1 + \tau_1 p)\,(1 + \tau_2 p) + KG_0} \times \frac{E}{p}$

D'après le théorème de la valeur initiale, on obtient :

$u(0^+) = \lim\limits_{p \to +\infty} p\,U(p) = KE$ soit $\boldsymbol{u(0^+) = KE = 19\ V}$.

Pour rester en régime linéaire, il faut que la tension de saturation de sortie du régulateur proportionnel soit ≥ 19 V lorsque l'entrée est un échelon d'amplitude E = 1 V.

103 Asservissement du second ordre : type asservissement de position

Un processus physique est modélisé par la fonction de transfert du second ordre :

$$G(p) = \frac{G_0}{p\,(1 + \tau p)} \qquad \text{avec } G_0 = 1\ s^{-1} \text{ et } \tau = 1\ s$$

Ce processus est inséré dans une boucle d'asservissement contenant un régulateur proportionnel : C(p) = K.

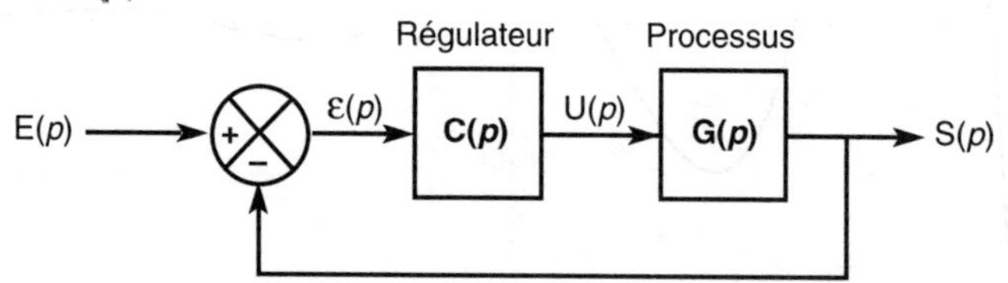

Les variables $e(t)$, $\varepsilon(t)$, $u(t)$ et $s(t)$ sont des tensions "images" des grandeurs physiques correspondantes.

1) a. Déterminer l'expression de la fonction de transfert en boucle fermée : $H(p) = \frac{S(p)}{E(p)}$ et la mettre sous la forme canonique suivante :

$$H(p) = \frac{H_0}{1 + 2\,m\,\frac{p}{\omega_0} + \left(\frac{p}{\omega_0}\right)^2}$$

En déduire les expressions des paramètres de H(p) :

– amplification statique : H_0

– coefficient d'amortissement : m

– pulsation propre : ω_0

en fonction de G_0, τ et K.

1) b. Calculer la valeur de K pour obtenir $m \approx 0{,}7$.

2) La consigne est un échelon d'amplitude unité E = 1 V. L'amplification K est réglée pour obtenir $m \approx 0{,}7$.

a. On se place en régime permanent, calculer les valeurs finales de $s(+\infty)$, $u(+\infty)$ et $\varepsilon_0(+\infty)$.

b. Calculer la valeur du $t_{r5\,\%}$ sachant que pour $m \approx 0{,}7$: $t_{r5\,\%} \approx \dfrac{3}{\omega_0}$.

c. Représenter l'allure de $s(t)$.

3) La consigne est une rampe de pente unité $e(t) = t\,\Gamma(t)$.

a. A l'aide du théorème de la valeur finale, déterminer l'expression de l'erreur de traînage : $\varepsilon_1(+\infty)$.

b. Calculer la valeur de K pour obtenir $\varepsilon(+\infty) = 0{,}1$ V, en déduire la valeur du coefficient d'amortissement m.

c. Représenter l'allule de $s(t)$ sachant que :

$$\frac{1}{p^2\left[1+\dfrac{2m}{\omega_0}p+\left(\dfrac{p}{\omega_0}\right)^2\right]} \quad [\,t-\frac{2m}{\omega_0}+\frac{e^{-m\omega_0 t}}{\omega_0\sqrt{1-m^2}}\sin\left(\omega_0\sqrt{1-m^2}\,t+2\varphi\right) \quad \text{avec } \cos\varphi = m$$

1) a. En utilisant la formule de Black on obtient :

$$\mathrm{H}(p) = \frac{\mathrm{C}(p)\,\mathrm{G}(p)}{1+\mathrm{C}(p)\,\mathrm{G}(p)} = \frac{\mathrm{KG}_0}{p\,(1+\tau\,p)+\mathrm{KG}_0}$$

soit : $$\mathbf{H}(\boldsymbol{p}) = \frac{\mathbf{1}}{\mathbf{1}+\dfrac{\mathbf{1}}{\mathbf{KG_0}}\,\boldsymbol{p}+\dfrac{\tau}{\mathbf{KG_0}}\,\boldsymbol{p}^2}$$

On en déduit : $\mathbf{H_0 = 1}$ $\qquad \boldsymbol{\omega_0} = \sqrt{\dfrac{\mathbf{KG_0}}{\tau}}$ $\qquad m = \dfrac{\mathbf{1}}{\mathbf{2}\sqrt{\tau\,\mathbf{KG_0}}}$

b. A partir de l'expression de m, nous pouvons écrire :

$$m^2 = \frac{1}{4\,\tau\,\mathrm{KG}_0} \quad \text{donc} \quad \mathbf{K} = \frac{\mathbf{1}}{\mathbf{4}\,\boldsymbol{m}^2\,\tau\mathbf{G_0}} = \frac{\mathbf{1}}{\mathbf{2}\,\tau\,\mathbf{G_0}} = \mathbf{0{,}5}$$

2) a. Nous avons : $\mathrm{S}(p) = \mathrm{H}(p)\,\mathrm{E}(p)$ avec $\mathrm{E}(p) = \dfrac{\mathrm{E}}{p}$.

Alors : $$\mathrm{S}(p) = \frac{\mathrm{H}_0}{1+2m\dfrac{p}{\omega_0}+\left(\dfrac{p}{\omega_0}\right)^2}\times\frac{\mathrm{E}}{p}$$

donc $s(+\infty) = \lim_{p\to 0} p\,\mathrm{S}(p) = \mathrm{E}$ soit $\boldsymbol{s(+\infty) = \mathbf{E} = \mathbf{1}}$ **V.**

Comme il y a une intégration dans la chaîne directe, en régime permanent, la sortie recopie la consigne.

Pour l'erreur de position, on en déduit :

$\boldsymbol{\varepsilon_0(+\infty) = e(+\infty) - s(+\infty) = 0}$ **V.**

Puisque $u(t) = \mathrm{K}\,\varepsilon(t)$ alors $\boldsymbol{u(+\infty) = 0}$ **V.**

En régime permanent, l'entrée du processus est au repos alors que la sortie est égale à la valeur de consigne, cela est dû à l'intégration présente dans le processus.

b. Pour le $t_{r5\,\%}$ nous avons : $t_{r5\,\%} \approx \dfrac{3}{\omega_0}$

avec $\omega_0 = \sqrt{\dfrac{KG_0}{\tau}} = \dfrac{1}{\sqrt{2}} \approx 0{,}7$ rad s^{-1} soit $\boldsymbol{t_{r5\,\%} \approx 4{,}2\ s}$

c.

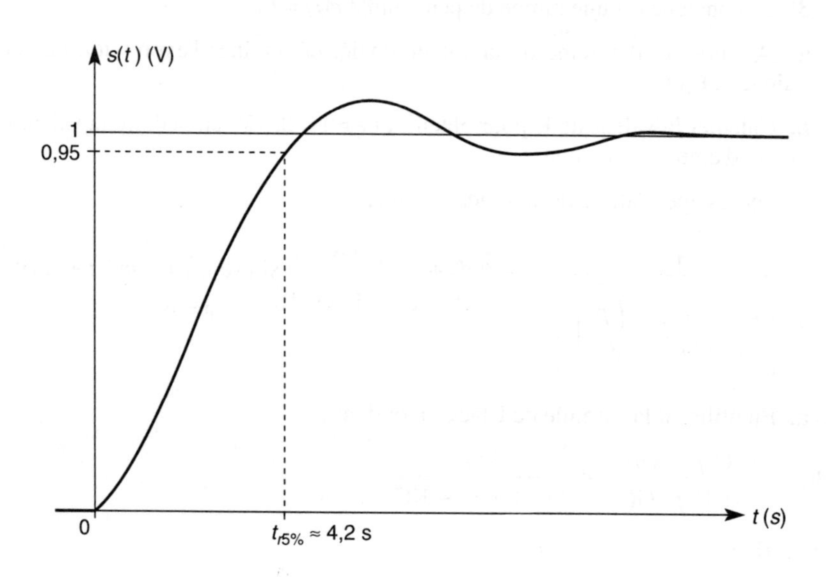

3) a. Nous pouvons écrire pour $\varepsilon(p)$: $\varepsilon(p) = \dfrac{E(p)}{1 + C(p)\,G(p)}$ avec $E(p) = \dfrac{1}{p^2}$.

Alors : $\varepsilon(p) = \dfrac{1}{1 + \dfrac{KG_0}{p(1+\tau p)}} \times \dfrac{1}{p^2} = \dfrac{1 + \tau p}{p(KG_0 + p + \tau p^2)}$.

En utilisant le théorème de la valeur finale, on obtient :

$$\varepsilon_1(+\infty) = \lim_{p \to 0} p\,\varepsilon(p) = \lim_{p \to 0} \left(\frac{1 + \tau p}{KG_0 + p + \tau p^2} \right) \quad \text{soit} \quad \boldsymbol{\varepsilon_1(+\infty) = \frac{1}{KG_0}}.$$

b. On souhaite $\varepsilon_1(+\infty) = 0{,}1$ V avec $K = \dfrac{1}{G_0\,\varepsilon_1(+\infty)}$ donc : **K = 10.**

On a d'autre part : $m = \dfrac{1}{2\sqrt{\tau KG_0}}$ donc $\boldsymbol{m = 0{,}16}$

c. Nous avons $S(p) = H(p)\,E(p) = \dfrac{1}{p^2\left(1 + \dfrac{2m}{\omega_0}p + \dfrac{p^2}{\omega_0^2}\right)}$

alors $s(t) = t - \dfrac{2m}{\omega_0} + \dfrac{e^{-m\omega_0 t}}{\omega_0\sqrt{1-m^2}} \sin\left(\omega_0\sqrt{1-m^2}\,t + 2\varphi\right)$ pour $t \geq 0$.

avec $\cos \varphi = m$

et $\omega_0 = \sqrt{\frac{KG_0}{\tau}} = \sqrt{10} \approx 3{,}2 \text{ rad } s^{-1}$

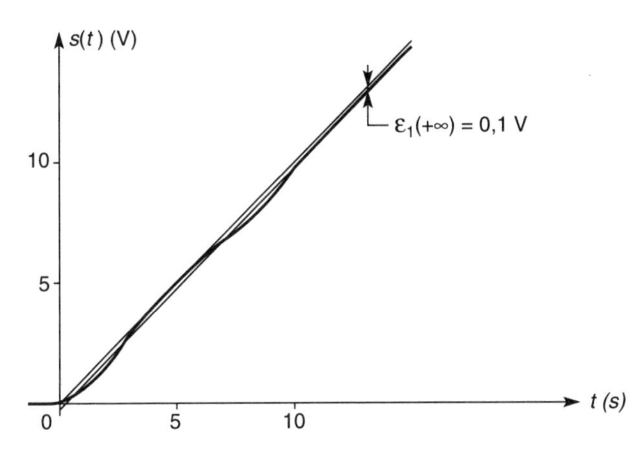

104 Asservissement de vitesse d'un moteur à courant continu

1) Modélisation

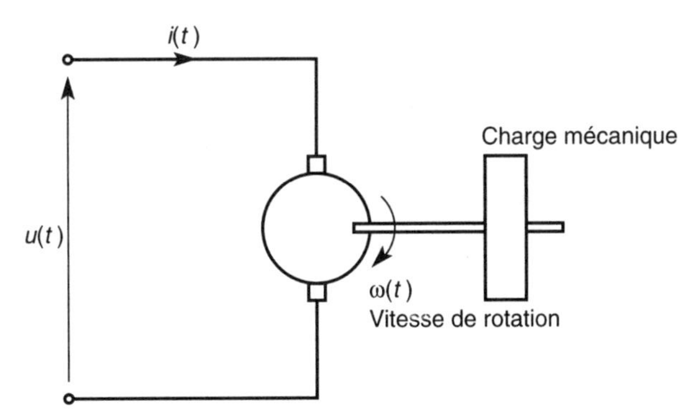

Le moteur a les caractéristiques suivantes :

– excitation : aimant permanent

– point nominal de fonctionnement : 10 V ⟶ 1000 tours/mn

– moment d'inertie des parties tournantes : $J = 10^{-3}$ Kg m^2

– équations du moteur en fonctionnement linéaire :

$$\begin{cases} e(t) = k\omega(t) & e(t) : \text{force électro-motrice induite} \\ c_m(t) = k\, i(t) & c_m(t) : \text{couple moteur} \end{cases}$$

– résistance de l'induit : R = 4,5 Ω, on néglige l'inductance d'induit.

a. Calculer la valeur de la constante caractéristique du moteur k en (Vs)/rd.

b. Le schéma électrique équivalent de l'induit du moteur est le suivant :

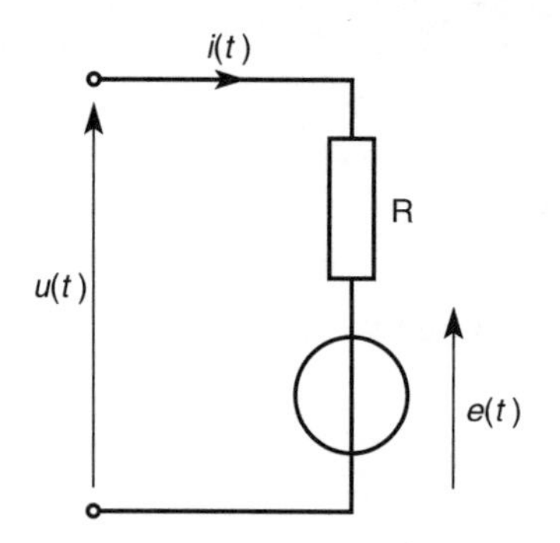

Ecrire l'équation électrique relative à l'induit.

c. La charge mécanique produit un couple résistant, $c_r(t)$, sur l'arbre du moteur. Ecrire l'équation mécanique relative aux parties tournantes.

d. En appliquant la transformation de Laplace, mettre le système électro-mécanique sous la forme du schéma bloc suivant :

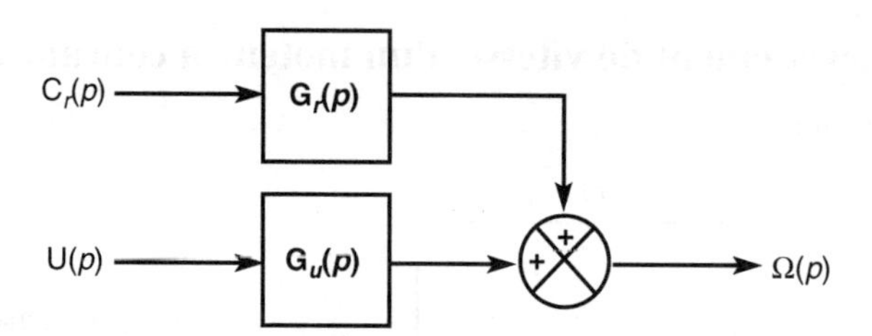

Déterminer les expressions de $G_r(p)$ et $G_u(p)$ et les mettre sous la forme suivante :

$$G_r(p) = \frac{G_1}{1 + \tau_m p} \qquad G_u(p) = \frac{G_0}{1 + \tau_m p}.$$

Donner les expressions de la constante de temps mécanique τ_m, de G_0 et G_1 et calculer leurs valeurs.

2) Etude en boucle ouverte

Le couple résistant étant nul (charge mécanique débrayée), on applique un échelon de tension d'amplitude $U_0 = 10$ V.

a. Déterminer l'expression $\omega(t)$, indiquer la valeur de la vitesse du moteur en régime permanent notée ω_0 et le temps de réponse à 5 %, $t_{r5\,\%}$.

b. Le moteur tournant à la vitesse ω_0, on applique un échelon de couple résistant d'amplitude $C_{R0} = 0{,}042$ Nm.

Calculer la nouvelle vitesse du moteur en régime permanent : $\omega(+\infty) = \omega_{0R}$.

3) Etude en boucle fermée : régulation proportionnelle

Un amplificateur de différence associé à un amplificateur de puissance commande la tension d'induit : $u(t) = K\,\varepsilon(t)$.

Un capteur produit une tension image de la vitesse du moteur telle que : $v(t) = a\,\omega(t)$ avec $a = k$.

On obtient alors le schéma bloc suivant :

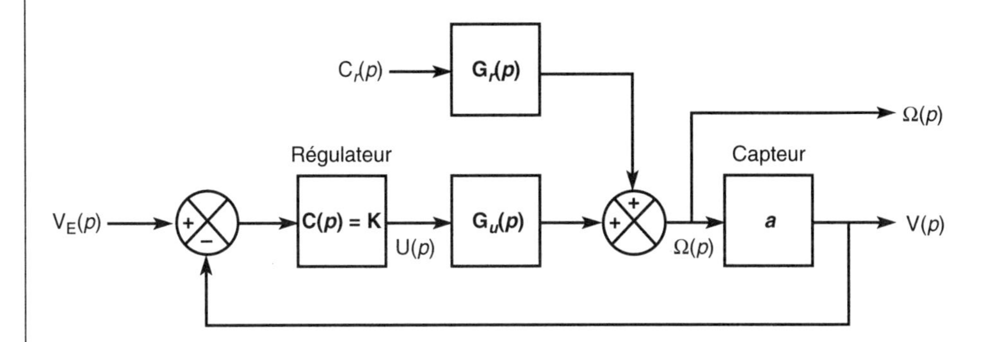

a. Montrer que $V(p)$ peut s'exprimer sous la forme suivante :

$V(p) = H_E(p)\, V_E(p) + H_R(p)\, C_r(p)$

avec $H_E(p) = \dfrac{H_{E0}}{1 + T\,p}$ et $H_R(p) = \dfrac{H_{R0}}{1 + T\,p}$

Remarque : on pourra appliquer la méthode de superposition, le système fonctionnant en régime linéaire.

Donner les expressions de la constante de temps en boucle fermée T et des amplifictions statiques H_{E0} et H_{R0}.

On choisit pour le régulateur K = 3 et on suppose que la dynamique de la tension de commande permet au système de rester en fonctionnement linéaire.

b. Etude en poursuite : $c_r(t) = 0$

On applique un échelon de tension d'amplitude V_{E0}.

Exprimer la vitesse en régime permanent ω_0 et calculer la valeur de la tension V_{E0} pour obtenir $\omega_0 = 1000$ tours/mn.

Quelle est la valeur du $t_{r5\,\%}$ en boucle fermée ?

c. Etude en régulation : le moteur tourne à la vitesse nominale $\omega_0 = 1000$ tours/mn et on applique un échelon de couple résistant d'amplitude $C_{R0} = 0{,}042$ Nm.

Calculer la nouvelle vitesse en régime permanent :

$\omega(+\infty) = \omega'_{0R}$ et la comparer à ω_{0R}.

4) Etude en boucle fermée : régulation Proportionnelle et Intégrale.

On remplace le correcteur proportionnel, $C(p) = K$, par un correcteur P.I. $C(p) = K\left(1 + \dfrac{1}{\tau_i\, p}\right)$.

a. Calculer les nouvelles fonctions de transfert $H_E(p)$ et $H_R(p)$.

b. Etude en poursuite : $c_r(t) = 0$

On applique un échelon de tension d'amplitude V_{E0}.

Exprimer la vitesse en régime permanent ω_0 et calculer la valeur de la tension V_{E0} pour obtenir ω_0 = 1000 tours/mn.

c. Etude en régulation : le moteur tourne à la vitesse nominale ω_0 = 1000 tours/mn et on applique un échelon de couple résistant d'amplitude C_{R0}.

Calculer la nouvelle vitesse en régime permanent $\omega(+\infty)$: conclusion.

1) a. Nous avons pour le point de fonctionnement :

$10\text{ V} \longrightarrow 1000\text{ tours/mn} = 1000 \times 8\,\pi\text{ rd}/60\text{ s} \approx 105\text{ rd }s^{-1}$

Or $e = k\omega$ alors $k = \dfrac{e}{\omega} = \dfrac{10}{105}$ $\mathbf{k = 0{,}095\ (Vs)/rd}$

b. D'après la loi des mailles : $u(t) = \mathrm{R}\,i(t) + e(t)$

soit : $\boldsymbol{u(t) = \mathrm{R}\,i(t) + k\omega(t)}$

c. D'après le principe fondamental de la dynamique :

$$c_m(t) - c_r(t) = \mathrm{J} \times \frac{\mathrm{d}\omega}{\mathrm{d}t}$$

soit : $\boldsymbol{k\,i(t) - c_r(t) = \mathrm{J}\,\dfrac{\mathrm{d}\omega}{\mathrm{d}t}}$

d. On applique la transformée de Laplace aux deux équations précédentes en supposant les conditions initiales nulles.

$$\begin{cases} \mathrm{U}(p) = \mathrm{R}\,\mathrm{I}(p) + k\,\Omega(p) \\ k\,\mathrm{I}(p) - \mathrm{C}_r(p) = \mathrm{J}\,p\,\Omega(p) \end{cases}$$

On élimine $\mathrm{I}(p)$ et on exprime $\Omega(p)$:

$$\mathrm{I}(p) = \frac{1}{\mathrm{R}}\left[\mathrm{U}(p) - k\,\Omega(p)\right]$$

$$\frac{k}{\mathrm{R}}\,\mathrm{U}(p) - \frac{k^2}{\mathrm{R}}\,\Omega(p) - \mathrm{C}_r(p) = \mathrm{J}\,p\,\Omega(p)$$

$$\Omega(p)\left[\mathrm{J}\,p - \frac{k^2}{\mathrm{R}}\right] = \frac{k}{\mathrm{R}}\,\mathrm{U}(p) - \mathrm{C}_r(p)$$

$$\Omega(p)\,\frac{k^2}{\mathrm{R}}\left(1 + \frac{\mathrm{JR}}{k^2}\,p\right) = \frac{k}{\mathrm{R}}\,\mathrm{U}(p) - \mathrm{C}_r(p)$$

$$\boldsymbol{\Omega(p) = \frac{1/k}{1 + \dfrac{\mathrm{JR}}{k^2}\,p}\,\mathrm{U}(p) - \frac{k^2/\mathrm{R}}{1 + \dfrac{\mathrm{JR}}{k^2}\,p}\,\mathrm{C}_r(p)}$$

Le schéma bloc nous permet d'écrire :

$$\Omega(p) = \mathrm{G}_u(p)\,\mathrm{U}(p) + \mathrm{G}_r(p)\,\mathrm{C}_r(p)$$

En identifiant on obtient :

$$\mathbf{G}_u(p) = \frac{1/k}{1 + \frac{\mathbf{JR}}{k^2}p} \quad \text{avec} \quad \mathbf{G_0} = \frac{\mathbf{1}}{k} \approx \mathbf{10{,}5\ rd/(V}s\mathbf{)}$$

$$\mathbf{G}_r(p) = \frac{-\mathbf{R}/k^2}{1 + \frac{\mathbf{JR}}{k^2}p} \qquad \mathbf{G_1} = \frac{-\mathbf{R}}{k^2} \approx -\ \mathbf{500\ rd/(}s\mathbf{Nm)}$$

$$\tau_m = \frac{\mathbf{JR}}{k^2} \approx \mathbf{0{,}5\ s}$$

2) a. $c_r(t) = 0$ alors $\Omega(p) = G_u(p)\,U(p)$ avec $U(p) = \frac{U_0}{p}$.

$$\Omega(p) = \frac{G_0}{1 + \tau_m p} \times \frac{U_0}{p}$$

D'après la table des transformées de Laplace, on obtient :

$\boldsymbol{\omega(t) = G_0\, U_0\,(1 - e^{-t/\tau_m})}$

La vitesse du moteur en régime permanent est donnée par :

$\omega_0 = \omega(+\infty) = \mathbf{G_0\, U_0} = \frac{\mathbf{U_0}}{k}$ **= 1000 tours/mn.**

Pour un système du premier ordre : $\boldsymbol{t_{r5\,\%} = 3\,\tau_m = 1{,}5}$ **s.**

b. Pour l'échelon de couple nous avons $C_r(p) = \frac{C_{R0}}{p}$.

$$\text{Alors } \Omega(p) = \frac{G_0}{1 + \tau_m p} \times \frac{U_0}{p} + \frac{G_1}{1 + \tau_m p} \times \frac{C_{R0}}{p}$$

Pour calculer la vitesse du moteur en régime permanent on applique le théorème de la valeur finale :

$$\omega_{0R} = \omega(+\infty) = \lim_{p \to 0} p\,\Omega(p) = G_0\,U_0 + G_1\,C_{R0}$$

soit $\boldsymbol{\omega_{0R} = \omega_0 -} \frac{R}{k^2}\,\mathbf{C_{R0}} \approx$ **800 tours/mn.**

Lorsque l'on applique le couple résistant la vitesse du moteur diminue.

3) a. On applique la méthode de superposition, on suppose $C_r(p) = 0$ on obtient alors :

$$H_E(p) = \frac{KG_u(p)\,a}{1 + KG_u(p)\,a} = \frac{KG_0\,a}{1 + \tau_m\,p + KG_0\,a}$$

D'autre part, nous avons $G_0\,a = 1$ d'où :

$$\mathbf{H_E}(p) = \frac{\mathbf{K}}{\mathbf{1 + K}} \times \frac{\mathbf{1}}{\mathbf{1} + \left(\frac{\tau_m}{\mathbf{1 + K}}\right)p}$$

On en déduit : $\mathbf{H_{E0} = \dfrac{K}{1 + K}}$ et $\mathbf{T = \dfrac{\tau_m}{1 + K}}$

Pour obtenir $H_R(p)$, on suppose $V_E(p) = 0$ et $C_r(p)$ est pris comme entrée. On applique la formule de Black en ayant a dans la chaîne directe et $KG_u(p)$ dans la chaîne de retour :

$$H_R(p) = \frac{a}{1 + K\,G_u(p)\,a}\,G_r(p)$$

d'où : $H_R(p) = \dfrac{a\,G_1}{1 + \tau_m p + a\,KG_0}$ avec $a\,G_0 = 1$

soit : $\mathbf{H_R(p) = \dfrac{a\,G_1}{1 + K} \times \dfrac{1}{1 + \left(\dfrac{\tau_m}{1 + K}\right)p}}$ avec $\mathbf{H_{R0} = \dfrac{a\,G_1}{1 + K}}$

b. En poursuite nous avons $c_r(t) = 0$ alors :

$V(p) = H_E(p)\,V_E(p)$ et $\Omega(p) = \dfrac{V(p)}{k}$ donc : $\Omega(p) = \dfrac{H_{E0}}{k} \times \dfrac{1}{1 + Tp} \times \dfrac{V_{E0}}{p}$

Pour obtenir la vitesse du moteur en régime permanent on utilise la théorème de la valeur finale.

$\omega_0 = \lim\limits_{p \to 0} p\,\Omega(p) = \dfrac{H_{E0}\,V_{E0}}{k}$ soit : $\mathbf{\omega_0 = \dfrac{K}{1 + K} \times \dfrac{V_{E0}}{k}}$

Pour obtenir $\omega_0 = 1000$ tours/mn avec $K = 3$ alors :

$V_{E0} = \dfrac{4}{3} \times 0{,}095 \times 1000 \times \dfrac{2\pi}{60}$ d'où : $\mathbf{V_{E0} \approx 13{,}3\ V}$

Pour un système du premier ordre de constante de temps T :

$\mathbf{t_{r5\,\%} \approx 3\,T = \dfrac{3}{4}\,\tau_m = 0{,}375\ s}$

La boucle fermée permet d'augmenter la rapidité du système ceci au prix d'une dynamique élevée au niveau de l'actionneur (tension et courant d'induit surdimensionnés par rapport aux valeurs nominales).

c. Nous avons donc : $V(p) = H_E(p)\,V_E(p) + H_R(p)\,C_R(p)$ avec $\Omega(p) = \dfrac{V(p)}{k}$.

$$\Omega(p) = \frac{1}{k} \times \frac{H_{E0}}{1 + Tp} \times \frac{V_{E0}}{p} + \frac{1}{k} \times \frac{H_{R0}}{1 + Tp} \times \frac{C_{R0}}{p}$$

$$\omega(+\infty) = \omega'_{0R} = \lim_{p \to 0} p\,\Omega(p) = \underbrace{\frac{H_{E0}V_{E0}}{k}}_{\omega_0 = 1000 \text{ tours/mn}} + \frac{H_{R0}C_{R0}}{k}$$

d'où : $\omega'_{0R} = \omega_0 + \dfrac{G_1 G_{R0}}{1 + K}$ soit : $\mathbf{\omega'_{0R} = \omega_0 - \left(\dfrac{R}{k^2}\,C_{R0}\right) \times \dfrac{1}{1 + K}}$

On obtient : $\omega'_{0R} = 1000 - \frac{200}{4}$ $\boldsymbol{\omega'_{0R} = 950}$ **tours/mn**

En boucle ouverte la vitesse chute à 800 tours/mn alors qu'en boucle fermée elle ne chute qu'à 950 tours/mn lors de l'application de la perturbation due au couple résistant.

Donc un système en boucle fermée aura tendance à diminuer l'effet d'une perturbation et ceci d'autant plus que l'amplification K du régulateur est élevée.

4) a. Régulateur PI : $C(p) = K\left(1 + \frac{1}{\tau_i\, p}\right)$

Pour $H_E(p)$ nous pouvons écrire : $H_E(p) = \frac{C(p)\, G_u(p)\, a}{1 + C(p)\, G_u(p)\, a}$

$$\text{soit } H_E(p) = \frac{K\left(1 + \frac{1}{\tau_i\, p}\right)\frac{G_0\, a}{1 + \tau_m\, p}}{1 + K\left(1 + \frac{1}{\tau_i\, p}\right)\frac{G_0\, a}{1 + \tau_m\, p}} \quad \text{avec } G_0\, a = 1$$

$$\text{d'où : } H_E(p) = \frac{K\,(1 + \tau_i\, p)}{\tau_i\, p\,(1 + \tau_m\, p) + K\,(1 + \tau_i\, p)}$$

$$\text{alors : } \mathbf{H_E(p) = \frac{1 + \tau_i\, p}{1 + \left(1 + \frac{1}{K}\right)\tau_i\, p + \frac{\tau_i \tau_m}{K}\, p^2}}$$

Pour $H_R(p)$ nous pouvons écrire : $H_R(p) = \frac{a}{1 + C(p)\, G_u(p)\, a}\, G_R(p)$

$$\text{soit : } H_R(p) = \frac{\frac{a\, G_1}{1 + \tau_m\, p}}{1 + K\left(1 + \frac{1}{\tau_i\, p}\right)\frac{a\, G_0}{1 + \tau_m\, p}} \quad \text{avec } a\, G_0 = 1$$

$$\text{d'où : } \mathbf{H_R(p) = \frac{a\, G_1\, \tau_i\, p}{K\left[1 + \left(1 + \frac{1}{K}\right)\tau_i\, p\ \frac{\tau_i\, \tau_m}{K}\, p^2\right]}}$$

b. En poursuite, nous pouvons écrire : $\Omega(p) = \frac{1}{k}\, H_E(p)\, V_E(p)$

$$\text{alors : } \Omega(p) = \frac{1 + \tau_i\, p}{1 + \left(1 + \frac{1}{K}\right)\tau_i\, p + \frac{\tau_i\, \tau_m}{K}\, p^2} \times \frac{V_{E0}}{k\, p}$$

Pour la vitesse en régime permanent, ω_0 ; nous avons :

$\omega_0 = \lim\limits_{p \to 0}\ p\, \Omega(p) = \frac{V_{E0}}{k}$ car l'amplification statique de $H_E(p)$ est égal à 1.

Alors : $\boldsymbol{\omega_0 = \frac{V_{E0}}{k}}$ et $\mathbf{V_{E0} = 10\ V}$ pour $\omega_0 = 1000$ tours/mn.

c. En régulation nous pouvons écrire :

$$\Omega(p) = \frac{1}{k}\, H_E(p)\, V_E(p) + \frac{1}{k}\, H_R(p)\, C_R(p)$$

$$\text{soit : } \Omega(p) = \frac{(1 + \tau_i\, p)\,\dfrac{V_{E0}}{kp} + \dfrac{G_I\tau_i}{K}\, C_{R0}}{1 + \left(1 + \dfrac{1}{K}\right)\tau_i\, p + \tau_i\, \tau_m\, p^2}$$

alors : $\omega(+\infty) = \lim_{p \to 0} p\, \Omega(p) = \dfrac{V_{E0}}{k}$ donc $\omega(+\infty) = \omega_0$ **= 1000 tours/mn.**

Le correcteur PI permet d'éliminer complètement la perturbation de type échelon lorsque la vitesse du moteur atteint son régime permanent.

105 Etude d'une boucle à verrouillage de phase : PLL (texte d'examen)

Une boucle à verrouillage de phase (figure 1) reçoit une différence de potentiel $v_e = V_e \sin[\omega_0 t + \varphi_e(t)]$ et délivre une différence de potentiel $v_s = V_s \cos[\omega_0 t + \varphi(t)]$; la pulsation ω_0 est constante, $\varphi_e(t)$ et $\varphi_s(t)$ sont des phases fonction du temps.

Cette boucle à verrouillage de phase est formée de trois sous-ensembles :

– un multiplicateur (qui élabore la différence de potentiel $x(t) = M \cdot v_e(t) \cdot v_s(t)$ où M = cte) associé à un filtre passe-bas dont le rôle est de ne transmettre (sans atténuation ni amplification) que les composantes de pulsations très inférieures à ω_0,

– un filtre correcteur,

– un oscillateur commandé par tension qui délivre la différence de potentiel $v_s(t) = V_s \cos[\omega_0 t + \varphi_s(t)]$, de pulsation instantanée $\omega_s(t) = \omega_0 + \dfrac{d\,\varphi_s(t)}{dt}$. On rappelle que la pulsation instantanée d'une fonction $y(t) = Y \cos[\theta(t)]$ est, par définition, la dérivée $\omega(t) = \dfrac{d\,[\theta(t)]}{dt}$.

La composante variable $\dfrac{d\,[\varphi_s(t)]}{dt}$ de $\omega_s(t)$ est proportionnelle à la tension de commande $u(t)$ issue du filtre correcteur ; on pose $\dfrac{d\,\varphi_s(t)}{dt} = \lambda \cdot u(t)$.

Le but du système est d'asservir la phase $\varphi_s(t)$ à la phase $\varphi_e(t)$ qui doivent être considérées, respectivement, comme les grandeurs effectives d'entrée et de sortie de la boucle.

1) Etude des trois sous-ensembles

1.1) Multiplicateur - Filtre passe-bas

a. Montrer que la différence de potentiel $x(t)$ à la sortie du multiplicateur peut s'écrire :

$x(t) = \mathrm{X} \sin [\alpha(t)] + \mathrm{X} \sin [(\beta(t)]$.

Donner les expressions de X, $\alpha(t)$ et $\beta(t)$.

b. Sachant que :

– les écarts, par rapport à ω_0 des pulsations instantanées de $v_s(t)$ et de $v_e(t)$ restent toujours très faibles devant ω_0

(c'est-à-dire : $\left|\dfrac{\mathrm{d}\,\varphi_e(t)}{\mathrm{d}t}\right| << \omega_0$ et $\left|\dfrac{\mathrm{d}\,\varphi_s(t)}{\mathrm{d}t}\right| << \omega_0$ quel que soit t),

– $|\varphi_s(t) - \varphi_e(t)|$ voisin de zéro quel que soit t, montrer que la tension de sortie du filtre passe-bas se réduit à $v(t) \approx \mathrm{X}\,[\varphi_e(t) - \varphi_s(t)]$.

Interpréter ce résultat par le schéma fonctionnel de ce sous-ensemble.

1.2) Filtre correcteur

Le schéma de principe est donné figure 2 ; les amplificateurs sont supposés idéaux (en fait, on ne se préoccupe pas, ici, des perfectionnements qu'il faudrait apporter pour parer les effets d'une tension de décalage et des courants de polarisation).

a. Calculer la transmittance complexe $\underline{\mathrm{F}}(j\omega) = \dfrac{\underline{\mathrm{U}}}{\underline{\mathrm{V}}}$ et l'exprimer en fonction du rapport $\dfrac{\mathrm{R}_1}{\mathrm{R}} = a$ et de la constante de temps $\tau = \mathrm{R\,C}$.

b. – Tracer les diagrammes asymptotiques de Bode de $\underline{\mathrm{F}}(j\omega)$ (Gain et argument) et esquisser les courbes vraies.

– Déterminer les coordonnées du point de concours des asymptotes de la courbe de gain ; pour l'abscisse de ce point, donner les valeurs du gain et de l'argument de $\underline{\mathrm{F}}(j\omega)$.

1.3) Oscillateur commandé en tension

La grandeur effective de sortie de l'oscillateur étant $\varphi_s(t)$, déterminer sa transmittance complexe $\dfrac{\underline{\Phi}_s}{\underline{\mathrm{U}}}$. On rappelle que $\dfrac{\mathrm{d}\,\varphi_s(t)}{\mathrm{d}t} = \lambda \,.\, u(t)$.

2) Etude du système bouclé

2.1) Synthèse

a. Représenter le schéma fonctionnel de la boucle à verrouillage de phase de grandeur d'entrée φ_e et de grandeur de sortie φ_s, en y affichant clairement :

– les diverses grandeurs (φ_e, φ_s, v, u et $\varphi_{es} = \varphi_e - \varphi_s$)

– les transmittances (complexes ou opérationnelles) des différents blocs.

b. Déterminer les expressions (dans lesquelles on posera $K = a^2 . \tau . X . \lambda$) de :

– la transmittance de la chaîne directe $\underline{T} = \dfrac{\underline{\Phi}_s}{\underline{\Phi}_{es}}$

– la transmittance en boucle fermée $\underline{T}' = \dfrac{\underline{\Phi}_s}{\underline{\Phi}_e}$

– la transmittance : $\underline{E} = \dfrac{\underline{\Phi}_{es}}{\underline{\Phi}_e}$

2.2) Stabilité

a. – Tracer les diagrammes asymptotiques de Bode de la transmittance $\underline{T}$ (gain et argument) et esquisser les courbes vraies.

– Déterminer les coordonnées du point de concours des asymptotes de la courbe de gain ; pour l'abscisse de ce point, donner les valeurs du gain et de l'argument de $\underline{T}(j\omega)$.

b. Déterminer la valeur de la constante K pour que la marge de phase du système bouclé soit de 45°.

c. Dans quel sens faudrait-il modifier la valeur de K pour améliorer la stabilité ? (*La réponse doit être justifiée).*

2.3) Précision

Nota : Le texte qui suit (questions **a., b., c.**) propose une méthode de détermination de l'erreur statique et de l'erreur de traînage du système bouclé.

Toute autre méthode de détermination de ces erreurs sera acceptée, même si elle ne suit pas l'énoncé à la lettre.

a. Donner l'équation différentielle qui lie $\varphi_s(t)$ à $\varphi_e(t)$ et fait intervenir la constante K.

b. $\varphi_e(t)$ est un échelon de phase Φ c'est-à-dire $\varphi_e(t) = \Phi = \text{cte}$ pour $t > 0$

– Déterminer $\varphi_e(t)$ pour $t \longrightarrow \infty$

– Comparer $\varphi_s(t)$ et $\varphi_e(t)$; conclure.

c. $\varphi_e(t)$ est maintenant une rampe de phase, c'est-à-dire $\varphi_e(t) = \Delta\omega . t$ pour $t > 0$

– Déterminer $\varphi_s(t)$ pour $t \longrightarrow \infty$

– Comparer $\varphi_s(t)$ et $\varphi_e(t)$; conclure.

d. Dans chacun des deux cas précédents, quelles sont les pulsations instantanées de $v_s(t)$ et de $v_e(t)$ en régime permanent ?

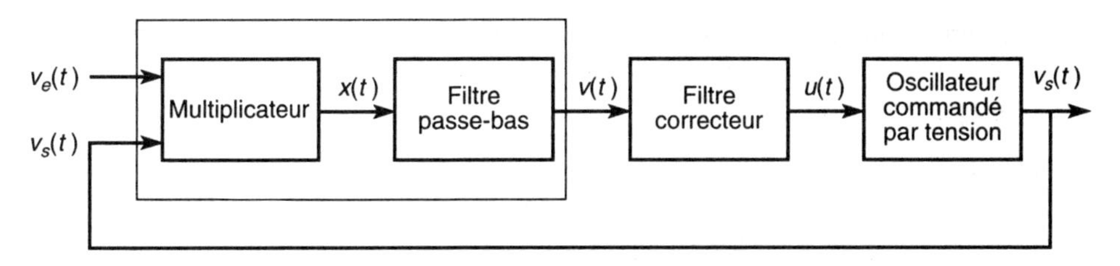

Figure 1

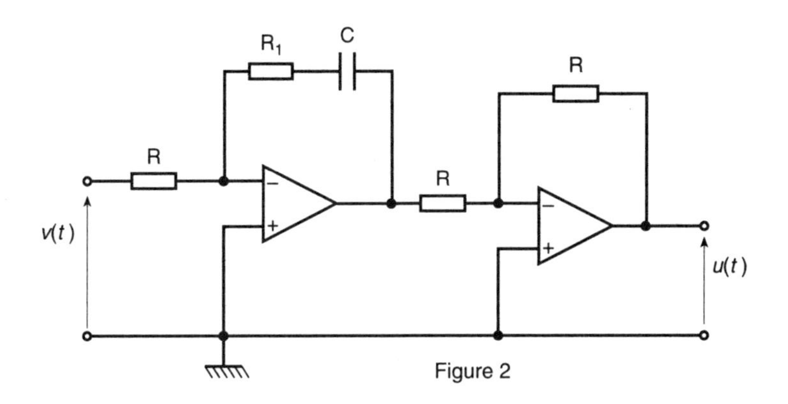

Figure 2

1.1) **a.** Pour la sortie du multiplicateur, nous pouvons écrire :

$x(t) = \mathrm{M}\ v_e(t)\ v_s(t) = \mathrm{M}\ \mathrm{V}_e\ \mathrm{V}_s \sin[\omega_0 t + \varphi_e(t)] \cos[\omega_0 t + \varphi_s(t)]$

soit : $\boldsymbol{x(t) = \dfrac{\mathrm{M}\ \mathrm{V}_e \mathrm{V}_s}{2}\ [\sin[2\ \omega_0 t + \varphi_e(t) + \varphi_s(t)] + \sin[\varphi_e(t) - \varphi_s(t)]]}$

En identifiant à la forme demandée, on obtient :

$$\mathbf{X} = \frac{\mathbf{M\ V}_e\mathbf{V}_s}{2} \qquad \boldsymbol{\alpha(t) = 2\ \omega_0 t + \varphi_e(t) + \varphi_s(t)} \qquad \boldsymbol{\beta(t) = \varphi_e(t) - \varphi_s(t)}$$

b. La pulsation instantanée du terme sin $\alpha(t)$ est égale à :

$$\frac{d\alpha}{dt} = 2\ \omega_0 + \frac{d\varphi_e}{dt} + \frac{d\varphi_s}{dt} \quad \text{avec} \quad \left|\frac{d\varphi_e}{dt}\right| << \omega_0 \text{ et } \left|\frac{d\varphi_s}{dt}\right| << \omega_0$$

donc $\dfrac{d\alpha}{dt} \approx 2\ \omega_0$ ce terme va être pratiquement éliminé par le filtre passe-bas qui est placé à la sortie du multiplicateur.

La pulsation instantanée du terme sin $\beta(t)$ est égale à :

$\dfrac{d\beta}{dt} = \dfrac{d\varphi_e}{dt} - \dfrac{d\varphi_s}{dt}$ donc $\dfrac{d\beta}{dt} << \omega_0$ ce terme va être transmis sans modification à la sortie du filtre passe-bas.

Donc : $v(t) = \mathrm{X} \sin[\varphi_e(\mathrm{t}) - \varphi_s(t)]$

D'autre part on suppose que $|\varphi_e(t) - \varphi_s(t)|$ est voisin de zéro, donc nous pouvons faire un développement limité au premier ordre pour $\sin \beta(t) \approx \beta(t)$ alors :

$\boldsymbol{v(t) \approx X\,[\varphi_e(t) - \varphi_s(t)]}$

On obtient pour le schéma fonctionnel de ce sous-ensemble :

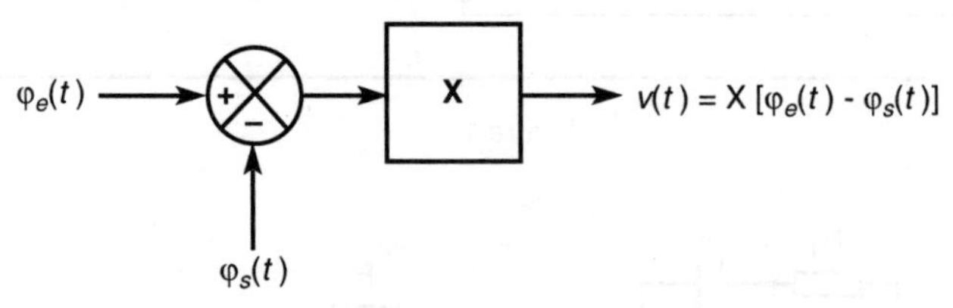

1.2 Filtre correcteur

a. Les deux amplificateurs opérationnels sont montés en inverseur,

alors : $\dfrac{\underline{U}}{\underline{V}} = \left(- \dfrac{R_1 + \dfrac{1}{j\omega C}}{R} \right) \left(- \dfrac{R}{R} \right)$

d'où : $\underline{F}(j\omega) = \dfrac{\underline{U}}{\underline{V}} = \dfrac{1 + j\omega\ R_1 C}{j\omega\ RC}$

On pose $\tau = RC$ et $a = \dfrac{R_1}{R}$ donc $\mathbf{F}(j\omega) = \dfrac{\mathbf{1 + j\omega\ a\tau}}{\boldsymbol{j\omega\ \tau}}$

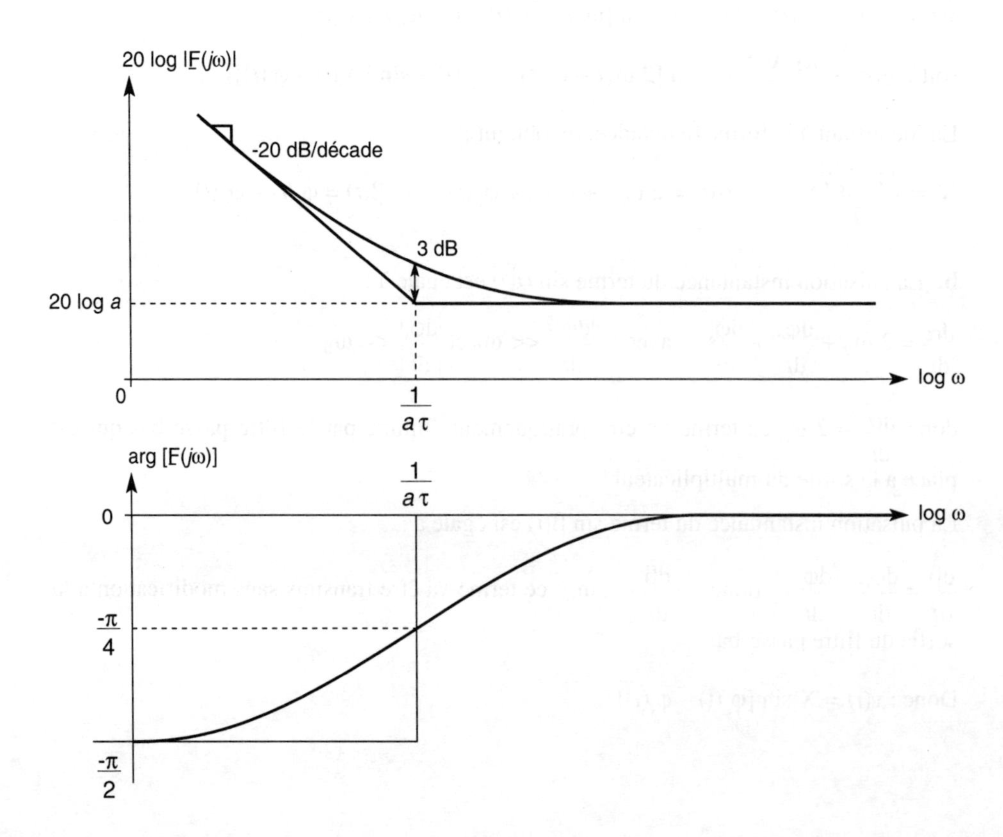

Pour $\omega = \dfrac{1}{a\tau}$ nous avons $\underline{F}\left(\dfrac{j}{a\tau}\right) = a\,\dfrac{1+j}{j}$ alors $\left|\underline{F} = \left(\dfrac{j}{a\tau}\right)\right| = a\sqrt{2}$ et $\arg\left[\underline{F} = \left(\dfrac{j}{a\tau}\right)\right] = \dfrac{-\pi}{4}$

1.3) Oscillateur commandé en tension

La dérivée d'une grandeur sinusoïdale correspond à une multiplication par $j\omega$ en notation complexe.

Donc : $\dfrac{d\varphi_s(t)}{dt} = \lambda\, u(t)$ nous donne en notation complexe : $j\omega\, \underline{\phi}_s = \lambda\, \underline{U}$ alors $\dfrac{\underline{\phi}_s}{\underline{\mathbf{U}}} = \dfrac{\lambda}{j\omega}$

2.1) **a.** On obtient le schéma bloc suivant pour la PLL :

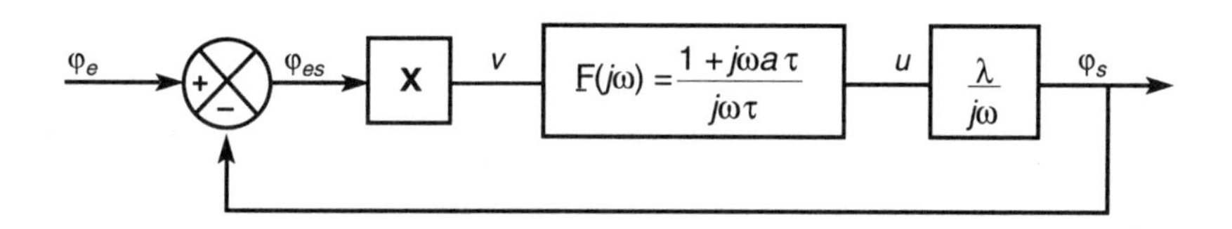

b. Pour la transmittance de la chaîne directe nous avons :

$$\underline{T}(j\omega) = \frac{\underline{\phi}_s}{\underline{\phi}_{es}} = \frac{\lambda\, X\, (1 + j\omega\, a\tau)}{\tau\, (j\omega)^2}$$

En introduisant la constante $K = a^2\, \tau\, X\, \lambda$ on obtient :

$$\mathbf{\underline{T}(j\omega) = K\, \frac{1 + j\omega\, a\tau}{(j\omega\, a\tau)^2}}$$

On calcule la transmittance en boucle fermée à l'aide de la formule de Black :

$$\underline{T}'(j\omega) = \frac{\underline{T}(j\omega)}{1 + \underline{T}(j\omega)} = \frac{K(1 + j\omega\, a\tau)}{(j\omega\, a\tau)^2 + K(1 + j\omega\, a\tau)}$$

d'où : $$\mathbf{\underline{T}'(j\omega)} = \frac{\mathbf{1 + j\omega\, a\tau}}{\mathbf{1 + j\omega\, a\tau + \dfrac{(j\omega\, a\tau)^2}{K}}}$$

Pour la transmittance $\underline{E}(j\omega) = \dfrac{\underline{\phi}_{es}(j\omega)}{\underline{\phi}_e(j\omega)}$, nous pouvons écrire :

$$\underline{E}(j\omega) = \frac{\underline{\phi}_e(j\omega) - \underline{\phi}_s(j\omega)}{\underline{\phi}_e(j\omega)} = 1 - \underline{T}'(j\omega) = 1 - \frac{\underline{T}(j\omega)}{1 + \underline{T}(j\omega)} = \frac{1}{1 + \underline{T}(j\omega)}$$

alors : $$\mathbf{\underline{E}(j\omega)} = \frac{\mathbf{\dfrac{(j\omega\, a\tau)^2}{K}}}{\mathbf{1 + (j\omega\, a\tau) + \dfrac{(j\omega\, a\tau)^2}{K}}}$$

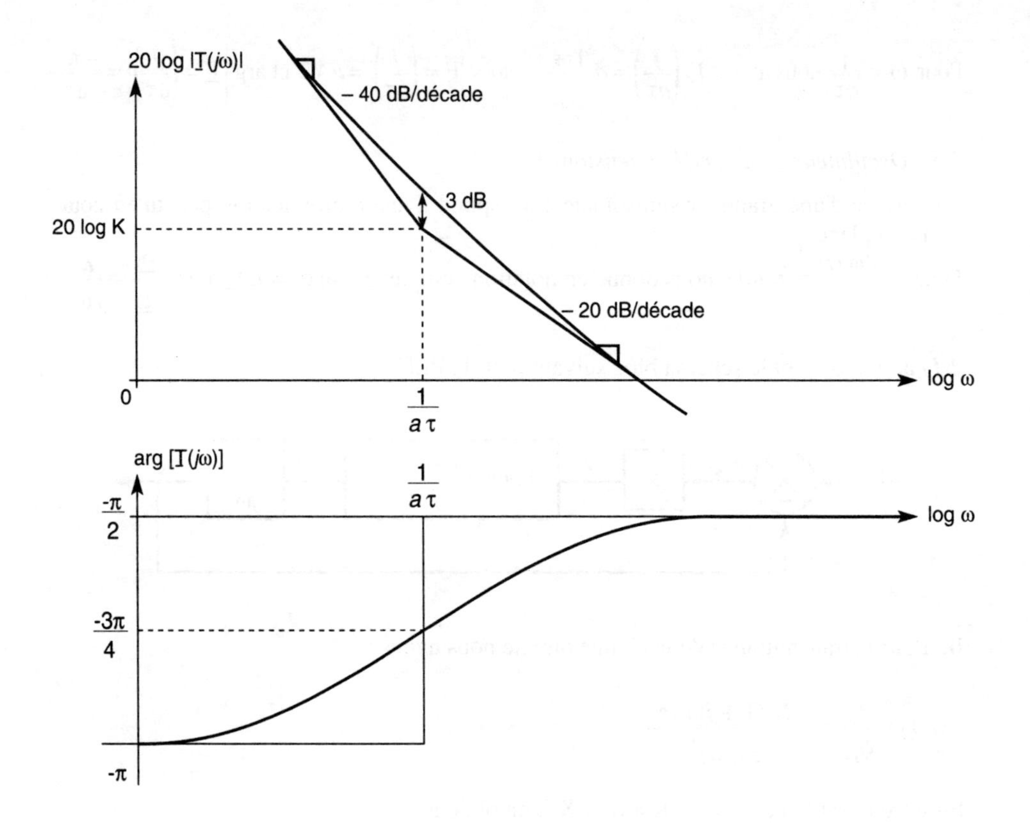

Pour $\omega = \dfrac{1}{a\tau}$ nous avons : $\underline{T}\left(\dfrac{j}{a\tau}\right) = -K(1+j)$

alors : $\left|\underline{T}\left(\dfrac{1}{a\tau}\right)\right| = K\sqrt{2}$ et $\arg\left[\underline{T}\left(\dfrac{j}{a\tau}\right)\right] = -\dfrac{3\pi}{4}$

b. Pour obtenir une marge de phase de 45° il faut qu'à la pulsation de transition ω_T, telle que $|\underline{T}(j\omega_T)| = 1$, le déphasage soit égale à – 135° soit $\arg[\underline{T}(j\omega_T)] = -\dfrac{3\pi}{4}$.

Or nous avons $\arg[\underline{T}(j\omega)] = -\dfrac{3\pi}{4}$ pour $\omega = \dfrac{1}{a\tau}$.

Donc pour obtenir la valeur de K il suffit d'écrire :

$\left|\underline{T}\left(\dfrac{j}{a\tau}\right)\right| = 1 = K\sqrt{2}$ soit $\mathbf{K = \dfrac{1}{\sqrt{2}}}$.

c. Pour étudier le degré de stabilité de l'asservissement, on va identifier la fonction de transfert en boucle fermée à la forme canonique du second ordre pour son dénominateur.

Soit : $$\underline{T}'(j\omega) = \frac{1 + j\omega\, a\tau}{1 + j\omega\, a\tau + \dfrac{(j\omega\, a\tau)^2}{K}} = \frac{1 + j\omega\, a\tau}{1 + 2\, m\, j\dfrac{\omega}{\omega_p} + \left(j\dfrac{\omega}{\omega_p}\right)^2}$$

alors : $\begin{cases} \omega_p = \dfrac{\sqrt{K}}{a\tau} & \text{: pulsation propre du second ordre} \\ m = \dfrac{\sqrt{K}}{2} & \text{: coefficient d'amortissement} \end{cases}$

Donc pour améliorer la stabilité, réponse à un échelon peu ou pas oscillante, il faut augmenter m donc augmenter la valeur de K.

Pour $K = \dfrac{1}{\sqrt{2}}$, $M\varphi = 45°$, on obtient $m \approx 0{,}42$ ce qui correspond à une réponse à un échelon oscillante avec des dépassements non négligeables.

2.3) **a.** Nous pouvons écrire la transmittance de Laplace :

$$\frac{\phi_s(p)}{\phi_e(p)} = \frac{1 + a\tau\, p}{1 + a\tau\, p + \dfrac{(a\tau\, p)^2}{K}}$$

On effectue le produit en croix soit :

$$\phi_s(p) + a\tau\, p\, \phi_s(p) + \frac{a^2\,\tau^2}{K} p^2\, \phi_s(p) = \phi_e(p) + a\tau\, p\, \phi_e(p)$$

D'autre part une multiplication par p correspond à une dérivée temporelle, on obtient l'équation différentielle suivante :

$$\varphi_s(t) + a\tau \frac{d\varphi_s}{dt} + \frac{a^2\tau^2}{K} \frac{d^2\varphi_s}{dt^2} = \varphi_e(t) + a\tau \frac{d\varphi_e}{dt}$$

b. $\varphi_e(t) = \phi$ pour $t > 0$

En régime permanent, toutes les dérivées sont nulles dans le cas d'une entrée de type échelon alors :

$\varphi_s(+\infty) = \varphi_e(+\infty) = \phi$

Donc pour une PLL, l'erreur statique de position est nulle.

c. $\varphi_e(t) = \Delta\omega \,.\, t$ pour $t > 0$

Le régime permanent correspond à la solution particulière de l'équation différentielle avec second membre. On suppose qu'en régime permanent $\varphi_s(t)$ est une rampe de pente α, soit $\varphi_s(t) = \alpha\, t$.

On injecte cette solution dans l'équation différentielle alors :

$\alpha t + a\tau\, \alpha = \Delta\omega t + a\tau\, \Delta\omega$

$(\alpha - \Delta\omega)\,(t + a\tau) = 0$ on en déduit $\alpha = \Delta\omega$.

Alors : $\lim\limits_{t \to \infty} \varphi_s(t) = \Delta\omega \,.\, t = \varphi_e(t)$

Donc pour une PLL, associé à un correcteur de type P-I, l'erreur de traînage est nulle.

d. Pour une entrée échelon, en régime permanent nous avons :

$\begin{cases} v_e(t) = V_e \sin(\omega_0\, t + \phi) \\ v_s(t) = V_s \cos(\omega_0\, t + \phi) \end{cases}$ Les deux signaux sont en quadrature et de même pulsation : ω_0

Pour une entrée en rampe de phase, en régime permanent nous avons :

$\begin{cases} v_e(t) = V_e \sin(\omega_0 + \Delta\omega)t \\ v_s(t) = V_s \cos(\omega_0 + \Delta\omega)t \end{cases}$ Les deux signaux sont en quadrature et de même pulsation : $\omega_0 + \Delta\omega$

106 Asservissement d'un système possédant un retard

Un processus physique est modélisé par une fonction de transfert du premier ordre associé à un retard.

$G(p) = \dfrac{G_0}{1 + Tp}\, e^{-\tau p}$ avec $G_0 = 1 \quad \tau = 1$ s et $T = 10$ s

Ce processus est inséré dans une boucle d'asservissement contenant un régulateur proportionnel : $C(p) = K > 0$.

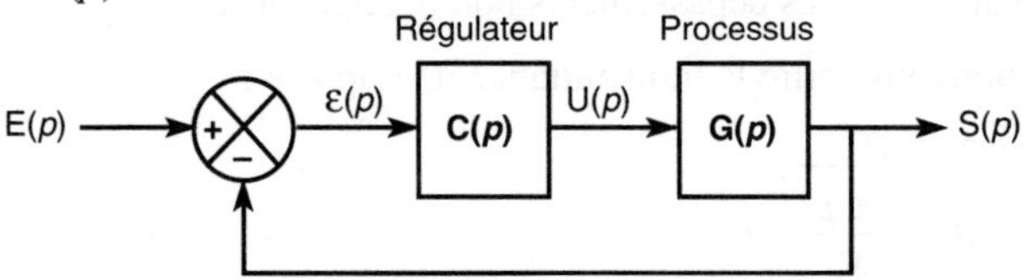

Les variables $e(t)$, $\varepsilon(t)$, $u(t)$ et $s(t)$ sont des tensions "images" des grandeurs physiques correspondantes.

1) Etude de la stabilité. On s'intéresse à la transmittance de boucle $T(p) = C(p)\, G(p)$.

a. On se place en régime sinusoïdal permanent : exprimer $|\underline{T}(j\omega)|$ et arg $[\underline{T}(j\omega)]$.

b. Représenter le diagramme de Bode de l'arg$[\underline{T}(j\omega)]$ et préciser les valeurs des pulsations suivantes :

ω_1 telle que arg $[\underline{T}(j\omega_1)] \approx -115°$

ω_2 telle que arg $[\underline{T}(j\omega_2)] \approx -180°$.

c. Calculer la valeur de K pour obtenir une marge de phase $M\varphi \approx 65°$.

d. Calculer la valeur limite de l'amplification notée K_{MAX}, provoquant l'instabilité.

2) Déterminer l'expression de la fonction de transfert en boucle fermée $H(p) = \dfrac{S(p)}{E(p)}$ que l'on écrira sous la forme suivante : $H(p) = H_1(p)\, e^{-\tau p}$.

$H_1(p)$ contient un terme retard $e^{-\tau p}$ au dénominateur.

3) On remplace $e^{-\tau p}$ par l'approximation de Pade :

$$e^{-\tau p} \approx \frac{1 - \dfrac{\tau p}{2}}{1 + \dfrac{\tau p}{2}}.$$

a. Déterminer l'expression approchée de $H(p)$ et la mettre sous la forme suivante :

$$H(p) \approx H_0 \frac{1 + \dfrac{\tau p}{2}}{1 + 2\, m \dfrac{p}{\omega_0} + \left(\dfrac{p}{\omega_0}\right)^2}\, e^{-\tau p}.$$

Exprimer H_0, m et ω_0 en fonction de K, G_0, τ et T.

b. Calculer les valeurs du coefficient d'amortissement m et de la pulsation propre ω_0 pour le réglage de K donnant une marge de phase de 65°.

4) La consigne est un échelon d'amplitude unité E = 1 V.

L'amplification K est réglée pour obtenir $M\varphi \approx 65°$.

a. Calculer les valeurs finales $s(+\infty)$, $u(+\infty)$ et l'erreur de position $\varepsilon_0(+\infty)$.

b. Représenter graphiquement l'allule de $s(t)$ en utilisant les résultats relatifs au second ordre et en négligeant les effets dus au terme en p au numérateur.

1) a. Pour obtenir la fonction de transfert en régime sinusoïdal permanent, on remplace la variable de Laplace p par $j\omega$.

Soit : $\underline{T}(j\omega) = \frac{KG_0}{1 + j\omega T} e^{-j\omega\tau}$. On en déduit : $\left|\underline{\mathbf{T}}(j\omega)\right| = \frac{\mathbf{KG_0}}{\sqrt{\mathbf{1} + (\omega \mathbf{T}^2)}}$

et $\arg[\underline{T}(j\omega)] = -\arctan(\omega T) - \omega\tau$

b.

(rad s^{-1}) ω	0,1	0,5	0,6	0,9	1	1,5	1,6	2	5
(degré) φ	– 51	– 107	– 115	– 135	– 142	– 172	– 178	– 202	– 375

avec $\varphi = -\arctan(10\,\omega) - \omega \frac{180}{\pi}$ (degré)

On obtient donc : $\omega_1 \approx$ **0,6 rad** s^{-1} et $\omega_2 \approx$ **1,6 rad** s^{-1}

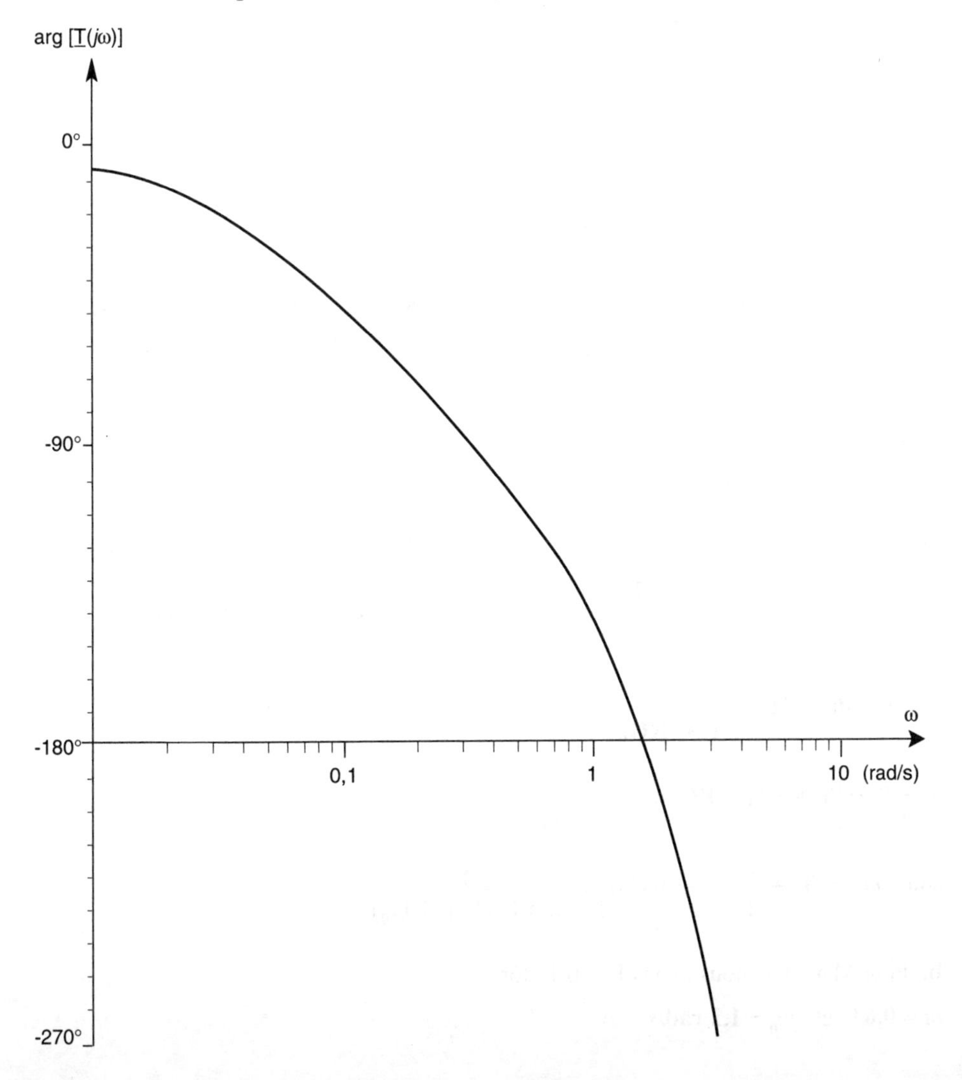

c. On souhaite $M\varphi \approx 65°$, soit $\arg[T(j\omega_T)] \approx -115°$ d'où la pulsation de transition $\omega_T = \omega_1 \approx 0{,}6$ rad s^{-1}.

Alors : $\left|\underline{T}(j\omega_T)\right| = \dfrac{KG_0}{\sqrt{1+(\omega_T T)^2}} = 1$

donc : $\mathbf{K = \dfrac{1}{G_0}\sqrt{1+(\omega_T T)^2} \approx 6{,}1}$

d. Nous avons $\omega_\pi = \omega_2 \approx 1{,}6$ rad s^{-1}, lorsque le système bouclé est à la limite de l'instabilité on peut écrire : $|\underline{T}(j\omega_\pi)| = 1$.

Alors : $\dfrac{K_{MAX}\, G_0}{\sqrt{1+(\omega_\pi T)^2}} = 1$

donc : $\mathbf{K_{MAX} = \dfrac{1}{G_0}\sqrt{1+(\omega_\pi T)^2} \approx 16}$

2) D'après la formule de Black : $H(p) = \dfrac{C(p)\,G(p)}{1 + C(p)\,G(p)}$

$$\mathbf{H(p) = \frac{KG_0}{1 + Tp + KG_0\, e^{-\tau p}}\, e^{-\tau p}}$$

3) a. Au dénominateur, on remplace $e^{-\tau p}$ par $e^{-\tau p} \approx \dfrac{1 - \dfrac{\tau p}{2}}{1 + \dfrac{\tau p}{2}}$.

$$H(p) \approx \frac{KG_0}{1 + Tp + KG_0\,\dfrac{1-\tau p/2}{1+\tau p/2}}\, e^{-\tau p} = \frac{KG_0\,(1+\tau p/2)}{(1+Tp)\,(1+\tau p/2) + KG_0\,(1-\tau p/2)}\, e^{-\tau p}$$

$$H(p) \approx \frac{KG_0\,(1+\tau p/2)}{(1+KG_0) + p\left[T + \dfrac{\tau}{2}(1-KG_0)\right] + \dfrac{\tau T}{2}\,p^2}\, e^{-\tau p}$$

$$\mathbf{H(p) \approx \frac{KG_0}{1+KG_0} \times \frac{1+\tau p/2}{1 + p\left[T + \dfrac{\tau}{2}(1-KG_0)\right]\dfrac{1}{1+KG_0} + \dfrac{\tau T}{2} \times \dfrac{p^2}{1+KG_0}}\, e^{-\tau p}}$$

On en déduit : $\mathbf{H_0 \approx \dfrac{KG_0}{1+KG_0}}$ $\qquad \mathbf{\omega_0 = \sqrt{\dfrac{2\,(1+KG_0)}{\tau T}}}$

et $\dfrac{2m}{\omega_0} = \left[T + \dfrac{\tau}{2}(1-KG_0)\right] \times \dfrac{1}{1+KG_0}$

soit : $\mathbf{m = \left[T + \dfrac{\tau}{2}(1-KG_0)\right] \times \dfrac{1}{2\,\tau T\,(1+KG_0)}}$

b. Pour $M\varphi = 65°$ nous avons $K \approx 6{,}1$ alors :

$\mathbf{m \approx 0{,}63}$ et $\mathbf{\omega_0 \approx 1{,}2}$ **rad/s**

4) a. Nous avons $S(p) = H(p)\,E(p)$ avec $E(p) = \frac{E}{p}$.

$$S(p) = \frac{KG_0}{1 + Tp + KG_0\,e^{-\tau p}}\,e^{-\tau p} \times \frac{E}{p}$$

Alors : $s(+\infty) = \lim\limits_{p \to 0} p\,S(p)$, soit $\boldsymbol{s(+\infty) = \frac{KG_0}{1 + KG_0}\,E \approx 0{,}86\ V}$.

On en déduit l'erreur de position : $\varepsilon_0(+\infty) = e(+\infty) - s(+\infty)$, alors : $\boldsymbol{\varepsilon_0(+\infty) \approx 0{,}14\ V}$.

Pour la grandeur de commande nous pouvons écrire :

$s(+\infty) = G_0\,u(+\infty)$ alors $\boldsymbol{u(+\infty) = s(+\infty) \approx 0{,}86\ V}$ car $G_0 = 1$.

b. On obtient pour la réponse à un échelon la courbe suivante :

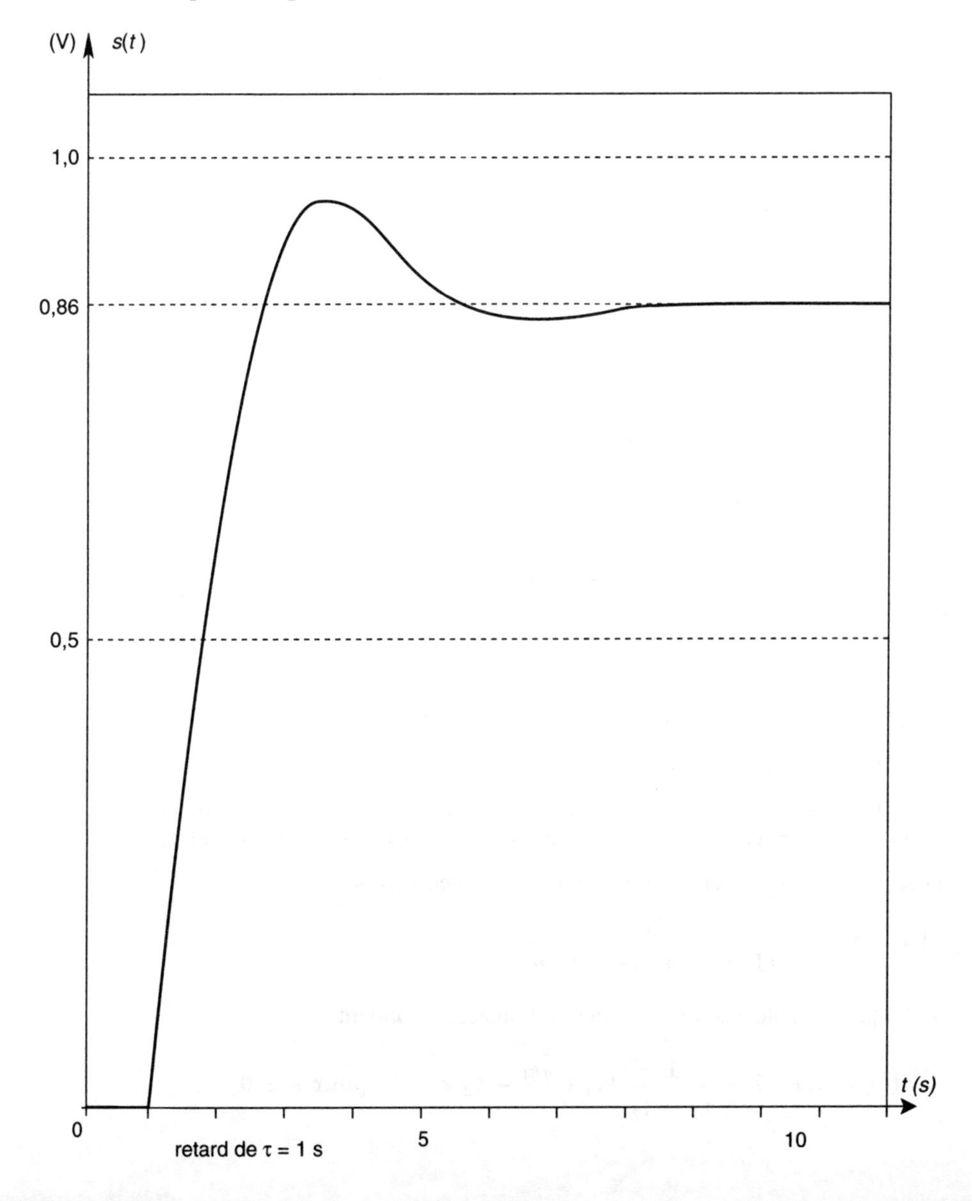

107 Identification en boucle ouverte d'un système du second ordre

On considère un système du second ordre de transmittance :

$$G(p) = \frac{G_0}{(1 + \tau_1 p)(1 + \tau_2 p)}$$

On applique à l'entrée du système un échelon d'amplitude E.

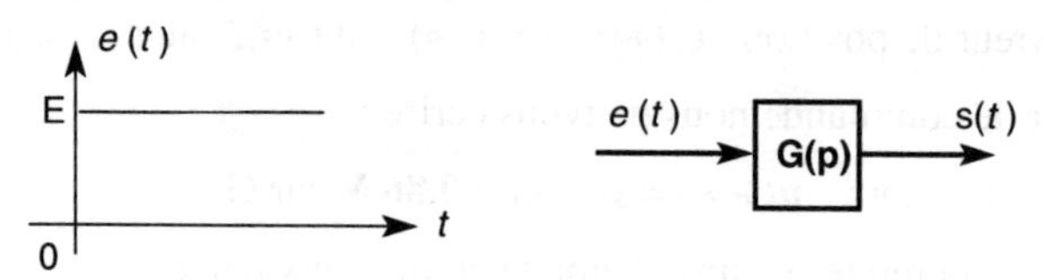

1) a. Exprimer la transformée de Laplace S(p) de la réponse $s(t)$ de ce système.

b. En déduire l'expression de $s(t)$ en fonction de E, G_0, τ_1 et τ_2.

c. Déterminer l'expression de la réponse en régime permanent, $s(+\infty)$.

2) a. Soit $\varepsilon(t) = s(+\infty) - s(t)$, exprimer $\varepsilon(t)$.

b. On suppose $\tau_1 >> \tau_2$, montrer qu'une expression approchée de $\varepsilon(t)$ peut être donnée par :

$$\varepsilon(t) \approx G_0 E \frac{\tau_1}{\tau_1 - \tau_2} e^{-t/\tau_1} \text{ pour } t > \tau_2.$$

c. A l'aide d'un développement limité, montrer que ln $\varepsilon(t)$ s'exprime de la façon suivante :

$$\ln \varepsilon(t) \approx -\frac{t}{\tau_1} + \frac{\tau_2}{\tau_1} + \ln (G_0 E)$$

On rappelle que $\ln(1 + x) \approx x$ pour $|x| << 1$.

3) On a relevé la sortie $s(t)$ pour E = 1 V.

t(s)	0	4	8	12	16	20	24	40
$s(t)$ (V)	0	0,443	0,748	0,887	0,949	0,977	0,990	1

a. A partir des valeurs numériques, en déduire G_0.

b. Représenter graphiquement ln $\varepsilon(t)$ en fonction du temps.

c. En utilisant l'expression approchée de ln $\varepsilon(t)$ et la zone linéaire de la représentation graphique de ln $\varepsilon(t)$, en déduire les deux constantes de temps τ_1 et τ_2.

1) a. Nous pouvons écrire : $S(p) = G(p)\,E(p)$ avec $E(p) = \frac{E}{p}$.

Alors : $$\mathbf{S}(p) = \frac{G_0}{(1 + \tau_1 p)(1 + \tau_2 p)} \times \frac{E}{p}.$$

b. D'après la table des transformées de Laplace, on obtient :

$$s(t) = G_0 E \left[1 - \frac{1}{\tau_1 - \tau_2} \left(\tau_1 e^{-t/\tau_1} - \tau_2 e^{-t/\tau_2}\right) \right] \text{ pour } t \geq 0$$

c. Pour la réponse en régime permanent nous avons :

$$s(+\infty) = \lim_{t \to +\infty} s(t) = G_0E$$

Donc la mesure de $s(+\infty)$, nous permettra d'en déduire G_0 avec $G_0 = \dfrac{s(+\infty)}{E}$.

2) a. $\varepsilon(t) = s(+\infty) - s(t)$

soit : $\varepsilon(t) = \dfrac{G_0E}{\tau_1 - \tau_2}\left[\tau_1\, e^{-t/\tau_1} - \tau_2\, e^{-t/\tau_2}\right]$

b. Nous avons $\tau_1 >> \tau_2$, alors le terme $\tau_2\, e^{-t/\tau_2}$ devient très vite négligeable par rapport à $\tau_1\, e^{-t/\tau_1}$ lorsque $t > \tau_2$ alors :

$\varepsilon(t) \approx G_0\, E\, \dfrac{\tau_1}{\tau_1 - \tau_2}\, e^{-t/\tau_1}$ pour $t > \tau_2$

c. Soit $\ln \varepsilon(t) \approx \ln (G_0E) + \ln\left(\dfrac{\tau_1}{\tau_1 - \tau_2}\right) + \ln (e^{-t/\tau_1})$

d'où : $\ln \varepsilon(t) \approx \ln (G_0E) - \ln\left(1 - \dfrac{\tau_2}{\tau_1}\right) - \dfrac{t}{\tau_1}$.

Or $\dfrac{\tau_2}{\tau_1} << 1$ alors $\ln\left(1 - \dfrac{\tau_2}{\tau_1}\right) \approx - \dfrac{\tau_2}{\tau_1}$.

On en déduit : $\mathbf{\ln\ \varepsilon(t) \approx \ln\ (G_0E) + \dfrac{\tau_2}{\tau_1} - \dfrac{t}{\tau_1}}$.

3) a. D'après le tableau de valeurs, on a pour le régime permanent : $s(+\infty) = 1$ V avec E = 1 V donc $\mathbf{G_0 = 1}$.

b.

$t(s)$	0	4	8	12	16	20	24	40
$\varepsilon(t)$ (V)	1	0,557	0,252	0,113	0,054	0,023	0,010	0
$\ln \varepsilon(t)$ (V)	0	– 0,585	– 1,38	– 2,18	– 2,92	– 3,77	– 4,61	

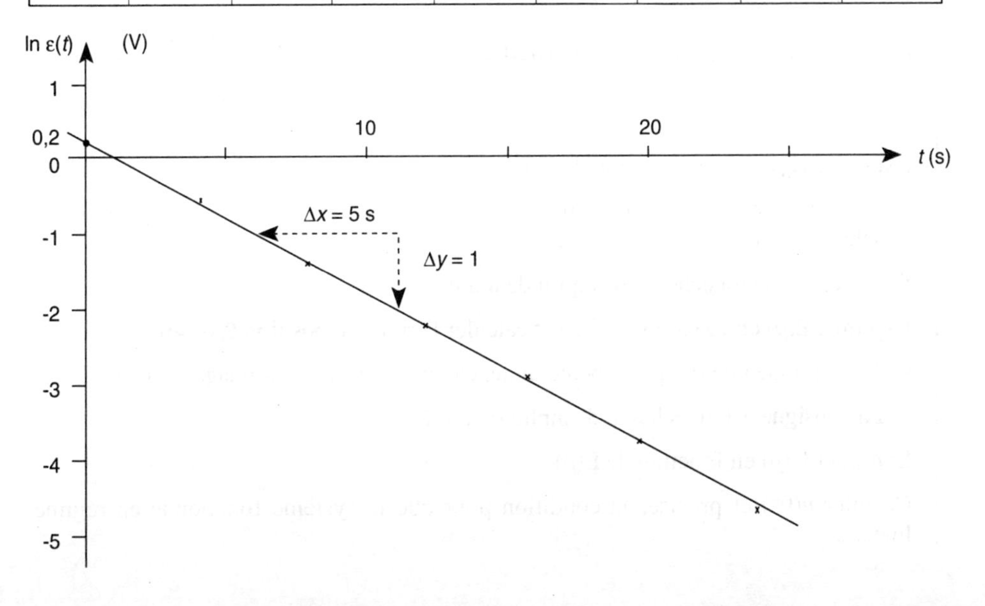

c. D'après l'expression approchée de ln $\varepsilon(t)$, on en déduit que sa représentation graphique est une droite de pente $-\dfrac{1}{\tau_1}$.

On mesure la pente de cette droite sur le graphique :
$-\dfrac{\Delta y}{\Delta x} = -\dfrac{1}{5} = -\dfrac{1}{\tau_1}$ alors $\boldsymbol{\tau_1 = 5}$ **s.**

D'autre part, pour $t = 0$, on a $\ln \varepsilon(0) \approx \ln (G_0E) + \dfrac{\tau_2}{\tau_1}$ avec $G_0E = 1$ donc $\ln \varepsilon(0) \approx \dfrac{\tau_2}{\tau_1}$.

D'après le graphique, on lit : $\dfrac{\tau_2}{\tau_1} = 0{,}2$ donc $\boldsymbol{\tau_2 = 1}$ **s.**

Exercices à résoudre

108 Correction Proportionnelle et Intégrale

1) Système du premier ordre

On considère la transmittance $G(p) = \dfrac{G_0}{1 + \tau p}$ avec $G_0 = 1$ inclus dans une boucle d'asservissement avec un correcteur de type P.I. : $C(p) = K\left(1 + \dfrac{1}{\tau_i p}\right)$.

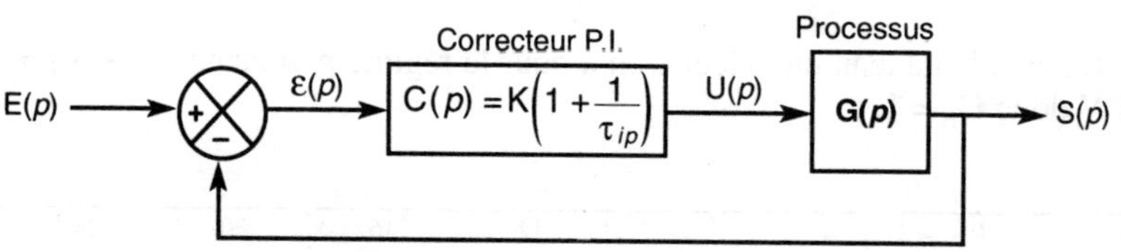

a. Exprimer la transmittance de boucle $T(p) = \dfrac{S(p)}{\varepsilon(p)}$.

On règle le correcteur P.I. tel que : $\tau_i = \tau$.

b. Déterminer la fonction de transfert en boucle fermée $H(p) = \dfrac{S(p)}{E(p)}$ et la mettre sous la forme suivante : $H(p) = \dfrac{H_0}{1 + \tau_{BF}\, p}$.

Exprimer H_0 et τ_{BF} en fonction de τ, K et G_0.

c. Déterminer la valeur de K pour obtenir un système deux fois plus rapide en boucle fermée qu'en boucle ouverte.

d. On applique un échelon d'amplitude unité.

Exprimer $\varepsilon(p)$ en fonction de $E(p)$ et calculer l'erreur de position $\varepsilon_0(+\infty)$.

e. On applique une rampe de pente unité, calculer l'erreur de traînage $\varepsilon_1(+\infty)$.

f. La consigne est un échelon d'amplitude unité.

Exprimer $U(p)$ en fonction de $E(p)$.

Calculer $u(0^+)$ et préciser la condition pour que le système fonctionne en régime linéaire.

2) Système du second ordre

La transmittance du processus est : $G(p) = \dfrac{G_0}{(1 + \tau_1 p)(1 + \tau_2 p)}$ avec $\tau_1 = 5$ s, $\tau_2 = 1$ s et $G_0 = 1$.

La correction est de type P.I. : $C(p) = K\left(1 + \dfrac{1}{\tau_i p}\right)$.

Pour "éliminer" la grande constante de temps, on règle le correcteur tel que $\tau_i = \tau_1$.

a. Déterminer la fonction de transfert en boucle fermée $H(p) = \dfrac{S(p)}{E(p)}$ et la mettre sous la forme suivante : $H(p) = \dfrac{H_0}{1 + 2m\dfrac{p}{\omega_0} + \left(\dfrac{p}{\omega_0}\right)^2}$

Exprimer H_0, m et ω_0 en fonction de K, G_0, τ_1 et τ_2.

b. Déterminer la valeur de K pour obtenir $m = 0{,}707 = \dfrac{1}{\sqrt{2}}$.

c. Pour $m = 0{,}707$, le $t_{r5\,\%}$, pour une consigne en échelon, est minimal et égal à $\dfrac{3}{\omega_0}$.

Calculer la valeur du $t_{r5\,\%}$.

d. On applique un échelon d'amplitude unité.

Exprimer $\varepsilon(p)$ en fonction de $E(p)$ et calculer l'erreur de position $\varepsilon_0(+\infty)$.

e. On applique une rampe de pente unité, calculer l'erreur de traînage $\varepsilon_1(+\infty)$.

109 Asservissement de position d'un moteur à courant continu

L'organisation générale de l'asservissement est le suivant :

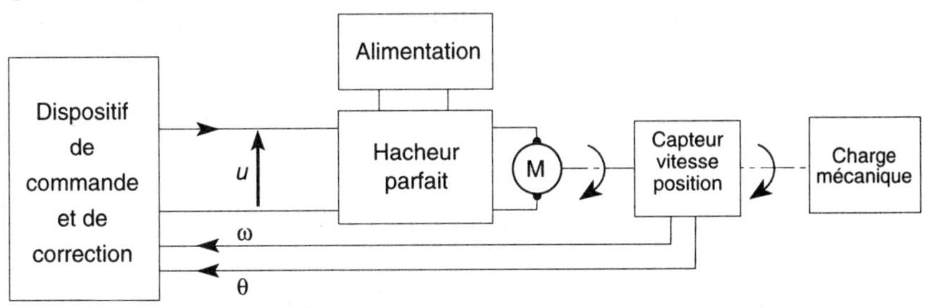

L'actionneur est un moteur à courant continu à aimant permanent, commandé par l'induit à partir d'un hacheur quatre quadrants et d'une alimentation.

La vitesse de rotation est notée ω, la position θ et u la tension de commande du hacheur.

1) Le schéma bloc pour une correction proportionnelle est le suivant :

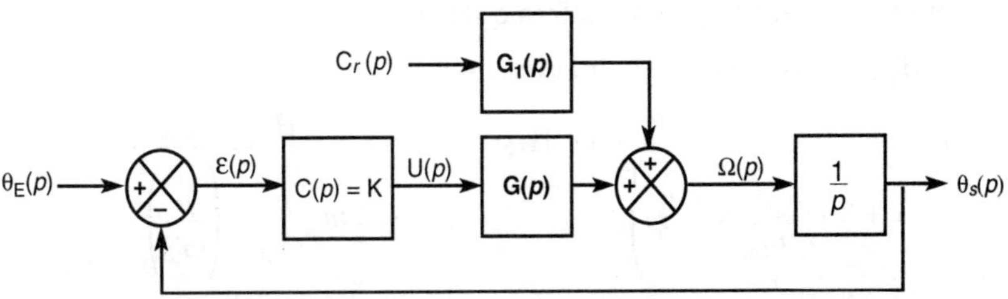

avec $G(p) = \dfrac{G_0}{1 + \tau p}$ et $G_1(p) = \dfrac{G_1}{1 + \tau p}$

$\tau = 0{,}7$ s $\quad G_0 = 30$ rd/(Vs) $\quad G_1 = -700$ rd/(*s* Nm)

L'action de la charge mécanique est représentée par un couple résistant $c_r(t)$ dont la transformée de Laplace est notée $C_r(p)$.

1) a. Montrer que la sortie $\theta_s(p)$ peut s'exprimer sous la forme suivante :

$$\theta_s(p) = H(p)\ \theta_E(p) + H_R(p)\ C_R(p) \text{ avec } H(p) = \frac{H_0}{1 + 2m\dfrac{p}{\omega_0} + \left(\dfrac{p}{\omega_0}\right)^2} \text{ et}$$

$$H_R(p) = \frac{H_1}{1 + 2m\dfrac{p}{\omega_0} + \left(\dfrac{p}{\omega_0}\right)^2}.$$

Exprimer m, ω_0, H_0 et H_1 en fonction de K, G_0, τ et G_1.

b. Calculer la valeur de K pour obtenir un coefficient d'amortissement $m = 0{,}707 = \dfrac{1}{\sqrt{2}}$.

c. En déduire la valeur de la pulsation propre ω_0.

d. On suppose que le couple résistant $c_r(t)$ est nul, déterminer l'erreur statique $\varepsilon(+\infty)$ dans les deux cas suivants :

– $\theta_E(t)$ est un échelon unitaire : $\varepsilon_0(+\infty)$ erreur de position.
– $\theta_E(t)$ est une rampe de pente unité : $\varepsilon_1(+\infty)$ erreur de traînage.

2) Etude en régulation : pour étudier l'influence du couple résistant $c_r(t)$ sur la sortie $\theta_s(t)$, on annule l'entrée principale $\theta_E(t)$.

a. Déterminer l'expression de la sortie $\theta_s(+\infty)$ en régime permanent lorsque $c_r(t)$ est un échelon d'amplitude C_{r0}.

b. Calculer la valeur de l'amplitude C_{r0} de l'échelon qui provoque, en régime permanent, un écart de position $\theta_s(+\infty) = -10$ degrés avec la valeur de K précédente.

3) Correction tachymétrique

Pour améliorer certaines performances de l'asservissement, on réalise le retour d'une fraction, $a\ \omega(t)$, de la vitesse selon le schéma bloc suivant :

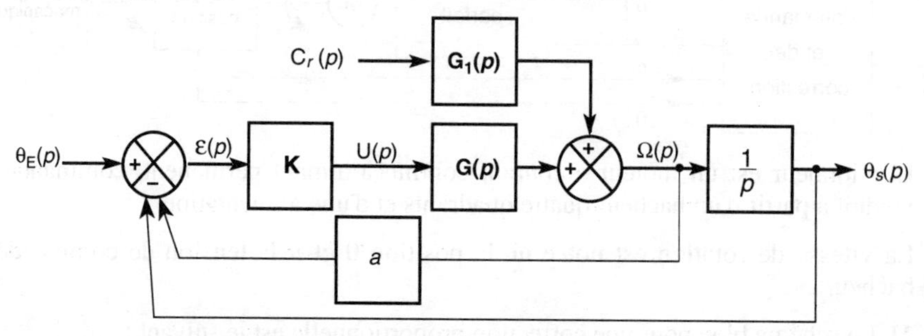

a. Exprimer la sortie $\theta_s(p)$ sous la forme suivante :

$\theta_s(p) = H_T(p)\ \theta_E(p) + H_{TR}(p)\ C_r(p)$ avec :

$$H_T(p) = \frac{H_0}{1 + 2m'\dfrac{p}{\omega'_0} + \left(\dfrac{p}{\omega'_0}\right)^2} \text{ et } H_{TR}(p) = \frac{H_1}{1 + 2m'\dfrac{p}{\omega'_0} + \left(\dfrac{p}{\omega'_0}\right)^2}$$

Exprimer les nouveaux paramètres du second ordre m' et ω'_0 en fonction de K, G_0, τ et a.

b. On souhaite un système deux fois plus rapide avec la correction tachymétrique. Calculer les valeurs de K et a pour obtenir un coefficient d'amortissement $m' = \frac{1}{\sqrt{2}}$ et une pulsation propre ω'_0 égale au double de la pulsation propre obtenue en l'absence de retour tachymétrique.

110 Etude d'un amplificateur inverseur : stabilité

Soit le schéma structurel d'un amplificateur inverseur en tenant compte de la capacité parasite d'entrée :

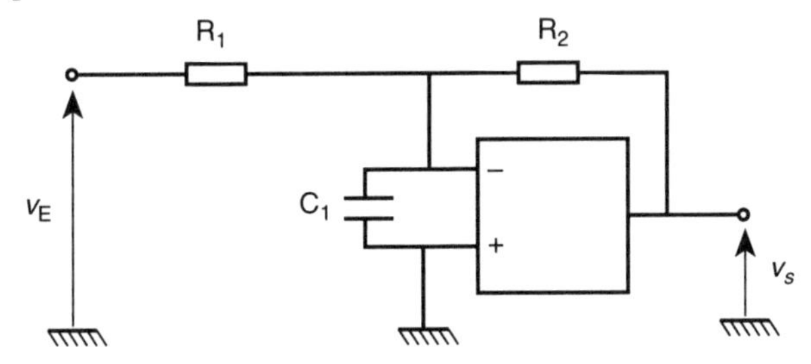

On prendra pour les applications numériques $C_1 = 40$ pF.

On adopte pour l'amplificateur opérationnel le modèle suivant :

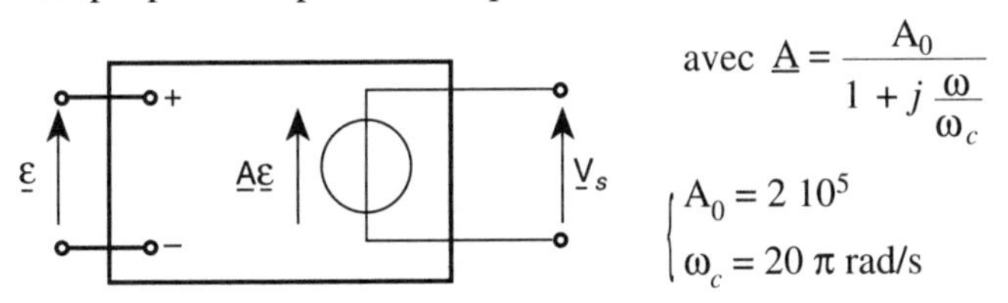

avec $\underline{A} = \dfrac{A_0}{1 + j\dfrac{\omega}{\omega_c}}$

$$\begin{cases} A_0 = 2\ 10^5 \\ \omega_c = 20\ \pi \text{ rad/s} \end{cases}$$

1) a. Déterminer l'expression de $\underline{\varepsilon}$ en foncion de $\underline{V}_E$, $\underline{V}_s$ et des éléments du circuit.

b. Représenter l'amplificateur sous la forme du schéma bloc suivant :

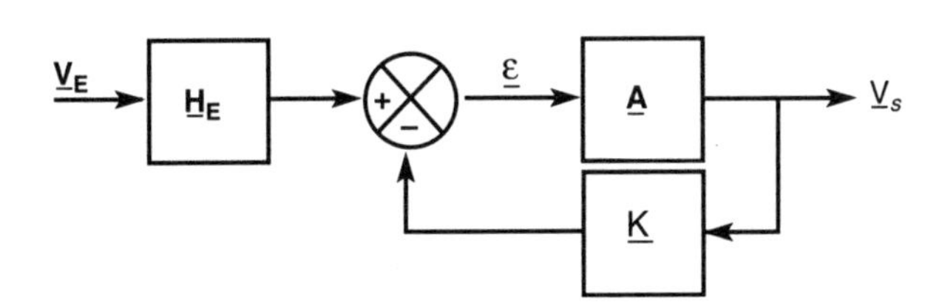

Donner les expressions des transmittances complexes $\underline{H}_E(j\omega)$ et $\underline{K}(j\omega)$.

2) Soit la transmittance de boucle $\underline{T}(j\omega) = \underline{A}\ \underline{K}$, représenter le diagramme de Bode asymptotique et l'allure de la courbe réelle de $\underline{T}(j\omega)$ pour les deux cas suivants :

a. $R_1 = 1$ kΩ et $R_2 = 10$ kΩ avec $10 \text{ kHz} \leq f \leq 10 \text{ MHz}$.

b. $R_1 = 100$ kΩ et $R_2 = 1$ MΩ avec $1 \text{ kHz} \leq f \leq 1 \text{ MHz}$.

3) A l'aide des diagrammes de Bode, déterminer la marge de phase Mφ, de l'amplificateur, pour les deux couples de valeur de R_1 et R_2 : conclusion.

4) Pour améliorer le degré de stabilité de l'amplificateur, on place en parallèle un condensateur de capacité C_2 = 1 nF aux bornes de la résistance R_2.

a. Déterminer l'expression de la nouvelle transmittance de boucle $\underline{T}(j\omega)$.

b. Dans le cas ou R_1 = 100 kΩ et R_2 = 1 MΩ, tracer le diagramme de Bode asymptotique et l'allure de la courbe réelle de $\underline{T}(j\omega)$.

c. En déduire la nouvelle marge de phase Mφ : conclusion.

2 Transformation en *z* et filtrage numérique

I. TRANSFORMATION EN *z*

1. Définition

La transformée en z s'applique aux suites numériques. Comme la transformée de Laplace pour les signaux analogiques, la transformée en z est un outil pour traiter les signaux et les systèmes numériques. Soit une suite de nombre appelée aussi séquence et notée $\{x_n\}$ alors la transformée en z de cette séquence est donnée par :

$$\mathbf{Z}\ \{x_n\} = \mathbf{X}(z) = \sum_{n=0}^{+\infty} x_n\ z^{-n} \ \textbf{ avec } z \in \mathbb{C}$$

Cette suite de nombre peut être issue de l'échantillonnage, à la période T_E, d'un signal analogique $x(t)$ alors : $x(nT_E) = x_n$.

a) Transformée en *z* de la séquence impulsion

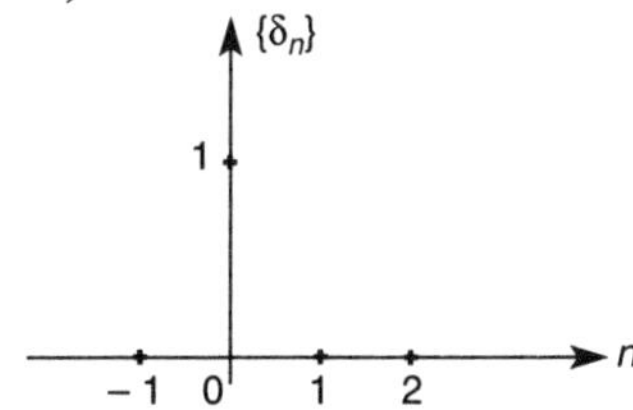

$$\begin{cases} \delta_n = 0 \text{ pour } n = 0 \\ \delta_n = 0 \text{ pour } n \neq 0 \end{cases} \qquad \mathbf{Z}\ \{\delta_n\} = \mathbf{1}$$

b) Transformée en *z* de la séquence échelon

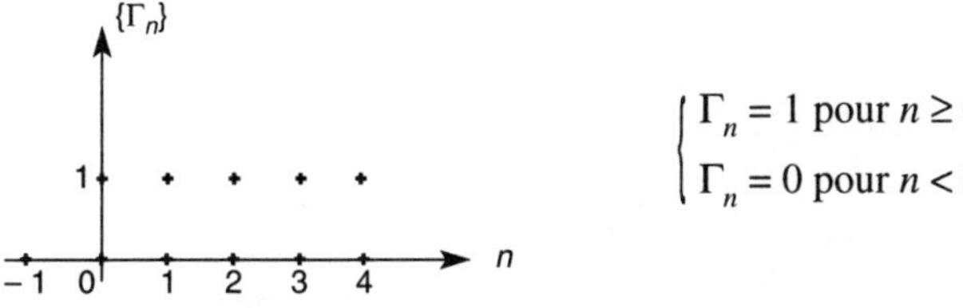

$$\begin{cases} \Gamma_n = 1 \text{ pour } n \geq 0 \\ \Gamma_n = 0 \text{ pour } n < 0 \end{cases}$$

$$\mathrm{Z}\ \{\Gamma_n\} = 1 + z^{-1} + \ldots + z^{-1} + \ldots = \frac{1}{1 - z^{-1}} \quad \text{soit} \quad : \mathbf{Z}\ \{\Gamma_n\} = \frac{z}{z - \mathbf{1}}$$

2. Propriétés

a) Linéarité

$\mathbf{Z}[\alpha\{x_n\} + \beta\{y_n\}] = \alpha\, \mathbf{X}(z) + \beta\, \mathbf{Y}(z)$

b) Théorème du retard

Soit le signal numérique causal $\{x_n\}$, c'est-à-dire $x_n = 0$ pour $n < 0$

Alors : $\mathbf{Z}\,\{x_{n-k}\} = z^{-k}\, \mathbf{X}(z)$

c) Produit de convolution discret

On considère l'opération suivante, qui à partir de deux séquences, fournit une nouvelle séquence :

$\{y_n\} = \{h_n\} * \{x_n\}$ avec $y_n = \sum_{k=0}^{+\infty} h_k\, x_{n-k}$

Alors : $\mathbf{Z}\,[\{h_n\} * \{x_n\}] = \mathbf{H}(z)\, \mathbf{X}(z)$

La transformée en z remplace le produit de convolution discret par un produit simple.

d) Multiplication par a^n

Soit la séquence $\{x_n\}$ telle que Z $\{x_n) = \mathrm{X}(z)$.

Alors : $\mathbf{Z}\,\{a^n\, x_n\} = \mathbf{X}\left(\frac{z}{a}\right)$

e) Théorème de la valeur initiale

$$x_0 = \lim_{z \to +\infty} \mathbf{X}(z)$$

f) Théorème de la valeur finale

$$\lim_{n \to +\infty} x_n = \lim_{z \to 1} (z - 1)\, \mathbf{X}(z)$$ lorsque cette limite existe.

3. Table des transformées en *z*

	$\{x_n\}$	$X(z)$
	$\{\delta_n\}$	1
	$\{\Gamma_n\}$	$\dfrac{z}{z-1}$
	$\{a\,n\,T_E\}$	$a\,T_E\,\dfrac{z}{(z-1)^2}$
	$\{e^{-nT_E/\tau}\}$	$\dfrac{z}{z-e^{-T_E/\tau}}$
	$\{1-e^{-nT_E/\tau}\}$	$\dfrac{z\,(z-e^{-T_E/\tau})}{(z-1)\,(z-e^{-T_E/\tau})}$
	$\{n\,T_E\,e^{-nT_E/\tau}\}$	$\dfrac{T_E\,z\,e^{-T_E/\tau}}{(z-e^{-T_E/\tau})^2}$
	$\{\sin(n\,\omega_0\,T_E)\}$	$\dfrac{z\sin\omega_0 T_E}{z^2-2\,z\cos\omega_0 T_E+1}$
	$\{\cos(n\,\omega_0\,T_E)\}$	$\dfrac{z\,(z-\cos\omega_0 T_E)}{z^2-2\,z\cos\omega_0 T_E+1}$
	$\{e^{-m(nT_E)}\sin(\omega_0\,n\,T_E)\}$	$\dfrac{z\,e^{-mT_E}\sin\omega_0 T_E}{z^2-2\,z\,e^{-mT_E}\cos\omega_0 T_E+e^{-2mT_E}}$
	$\{e^{-m(nT_E)}\cos(\omega_0\,n\,T_E)\}$	$\dfrac{z^2-z\,e^{-mT_E}\cos\omega_0 T_E}{z^2-2\,z\,e^{-mT_E}\cos\omega_0 T_E+e^{-2mT_E}}$

4. La transformée en z inverse

Pour revenir à l'original $\{x_n\}$ de X(z) on peut utiliser la décomposition en éléments simples de $\frac{X(z)}{z}$.

Soit $\frac{X(z)}{z}$ ne possédant que des pôles simples :

$$\frac{X(z)}{z} = \frac{N(z)}{D(z)} = \frac{N(z)}{(z-p_1)(z-p_2)\ldots(z-p_k)} = \frac{A_1}{z-p_1} + \frac{A_2}{z-p_2} + \ldots + \frac{A_k}{z-p_k}$$

et les cœfficients A_i sont donnés par : $A_i = \left[(z-p_i)\frac{X(p_i)}{p_i}\right]_{z=p_i}$.

D'après la table on en déduit : $x_n = A_1\, p_1^n + A_2\, p_2^n + \ldots + A_k\, p_k^n$.

Remarque : si il existe des racines complexes conjuguées, il faut utiliser les fonctions du second ordre présentes dans la table.

II. FILTRAGE NUMÉRIQUE

1. Chaîne de traitement numérique

Une chaîne de traitement numérique a la structure suivante :

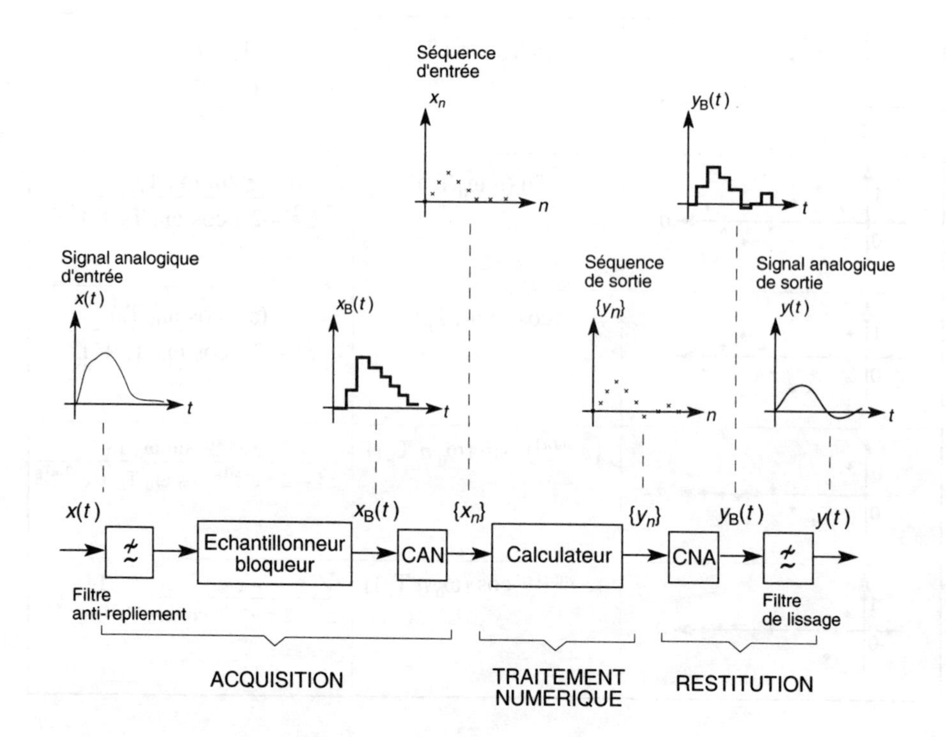

L'échantillonneur bloqueur associé au CAN effectuent les opérations d'échantillonnage et de quantification. Les nombres issus du CAN sont par exemple codés sur 8 bits. Le CAN effectue les opérations de dénumérisation et de blocage, il fournit un signal en "marches d'escalier". Le filtre de lissage restitue un signal où on a atténué les "marches d'escalier".

Le filtre anti-repliement sert à éliminer les signaux d'entrée (signaux parasites, bruit) qui ne respectent pas la condition de Shanon.

a) Condition de Shanon

Pour éviter les phénomènes de repliement de spectre, la fréquence du signal d'entrée doit toujours être inférieure à $\frac{F_E}{2}$.

F_E : fréquence d'échantillonnage.

Donc la plage d'utilisation d'un filtre numérique correspond à l'intervalle $\left(0, \frac{F_E}{2}\right)$.

b) Transmittance en z d'un filtre numérique

On peut montrer que pour un système numérique linéaire, la séquence de sortie est donnée par le produit de convolution suivant :

$y_n = \sum_{k=0}^{+\infty} h_k \, x_{n-k}$: alors d'après les propriétés de la transformée en z, on obtient :

$$\mathbf{H}(z) = \frac{\mathbf{Y}(z)}{\mathbf{X}(z)} = \mathbf{Z}\{h_n\}$$

Transmittance en z du filtre numérique

La séquence $\{h_n\}$ correspond à la réponse impulsionnelle du filtre numérique.

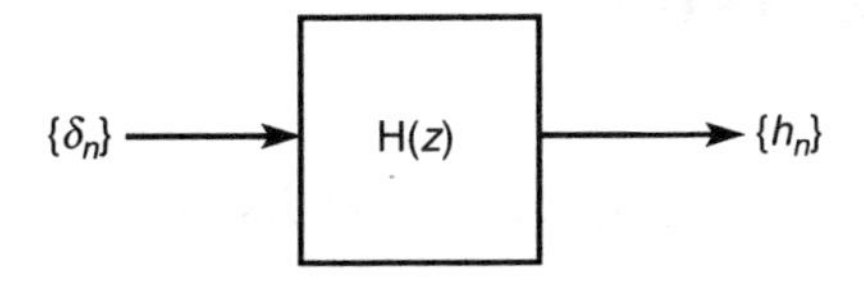

c) Stabilité d'un filtre numérique

Un filtre numérique est stable lorsque sa réponse impulsionnelle tend vers 0 lorsque $n \to +\infty$.

On obtient alors la condition suivante pour H(z) :

Un filtre numérique, de transmittance H(z), est stable si tous ses pôles sont à l'intérieur du cercle de rayon unité.

Les pôles de $H(z) = \frac{N(z)}{D(z)}$ correspondent aux racines du polynôme du dénominateur telles que $D(z) = 0$.

d) Réponse harmonique : transmittance isochrone

Lorsque l'entrée $\{x_n\}$ est un signal numérique sinusoïdal et que l'on s'intéresse à la réponse en régime permanent. Alors la fonction de transfert complexe, $\underline{H}(j\omega)$, du filtre numérique peut être obtenue à l'aide de changement de variable suivant :

$$H(z) \xrightarrow[z = e^{j\omega T_E}]{} \underline{H}(j\omega)$$

2. Filtres numériques non récursifs

a) Définition

La valeur de la sortie, y_n, ne dépend que des valeurs de l'entrée $x_n, x_{n-1}, \ldots, x_{n-k}$.

Soit : $y_n = a_0 x_n + a_1 x_{n-1} + \ldots + a_k x_{n-k}$

b) Propriétés

On obtient pour la transmittance en z :

$$H(z) = \frac{Y(z)}{X(z)} = a_0 + a_1 z^{-1} + \ldots + a_k z^{-k}$$

La réponse impulsionnelle correspond aux cœfficients de pondération de l'équation aux différences du filtre numérique.

Soit : $\{h_n\} = Z^{-1}[H(z)]$ et $h_i = a_i$

Un filtre non récursif a une réponse impulsionnelle finie composée de $k + 1$ échantillons. On appelle les filtres non récursifs des filtres à réponse impulsionnelle finie ou filtre RIF. Un filtre RIF est toujours stable.

3. Filtres numériques récursifs

a) Définition

La valeur de la sortie, y_n, dépend des valeurs de l'entrée $x_n, x_{n-1}, \ldots, x_{n-k}$ et des valeurs des échantillons précédents $y_{n-1}, y_{n-2}, \ldots, y_{n-l}$.

Soit : $y_n = a_0 x_n + a_1 x_{n-1} + \ldots + a_k x_{n-k} - [b_1 y_{n-1} + b_2 y_{n-2} + \ldots + b_l y_{n-l}]$

b) Propriétés

On obtient pour la transmittance en z :

$$\mathbf{H}(z) = \frac{\mathbf{Y}(z)}{\mathbf{X}(z)} = \frac{a_0 + a_1 z^{-1} + \ldots + a_k z^{-k}}{1 + b_1 z^{-1} + \ldots + b_l z^{-l}}$$

La réponse impulsionnelle d'un filtre récursif est infinie, on les appelle des filtres à réponse impulsionnelle infinie ou filtre RII.

Un filtre RII est stable si tous les pôles de H(z) sont à l'intérieur du cercle de rayon unité.

Exercices résolus

201 Etude d'un système de filtrage numérique (texte d'examen)

Un système de filtrage numérique, opérant sur un signal analogique $x(t)$ se ramène au schéma fonctionnel suivant :

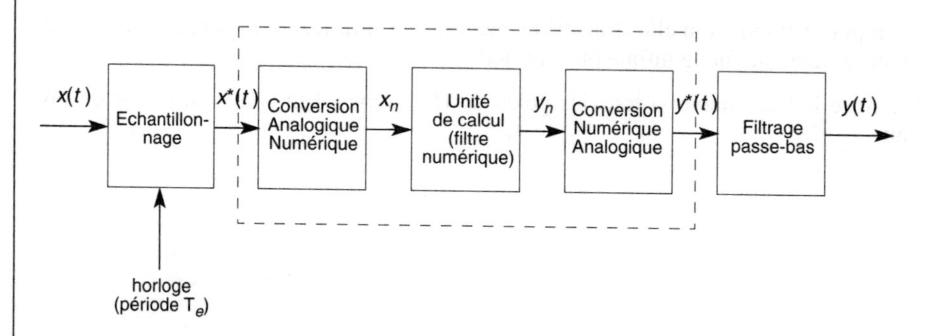

– L'échantillonage consiste à prélever les valeurs du signal $x(t)$ à des instants multiples entiers de la période d'horloge. Soit $x(n\mathrm{T}_e)$, la valeur analogique de l'échantillon pris à l'instant $t = n\mathrm{T}_e$. L'ensemble de ces échantillons constitue le signe $x^*(t)$.

– Chaque échantillon est ensuite traduit dans une représentation numérique adaptée à l'unité de calcul. On notera X_n le nombre binaire associé à la valeur analogique $x(n\mathrm{T}_e)$.

– L'unité de calcul effectue un algorithme qui, à partir de la suite des nombres X_n (définis précédemment) crée une suite de nouveaux nombres appelés Y_n.

– Ces nombres Y_n, convertis en grandeur analogique, permettent de définir le signal $y^*(t)$ formé des échantillons $y(n\mathrm{T}_e)$.

– Après filtrage passe-bas du signal $y^*(t)$, on obtient le signal analogique de sortie $y(t)$.

Le but du problème est d'étudier les caractéristiques de $y(t)$ sachant que $x(t)$ est un signal analogique sinusoïdal.

$x(t) = \mathrm{X} \sin \omega t = \mathrm{X} \sin (2 \pi f t)$

1) Etude du système dans le cas où l'unité de calcul effectue l'algorithme $\mathrm{Y}_n = \mathrm{X}_n$

Le traitement numérique étant réduit à l'égalité $\mathrm{Y}_n = \mathrm{X}_n$, le schéma fonctionnel est alors le suivant :

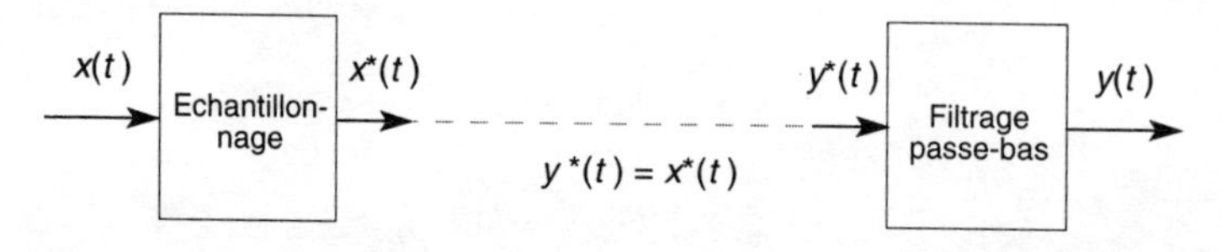

Grâce à cette mesure simplifiée, ne restent à analyser que les fonctions échantillonnage et filtrage passe-bas.

1.1) Echantillonnage

La prise d'échantillons est réalisée selon le principe suivant :

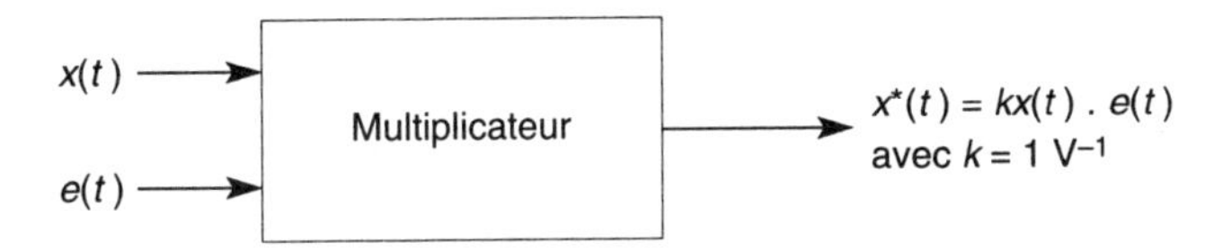

Le signal $x(t)$ est sinusoïdal, d'amplitude X = 2 V et de fréquence f = 833 Hz. $e(t)$ est le signal d'échantillonnage de période $T_e = \frac{1}{F_e}$ défini par :

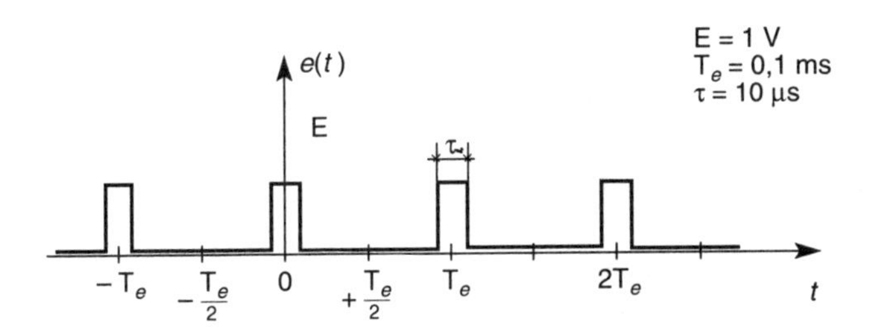

1) a. Représenter, les signaux $e(t)$ et $x^*(t)$ (en respectant la concordance des temps).

b. $e(t)$ est un signal périodique, et est décomposable en série de Fourier

– Justifier qualitativement que $e(t)$ peut s'écrire :

$$e(t) = E_0 + \sum_{n=1}^{\infty} E_n \cos n\,\omega_e t. \qquad \omega_e = \frac{2\pi}{T_e}$$

– Trouver l'expression littérale de E_0 puis calculer sa valeur numérique.

1) c. Connaissant la décomposition de $e(t)$, exprimer $x^*(t)$ sous forme d'une somme de fonctions sinusoïdales.

d. En se limitant aux trois premières raies et sachant que E_1 = 0,2 V, représenter le spectre en fréquence de $x^*(t)$.

1.2) Filtrage passe-bas :

Sachant que $y^*(t) = x^*(t)$, on souhaite obtenir $y(t)$ image parfaite de $x(t)$, soit :

$y(t) = Y \sin \omega t = k\, X \sin \omega t$.

Pour ne conserver que la raie de fréquence f, on réalise un filtrage passe-bas.

2) a. En raisonnant sur un filtre passe-bas idéal, trouver, en fonction de f, la valeur minimale de la fréquence F_e d'échantillonnage.

b. Une première approche de ce filtre consiste à utiliser un circuit passe-bas du 1er ordre de fréquence de coupure f_c.

– Donner la transmittance d'un tel filtre. Tracer son diagramme de Bode (diagrammes asymptotiques et courbes réelles des courbes de gain et de phase).

– Comment choisir f_c par rapport à $f_1 = 833$ Hz ? Justifier l'inégalité proposée.

Comment choisir f_c par rapport à $f_2 = 9167$ Hz (et $f_3 = 10833$ Hz) ? Justifier l'inégalité proposée.

Ces deux inégalités sont-elles compatibles ? Conclure sur l'utilisation d'un tel filtre. Quelle(s) solution(s) suggérez-vous ?

Dans la suite du problème, le filtre passe-bas sera supposé idéal. Dans le cas particulier où l'algorithme est l'égalité $Y_n = X_n$, la sortie $y(t)$ est donc rigoureusement proportionnelle à l'entré $x(t)$. La deuxième partie du problème met en évidence les modifications sur $y(t)$ apportées par l'exécution d'un algorithme différent.

2) Etude du système dans le cas ou l'unité de calcul effectue l'algorithme $\mathbf{Y}_n = \dfrac{\mathbf{X}_n + \mathbf{X}_{n-1}}{2}$

On rappelle que X_n est le nombre binaire associé à la valeur de $x(t) = X \sin \omega t$ prise à l'instant particulier $t = n\,T_e$.

$X_n \longleftrightarrow x(n\,T_e) = X \sin (n\,\omega\,T_e)$

Dès l'apparition du nombre X_n à l'instant $t = n\,T_e$, le calculateur fournit immédiatement le nombre $Y_n = \dfrac{X_n + X_{n-1}}{2}$. La conversion du nombre Y_n en la grandeur analogique $y(n\,T_e)$ est instantanée.

2.1) Etablir l'expression de $y(nT_e)$. Montrer que celle-ci peut se mettre sous la forme $y(nT_e) = Y \sin [n\,\omega\,T_e + \varphi]$

Donner les expressions littérales de Y et φ en fonction de X, f et F_e.

2.2) L'échantillonnage de $x(t) = X \sin \omega t$ (X = 2 V, $f = 833$ Hz) a lieu comme indiqué dans la première partie, aux instants ...0, T_e, $2T_e$ ... nT_e ... pendant un temps τ considéré très court devant T_e ($T_e = 0{,}1$ ms). Dans ces conditions, on admet que $x(t)$ est constant et égal à $x(nT_e)$ sur l'intervalle $\left[nT_e - \dfrac{\tau}{2},\ nT_e + \dfrac{\tau}{2}\right]$.

a. Calculer les valeurs de $y(nT_e)$ pour n variant de 0 à 6.

b. En extrapolant les résultats ci-dessus, représenter $y^*(t)$ pour $0 \leq t \leq 1{,}2$ ms.

c. La reconstitution du signal analogique $y(t)$ à partir du signal $y^*(t)$ formé des échantillons $y(nT_e)$ étant idéale, montrer qualitativement ou graphiquement que :

$$y(t) = X \cos\left(\pi \frac{f}{F_e}\right) \sin\left(\omega t - \pi \frac{f}{F_e}\right)$$

En déduire la modification produite sur $x(t)$ par le filtrage numérique.

2.3) $x(t)$ est maintenant un signal sinusoïdal d'amplitude constante et de fréquence variant de 0 à $\dfrac{F_e}{2}$:

a. Justifier la valeur limite $f_{\max} = \dfrac{F_e}{2}$.

b. Réponse en fréquence du filtre numérique

– Représenter, en échelle linéaire, l'évolution de $T = \frac{Y}{X}$, et de φ pour f variant de 0 à f_{max} (on calculera T pour les fréquences particulières : $0, \frac{F_e}{10}, \frac{F_e}{5}, \frac{F_e}{4}, \frac{F_e}{3}, \frac{F_e}{2}$).

– Quelle est la bande passante à – 3 dB ?

– Pour des signaux dont le spectre en fréquence s'étend de 0 à $\frac{F_e}{10}$, quelle est la fonction réalisée par le filtre numérique ?

On rappelle les transformations trigonométriques :

$$\sin a \cos b = \frac{1}{2}\,[\sin (a + b) + \sin (a - b)]$$

$$\sin a + \sin b = 2 \sin \frac{a + b}{2} \times \cos \frac{a - b}{2}$$

1.1) **a.**

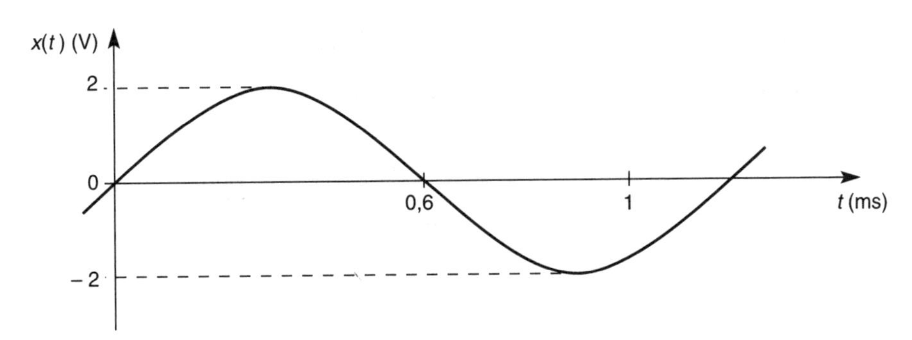

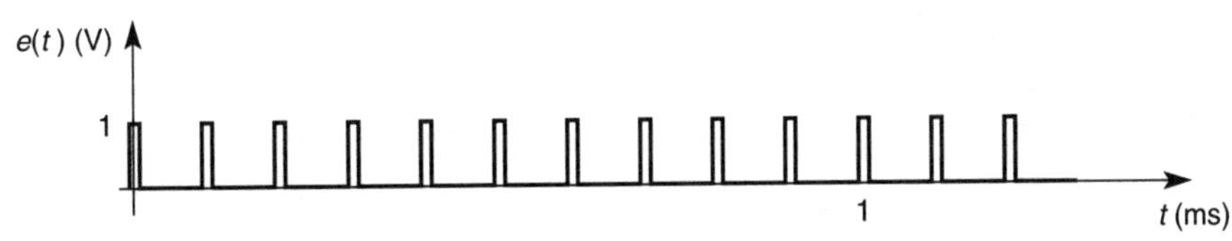

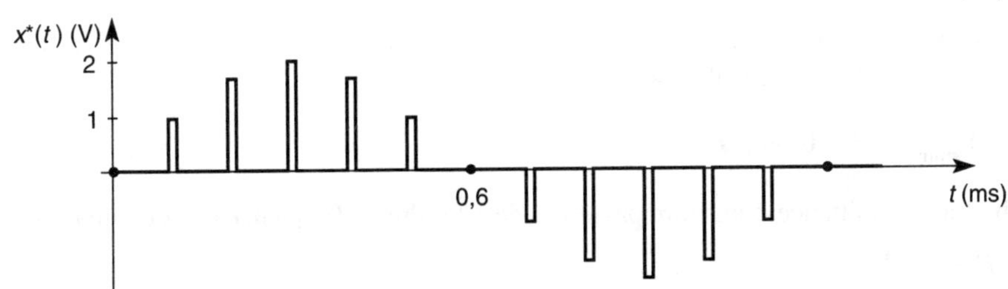

b. $e(t)$ est un signal paire et périodique donc sa décomposition en série de Fourrier est la somme de la valeur moyenne de $e(t)$ et des termes en cosinus.
Pour la valeur moyenne du signal nous avons :

$$\overline{e(t)} = \mathbf{E_0} = \frac{\mathbf{1}}{\mathbf{T}} \int_{-\frac{\tau}{2}}^{\frac{\tau}{2}} e(t)\,\mathbf{d}t = \mathbf{E}\,\frac{\tau}{\mathbf{T}} \qquad \textbf{soit} \quad \mathbf{E_0 = 0{,}1\ V}$$

1) c. Décomposition en fréquence de $x^*(t)$.

$$x^*(t) = k\,x(t)\,e(t) = k\,\mathrm{X}\sin\omega t\left[\mathrm{E_0} + \sum_{n=1}^{+\infty} \mathrm{E}_n \cos n\,\omega_e\,t\right]$$

$$x^*(t) = k\,\mathrm{X}\,\mathrm{E_0}\sin\omega t + k\,\mathrm{X}\sum_{n=1}^{+\infty}\mathrm{E}_n \sin\omega t\cos n\omega_e\,t$$

$$\boldsymbol{x^*(t) = k\,\mathrm{X}\,\mathrm{E_0}\sin\omega t + \frac{k\mathrm{X}}{2}\sum_{n=1}^{+\infty}\mathrm{E}_n\,[\sin(n\omega_e+\omega)\,t - \sin(n\omega_e-\omega)\,t]}$$

1) d. Nous avons $\mathrm{E_1} = 0{,}2\mathrm{V}$ $\mathrm{F_E} = 10$ kHz et $f = 833$ Hz alors :

1ère raie : amplitude $\boldsymbol{k\,\mathrm{X}\,\mathrm{E_0}} = 0{,}2\mathrm{V}$ et fréquence $f = 833$ Hz.

2ème raie : amplitude $\dfrac{\boldsymbol{k\mathrm{XE_1}}}{\mathbf{2}} = 0{,}2\mathrm{V}$ et fréquence $\mathrm{F_E} - f = 9167$ Hz.

3ème raie : amplitude $\dfrac{\boldsymbol{k\mathrm{XE_1}}}{\mathbf{2}} = 0{,}2\mathrm{V}$ et fréquence $\mathrm{F_E} + f = 10833$ Hz

On en déduit le spectre de $e^*(t)$ limité au 3 premières raies :

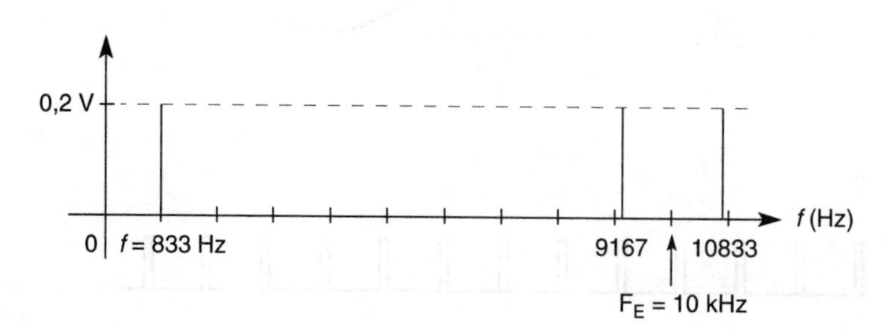

1.2) **a.** Pour ne conserver que la raie de fréquence f à l'aide d'un filtre passe-bas idéal il faut choisir : $\mathrm{F}_e - f > f$ soit $\mathrm{F}_e > 2f$:

donc $\mathbf{F}_{\boldsymbol{e}\mathbf{min}} = \mathbf{2}\boldsymbol{f} = \mathbf{1666\ Hz}$

2) b. La transmittance d'un filtre passe-bas de 1er ordre de fréquence de coupure f_c est :

$$\underline{\mathrm{T}}(jf) = \frac{\mathbf{1}}{\mathbf{1} + j\,\dfrac{f}{f_c}}$$

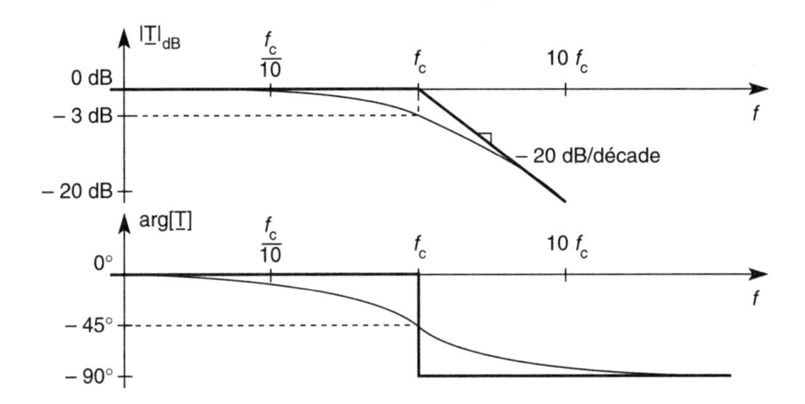

Pour conserver la raie à f_1 = 833 Hz sans modifier son amplitude et sa phase, il faut choisir $f_1 < \frac{f_c}{10}$ car $\arg\left[\underline{T}\left(\frac{f_c}{10}\right)\right] = -6°$.

Pour atténuer suffisamment la raie à f_2 = 9167 Hz, il faut choisir $f_2 > 10 f_c$: atténuation d'au mois 20 dB.

On obtient : $f_c > 10 f_1 = 8330$ Hz

et $f_c < \frac{f_2}{10} = 916{,}7$ Hz

Ces deux inégalités étant incompatibles, l'utilisation d'un filtre passe-bas du premier ordre n'est pas satisfaisante.

Pour réaliser correctement cette opération de traitement du signal, on peut soit :

– augmenter l'ordre du filtre

– augmenter la fréquence d'échantillonnage.

2.1) Pour la sortie du filtre numérique, on peut écrire ;

$$y_n = \frac{1}{2}(x_n + x_{n-1}) = \frac{X}{2}[\sin n\,\omega T_e + \sin(n-1)\,\omega T_e]$$

$$\boldsymbol{y_n = X \cos\left(\frac{\omega T_e}{2}\right) \sin\left(n\,\omega\,T_e - \frac{\omega T_e}{2}\right)}$$

En identifiant à $y_n = y \sin(n\,\omega T_e + \varphi)$, on obtient :

$$\mathbf{Y = X \cos\left(\pi \frac{f}{F_e}\right)} \qquad \text{et} \qquad \varphi = -\pi \frac{f}{\mathbf{F}_e}$$

2.2) **a.** Tableau des valeurs de $y(n\mathrm{Te})$:

n	0	1	2	3	4	5	6
$y(nT_e)$	– 0,5	0,5	1,37	1,87	1,87	1,37	0,5

2) b.

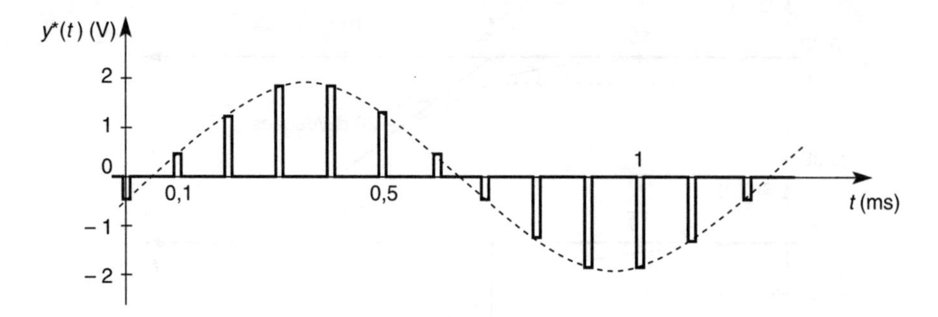

c. On considère que la restitution correspond au signal analogique sinusoïdal passant par les points $y(n\mathrm{T}_e)$, soit la courbe en pointillée sur le graphique ci-dessus. Ce signal sinusoïdal a une amplitude égale à : $\mathrm{X}\cos\left(\pi\dfrac{f}{\mathrm{F}_e}\right) \approx 1{,}9\ \mathrm{V}$ et un déphasage égale $\gamma = -\pi\dfrac{f}{\mathrm{F}_e} \approx -0{,}26\ \mathrm{rad} = -15°$.

2.3) **a.** Pour que la reconstitution du signal analogique de sortie soit possible, il faut respecter la condition de Shanon, soit $f_{\max} = \dfrac{\mathrm{F}_e}{2}$.

b.

f	0	$\frac{\mathrm{F}_e}{10}$	$\frac{\mathrm{F}_e}{5}$	$\frac{\mathrm{F}_e}{4}$	$\frac{\mathrm{F}_e}{3}$	$\frac{\mathrm{F}_e}{2}$
T	1	0,95	0,81	0,707	0,5	0
γ	0	– 18°	– 36°	– 45°	– 60°	– 90°

La bande passante à – 3 dB est égale à $\dfrac{\mathrm{F}_e}{4}$.

Pour les signaux situés dans la bande de fréquence allant de 0 à $\dfrac{\mathrm{F}_e}{10}$ alors on peut approximer $\mathrm{T} \approx 1$, donc il n'y a pratiquement pas de modification de l'amplitude du signal.

Pour le déphasage on a toujours : $\varphi = -\pi\dfrac{f}{\mathrm{F}_e}$ alors :

$$y(t) \approx \mathrm{X}\sin\omega\left(t - \frac{\mathrm{T}_e}{2}\right) = \mathrm{X}\sin\omega(t-\tau)$$

Donc le filtre numérique réalise la fonction retard avec $\tau = \dfrac{\mathrm{T}_e}{2}$.

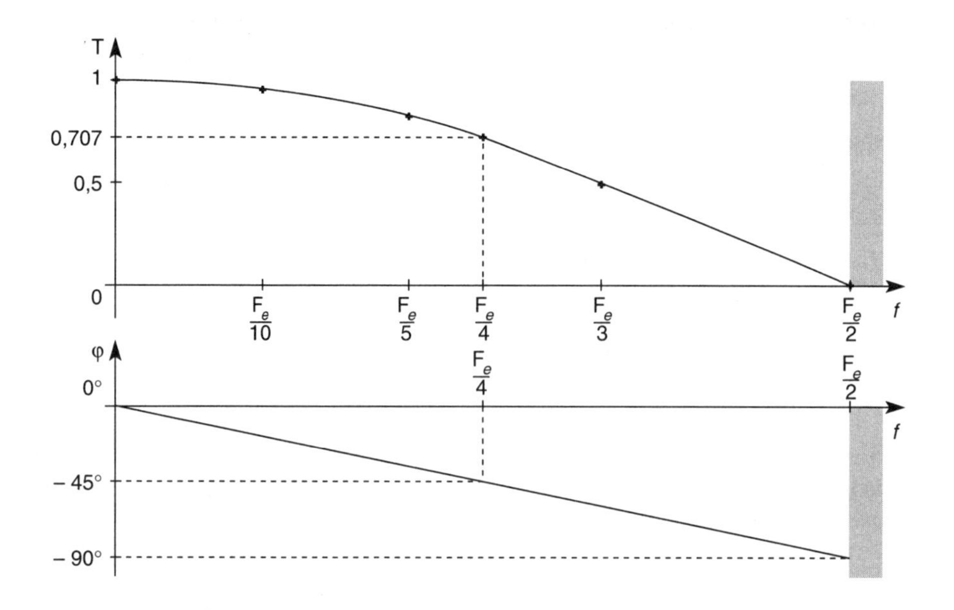

202 Filtre numérique passe-bas du premier ordre

Soit un filtre analogique passe-bas du premier ordre d'entrée $x(t)$, de sortie $y(t)$:

Il est décrit par l'équation différentielle suivante :

$\tau\, y'(t) + y(t) = A\, x(t)$ avec A réel positif.

Si le signal $y(t)$ n'a pas une variation trop rapide pendant une période d'échantillonnage T_E, on peut remplacer sa dérivée $y'(t)$ par l'expression approchée suivante :

$$\frac{dy}{dt} = y'(t) \approx \frac{y_n - y_{n-1}}{T_E} \text{ avec } y_n = y(nT_e)$$

1) a. Déterminer l'équation aux différences de ce filtre numérique, on posera $K = \frac{T_E}{\tau + T_E}$.

b. On applique à l'entrée du filtre une séquence impulsion $\{x_n\} = \{\delta_n\}$.

En utilisant l'équation aux différences, déterminer la réponse impulsionnelle, notée $\{h_n\}$, du filtre. Conclure sur sa stabilité. A quelle famille de filtres numériques appartient-il ?

2) a. Calculer la fonction de transfert $H(z)$ de ce filtre.

b. On applique à l'entré du filtre une séquence échelon : $\{x_n\} = \{\Gamma_n\}$.

A l'aide de la transformée en z, déterminer l'expression de la sortie y_n.

c. Représenter graphiquement la réponse indicielle $\{y_n\}$ avec $K = \frac{1}{8}$ et A = 1.

3) Réponse en fréquence du filtre numérique avec A = 1 et $K = \frac{1}{8}$.

a. Calculer la transmittance isochrone $\underline{H}(j\omega)$

b. Calculer et représenter graphiquement $|\underline{H}|$ en fonction de $\frac{f}{F_E}$ pour $0 < \frac{f}{F_E} < 0{,}5$ en utilisant des échelles linéaires.

c. Calculer la fréquence de coupure f_c à – 3 dB, et montrer qu'elle peut s'exprimer sous la forme suivante :

$$f_c = \frac{1}{2\pi} F_E \operatorname{Arccos}\left[\frac{3-(1+K)^2}{2(1-K)}\right]$$

d. La constante de temps du filtre analogique τ est égale à 7 ms. Calculer la valeur de la fréquence de coupure à – 3 dB, f_{ca}, du filtre analogique. Calculer la valeur de la fréquence d'échantillonnage F_E pour obtenir $K = \frac{1}{8}$.

En déduire la valeur de f_c et la comparer à f_{ca}.

1) a. On remplace $y'(t)$ par son expression approchée dans l'équation différentielle :

$$\frac{\tau}{T_E}(y_n - y_{n-1}) + y_n = A\,x_n$$

$$y_n\left(\frac{T_E+\tau}{T_E}\right) = \frac{\tau}{T_E}\,y_{n-1} + A\,x_n$$

$$y_n = \left(\frac{\tau}{T_E+\tau}\right)y_{n-1} + A\,\frac{T_E}{T_E+\tau}\,x_n$$

Soit avec $K = \frac{T_E}{\tau + T_E}$: $\boldsymbol{y_n = (1-K)\,y_{n-1} + A\,K\,x_n}$

b. Pour $\{x_n\} = \{\delta_n\}$ nous avons pour la sortie : $h_n = (1-K)\,h_{n-1} + AK\,\delta_n$

On en déduit : $h_0 = AK\,\delta_0 = AK$ car $\delta_0 = 1$

$h_1 = (1-K)\,h_0 + AK\,\delta_1 = (1-K)\,AK$ car $\delta_1 = 0$

$h_2 = (1-K)\,h_1 + AK\,\delta_2 = (1-K)^2\,AK$ car $\delta_2 = 0$

On a pour le nième échantillon : $\boldsymbol{h_n = (1-K)^n\,AK}$

Nous avons $0 < K < 1$ donc $0 < 1 - K < 1$ alors :

$$\lim_{n \to +\infty} h_n = 0$$

Puisque la réponse impulsionnelle de ce filtre tend vers 0 lorsque $n \to +\infty$ alors ce filtre est stable. D'autre part la réponse impulsionnelle $\{h_n\}$ est composée d'une infinité d'échantillons donc c'est un filtre à réponse impulsionnelle infinie : RII (filtre récursif).

2) a. On prend la transformée en z de l'équation aux différences :

$Y(z) = (1 - K)\, z^{-1}\, Y(z) + AK\, X(z)$

$Y(z) = [1 - (1 - K)\, z^{-1}] = AK\, X(z)$

soit : $\mathbf{H}(z) = \dfrac{\mathbf{Y}(z)}{\mathbf{X}(z)} = \dfrac{\mathbf{AK}}{\mathbf{1 - (1 - K)}\, z^{-1}} = \mathbf{AK}\, \dfrac{z}{z - (\mathbf{1 - K})}$

b. Pour la transformée en z de la réponse indicielle, nous avons : $Y(z) = H(z)\, \Gamma(z)$ avec $\Gamma(z) = \dfrac{z}{z - 1}$.

$Y(z) = AK \dfrac{z}{z - (1 - K)} \times \dfrac{z}{z - 1}$

On décompose $\dfrac{Y(z)}{z}$ en éléments simples :

$$\frac{Y(z)}{z} = AK\left[\frac{a}{z - (1 - K)} + \frac{b}{z - 1}\right]$$

avec $a = \dfrac{1 - K}{-K}$ et $b = \dfrac{1}{K}$

$$\text{Soit : } Y(z) = A\left[\frac{z}{z - 1} - (1 - K)\frac{z}{z - (1 - K)}\right]$$

Avec l'aide de la table des transformée en z on obtient pour la suite $\{y_n\}$:

$\mathbf{y_n = A\, [1 - (1 - K)^{n+1}]}$

c. Pour $K = \dfrac{1}{8}$ et $A = 1$ nous avons : $y_n = 1 - \left(\dfrac{7}{8}\right)^{n+1}$

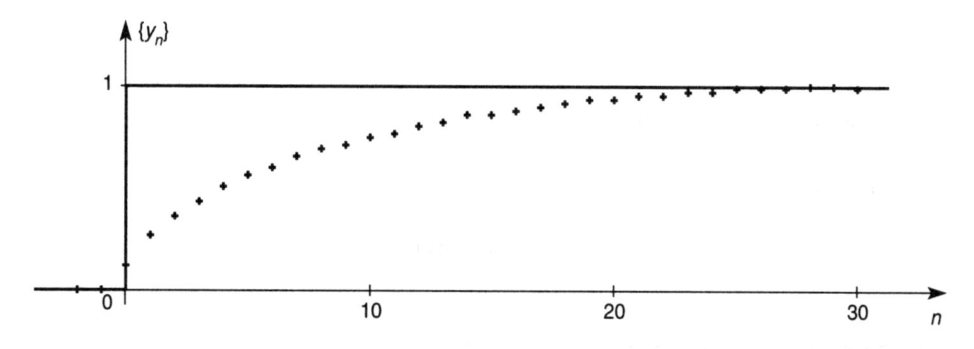

On retrouve l'allure de la charge exponentielle du condensateur correspondant au premier ordre analogique.

3) a. Pour calculer la transmittance isochrone $\underline{H}(j\omega)$, il suffit à partir de $H(z)$ de faire le changement de variable : $z = e^{j\omega T_E}$

Alors : $\underline{\mathbf{H}}(j\omega) = \mathbf{AK}\, \dfrac{e^{j\omega T_E}}{e^{j\omega T_E} - \mathbf{(1 - K)}}$

b. $|\underline{H}(j\omega)| = \dfrac{AK}{\sqrt{[\cos(\omega T_E) - (1-K)]^2 + \sin^2(\omega T_E)}}$

$$|\underline{H}(j\omega)| = \frac{AK}{\sqrt{1 + (1-K)^2 - 2(1-K)\cos \omega T_E}}$$

En introduisant la variable $\dfrac{f}{F_E}$ on obtient :

$$|\underline{\mathbf{H}}| = \mathbf{H}\left(\frac{f}{F_E}\right) = \frac{AK}{\sqrt{1 + (1-K)^2 - 2(1-K)\cos\left(2\pi \dfrac{f}{F_E}\right)}}$$

Pour A = 1 et $K = \dfrac{1}{8}$ on obtient : $H\left(\dfrac{f}{F_E}\right) = \dfrac{1}{\sqrt{113 - 112\cos\left(2\pi \dfrac{f}{F_E}\right)}}$

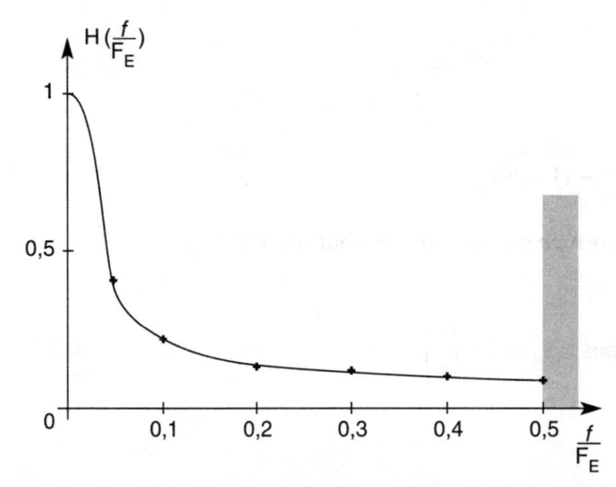

Dans la zône d'utilisation du filtre numérique, pour $0 < f < \dfrac{F_E}{2}$, nous avons bien un filtre passe-bas

c. Pour la fréquence de coupure à – 3 dB nous avons :

$$H\left(\frac{f_c}{F_E}\right) = \frac{A}{\sqrt{2}} = \frac{AK}{\sqrt{1 + (1-K)^2 - 2(1-K)\cos\left(2\pi \dfrac{f_c}{F_E}\right)}}$$

soit : $2K^2 = 1 + (1-K)^2 - 2(1-K)\cos\left(2\pi \dfrac{f_c}{F_E}\right)$

$$2(1-K)\cos\left(2\pi \frac{f_c}{F_E}\right) = 1 + 1 - 2K + K^2 - 2K^2 = 3 - (K^2 + 2K + 1)$$

d'où : $\cos\left(2\pi \dfrac{f_c}{F_E}\right) = \dfrac{3 - (K+1)^2}{2(1-K)}$

alors : $f_c = \frac{1}{2\pi} F_E \arccos\left[\frac{3 - (K+1)^2}{2(1-K)}\right]$

d. Pour le filtre analogique, la fréquence de coupure à – 3 dB, f_{ca}, est donnée par : $f_{ca} = \frac{1}{2\pi\tau}$.

Soit : $f_{ca} \approx$ **22,7 Hz**

On a : $K = \frac{T_E}{\tau + T_E} = \frac{1}{8}$ alors : $T_E = \frac{\tau}{7}$ et $\mathbf{F_E = \frac{7}{\tau} = 1}$ **kHz.**

Pour le filtre numérique, on obtient : $f_c = \frac{1}{2\pi} F_E \arccos\left(\frac{111}{112}\right)$ alors $f_c \approx$ **21,3 Hz.**

On obtient pour l'écart relatif : $\frac{\Delta f}{f_c} = \frac{f_{ca} - f_c}{f_c} = 6{,}6\ \%$.

Cet écart diminuera si l'on augmente la fréquence d'échantillonnage.

203 Moyenneur numérique

Le calculateur d'une chaîne de traitement numérique fournit des échantillons, $y_n = y(nT_E)$, qui sont les moyennes arithmétiques des N échantillons précédents, soit :

$$y_n = \frac{1}{N}[x_n + x_{n-1} + \ldots + x_{n-N+1}]$$

1) On se place dans le cas particuler où N = 8.

a. Représenter graphiquement la réponse impulsionnelle, notée $\{h_n\}$, de ce filtre numérique.

b. Que peut-on dire de la stabilité de ce filtre numérique ?

c. On applique à l'entrée du filtre une séquence échelon : $\{x_n\} = \{\Gamma_n\}$. A l'aide de l'équation aux différences, déterminer les valeurs de la séquence de sortie $\{y_n\}$ et la représenter graphiquement.

2) On étudie le cas général ou N est un nombre entier quelconque.

a. Déterminer la fonction de transfert, H(z), de ce filtre numérique et la mettre sous la forme suivante :

$$H(z) = \frac{1}{N} \times \frac{1 - z^{-N}}{1 - z^{-1}}$$

On rappelle que : $1 + x + x^2 + \ldots + x^n = \frac{1 - x^{n+1}}{1 - x}$

b. En déduire la transmittance $\underline{H}(j\omega)$ qui caractérise la réponse en fréquence du filtre numérique.

3) Soit la chaîne de traitement numérique suivante, incluant le moyenneur numérique :

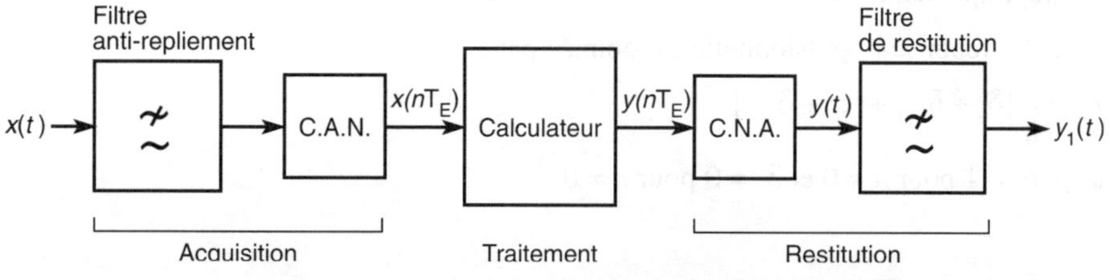

Pour tenir compte du fait que la sortie du C.N.A. correspond à un signal en marches d'escalier, il faut associer à la transmittance $\underline{H}(j\omega)$ du filtre numérique un bloqueur d'ordre 0 de transmittance $B_0(p)$.

a. Etude du bloqueur d'ordre 0

La réponse impulsionnelle du bloqueur d'ordre 0 est représentée par $h(t)$:

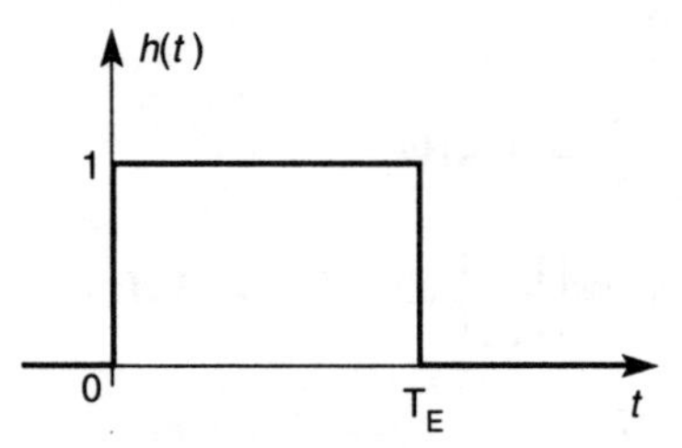

Déterminer $B_0(p)$ et en déduire la fonction de transfert isochrone : $\underline{B_0}(j\omega)$.

b. On néglige les retards apportés par le temps de calcul et les temps de conversion. On se place en régime harmonique et $y_1(t)$ est le fondamental de $y(t)$.

Alors la réponse en fréquence de la chaîne de traitement numérique est caractérisée par sa fonction de transfert :

$$\underline{T}(j\omega) = \frac{\underline{Y_1}}{\underline{X}} = \frac{1}{T_E} \times \underline{H}(j\omega) \times \underline{B_0}(j\omega)$$

Calculer $\underline{T}(j\omega)$ et la mettre sous la forme suivante :

$$\underline{T}(j\omega) = e^{-j N\pi\left(\frac{\omega}{\omega_E}\right)} \left[\frac{\sin\left(N\pi \frac{\omega}{\omega_E}\right)}{N\pi \frac{\omega}{\omega_E}} \right]$$

c. Calculer et représenter graphiqement $|\underline{T}|$ en fonction de $\frac{f}{F_E}$ pour $0 < \frac{f}{F_E} < 0{,}5$ avec N = 8 et en utilisant des échelles linéaires.

En déduire graphiquement la fréquence de coupure à – 3 dB, f_c, en fonction de F_E.

d. Calculer et représenter graphiquement $\arg(\underline{T})$ en fonction de $\frac{f}{F_E}$ pour $0 < \frac{f}{F_E} < 0{,}5$ avec N = 8 et en utilisant des échelles linéaires.

e. On applique à l'entrée de la chaîne de traitement numérique une tension sinusoïdiale $x(t) = \widehat{X} \sin(2\pi f_0\, t)$ avec $f_0 = 55$ Hz et $\widehat{X} = 1$ V.

La fréquence d'échantillonnage est réglée à $F_e = 1000$ Hz. Le calculateur est programmé pour faire la moyenne avec 8 échantillons.

Donner l'expression du signal de sortie $y_1(t)$ en régime permanent et le représenter graphiquement.

1) a. La réponse impulsionnelle est donnée par :

$$h_n = \frac{1}{8}[\delta_n + \delta_{n-1} + \ldots + \delta_{n-7}]$$

avec $\delta_n = 1$ pour $n = 0$ et $\delta_n = 0$ pour $n \neq 0$

On en déduit le graphique suivant :

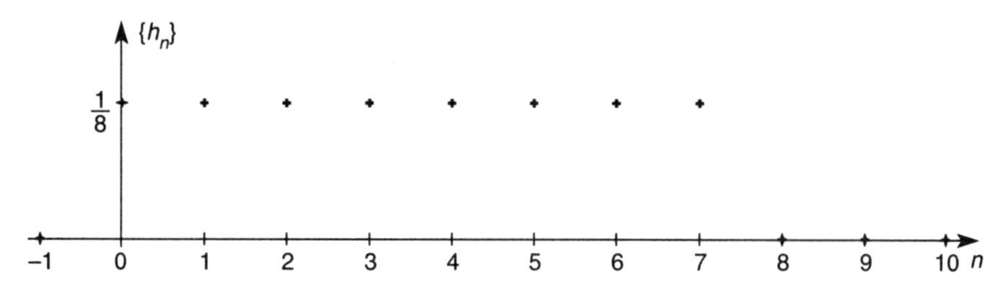

b. Ce filtre numérique appartient à la famille des filtres à réponse impulsionnelle finie RIF, il est donc stable.

c. La réponse indicielle est donnée par :

$$y_n = \frac{1}{8}[\Gamma_n + \Gamma_{n-1} + \ldots + \Gamma_{n-7}]$$

avec $\Gamma_n = 1$ pour $n \geq 0$ et $\Gamma_n = 0$ pour $n < 0$.

On en déduit le graphique suivant :

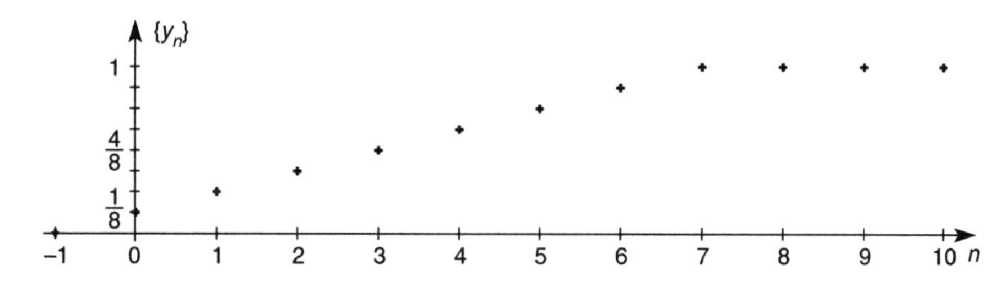

2) a. On prend la transformée en z de l'équation aux différences :

$$Y(z) = \frac{1}{N}[X(z) + z^{-1} X(z) + \ldots + z^{-N+1} X(z)].$$

$$Y(z) = \frac{X(z)}{N}[1 + z^{-1} + \ldots + z^{-(N-1)}]$$

En utilisant l'identité fournie dans l'énoncé on obtient :

$$\mathbf{H}(z) = \frac{\mathbf{Y}(z)}{\mathbf{X}(z)} = \frac{1}{\mathbf{N}} \times \frac{1 - z^{-\mathbf{N}}}{1 - z^{-1}}$$

b. La transmittance $\underline{H}(j\omega)$ est obtenue à l'aide du changement de variable $z = e^{j\omega T_E}$

Soit : $\underline{\mathbf{H}}(j\omega) = \frac{1}{\mathbf{N}} \times \frac{1 - e^{-j\omega \mathbf{NT_E}}}{1 - e^{-j\omega \mathbf{T_E}}}$

3) a. La transmittance du bloqueur d'ordre 0 est égale à la transformée de Laplace de sa réponse impulsionnelle :

$$B_0(p) = \mathscr{L}[h(t)]$$

$h(t)$ peut être décomposée comme la différence d'un échelon démarrant à $t = 0$ et d'un deuxième retardé de T_E.

Alors : $B_0(p) = \frac{1}{p} - \frac{e^{-T_E p}}{p}$

Pour obtenir la fonction de transfert isochrone, on fait le changement de variable $p = j\omega$.

Soit : $\mathbf{\underline{B}_0(j\,\omega) = \dfrac{1 - e^{-j\omega T_E}}{j\omega}}$

b. $\underline{T}(j\omega) = \dfrac{1}{T_E} \times \dfrac{1}{N} \times \dfrac{1 - e^{-j\omega NT_E}}{1 - e^{-j\omega T_E}} \times \dfrac{1 - e^{-j\omega T_E}}{j\omega}$ donc : $\underline{T}(j\omega) = \dfrac{1 - e^{-j\omega NT_E}}{j\omega\ NT_E}$

Au numérateur on factorise par l'angle moitié :

$$\underline{T}(j\omega) = e^{-j\omega\frac{NT_E}{2}} \frac{\left(e^{j\omega\frac{NT_E}{2}} - e^{-j\omega\frac{NT_E}{2}}\right)}{j\omega\ NT_E}$$

alors : $\underline{T}(j\omega) = e^{-j\omega\frac{NT_E}{2}} \dfrac{2\,j\,\sin\left(\frac{N\omega T_E}{2}\right)}{j\omega\ NT_E}$

D'autre part $T_E = \dfrac{2\pi}{\omega_E}$ d'où :

$$\mathbf{\underline{T}(j\,\omega) = e^{-jN\pi\left(\frac{\omega}{\omega_E}\right)} \left[\frac{\sin\left(N\pi\ \frac{\omega}{\omega_E}\right)}{N\pi\ \frac{\omega}{\omega_E}}\right]}$$

c. On obtient par le module : $|T| = \dfrac{\left|\sin\left(N\pi\ \dfrac{f}{F_E}\right)\right|}{N\pi\ \dfrac{f}{F_E}}$

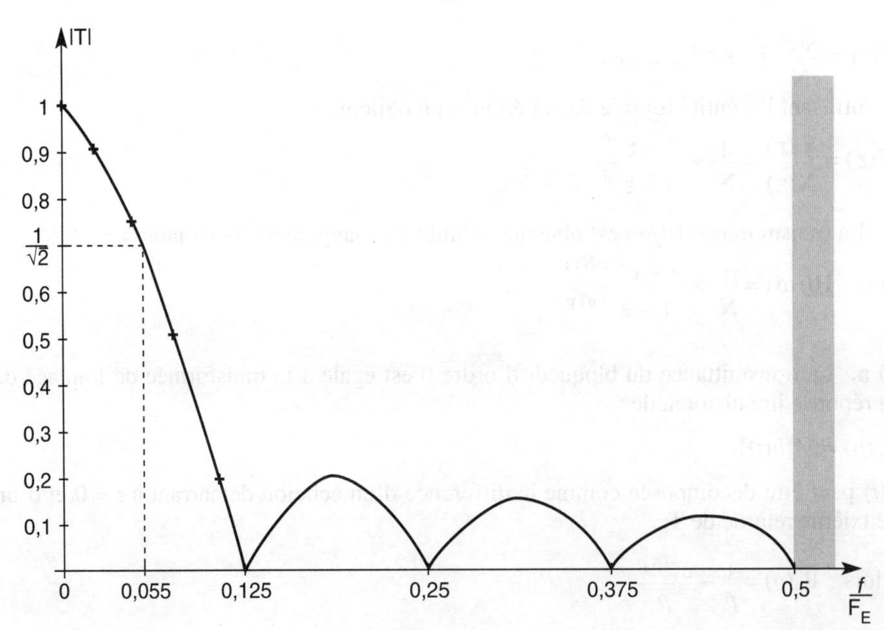

On en déduit : $f_c \approx$ **0,055 F$_E$**

d. $\arg(\underline{T}) = -8\,\pi \dfrac{f}{F_E} + \left(\pi \text{ si } \sin\left(8\,\pi \dfrac{f}{F_E}\right) \text{ est négatif}\right)$

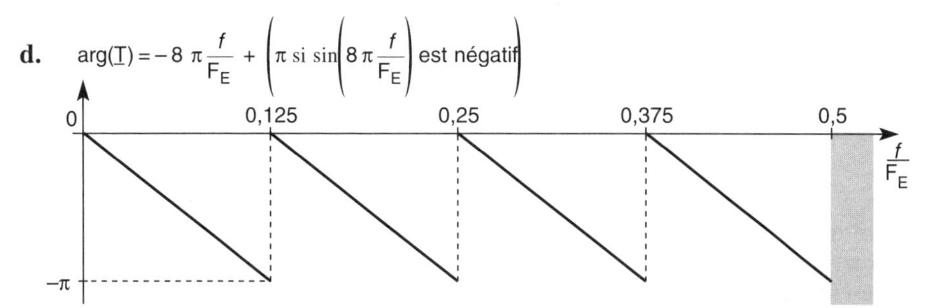

e. On a $\dfrac{f_0}{F_E} = 0{,}055$ donc f_0 correspond à la fréquence de coupure à – 3 dB alors l'amplitude du signal de sortie est égale à $\dfrac{\widehat{X}}{\sqrt{2}} = 0{,}707$ V.

Le déphasage φ exprimé en degré est égal à :

$\varphi = -\,8\pi \times 0{,}055 \times \dfrac{180°}{\pi} \approx -\,79°$

On a pour le signal de sortie exprimé en volt :

$\boldsymbol{y_1(t) = 0{,}707\ (\sin 2\pi f_0 t - 79°)}$

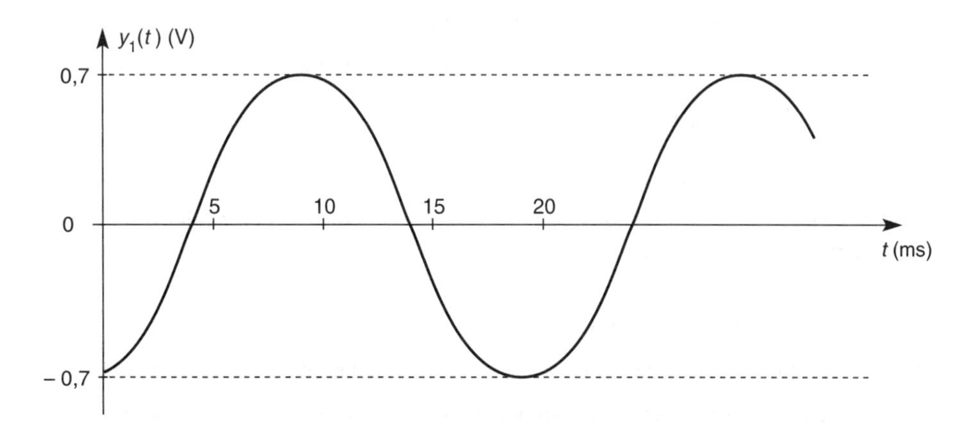

204 Intégrateur numérique

Un intégrateur analogique réalise l'opération suivante :

$x(t) \longrightarrow \boxed{\int} \longrightarrow y(t) = \dfrac{1}{\tau}\displaystyle\int_0^t x(u)\,\mathrm{d}u$

Pour réaliser un intégrateur numérique, on choisit d'utiliser la méthode des trapèzes.

Rappel : aire du trapèze

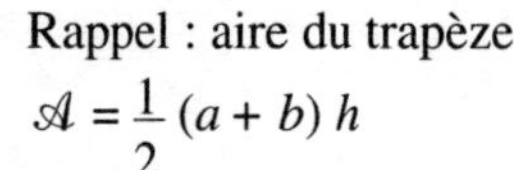

$\mathscr{A} = \frac{1}{2}(a + b)\,h$

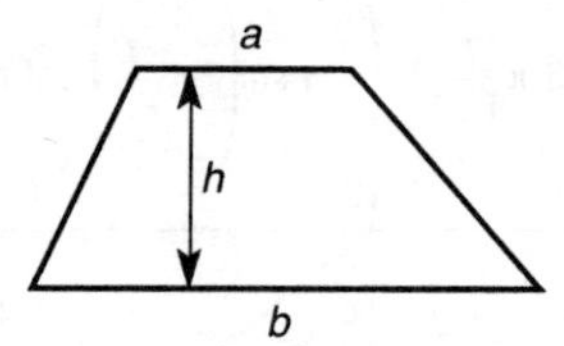

L'aire de la surface comprise entre la courbe $x(t)$ et l'axe des abscisses peut être approximée par la somme de l'aire des trapèzes dont un trapèze élémentaire est représenté sur la figure ci-dessous :

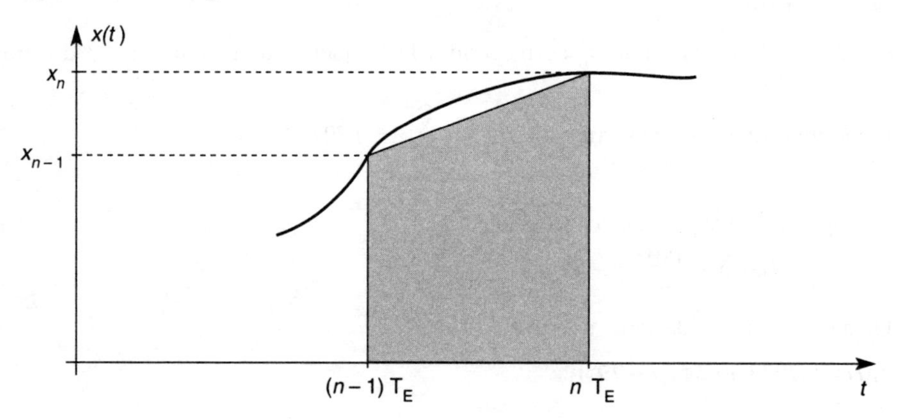

On appelle $y(nT_E)$, notée y_n, la sortie de l'intégrateur numérique à l'instant nT_E.

1) a. Montrer que l'équation aux différences de cette intégrateur numérique est :

$$y_n = y_{n-1} + \frac{T_E}{2\tau}(x_n + x_{n-1})$$

b. On applique à l'entrée du filtre une séquence impulsion $\{x_n\} = \{\delta_n\}$. A l'aide de l'équation aux différences calculer les valeurs de la réponse impulsionnelle $\{h_n\}$ et la représenter graphiquement avec $\frac{T_E}{\tau} = 0{,}2$.

2) a. Calculer la fonction de transfert $H(z)$.

b. On applique à l'entrée du filtre un signal discret : échelon unitaire : $\{x_n\} = \{\Gamma_n\}$.

A l'aide de la transformée en z, déterminer l'expression du signal discret de sortie $\{y_n\}$.

c. Représenter graphiquement la réponse indicielle avec $\frac{T_E}{\tau} = 0{,}2$.

3) a. Calculer, $\underline{H}(j\omega)$, la fonction de transfert en régime harmonique et la mettre sous la forme suivante : $\underline{H}(j\omega) = \frac{T_E}{2\tau} \times \frac{1}{j\tan\left(\frac{\omega T_E}{2}\right)}$.

b. Calculer et représenter $|\underline{H}|$ en fonction de $\frac{f}{F_E}$ pour $0 < \frac{f}{F_E} < 0{,}5$ avec $\frac{T_E}{\tau} = 0{,}2$.

c. Calculer $\arg[\underline{H}(j\omega)]$.

4) a. Donner l'expression de la fonction de transfert, en régime harmonique, de l'intégrateur analogique : $\underline{H}_a(j\omega)$.

b. A l'aide d'un développement limité, calculer l'expression de $\underline{H}(j\omega)$ lorsque $\omega << \omega_E$ et la comparer à $\underline{H}_a(j\omega)$.

On rappelle qu'au premier ordre : $\tan\theta \approx \theta$ pour $\theta << 1$.

c. Soit l'erreur relative sur le module :

$$\varepsilon = \frac{|\underline{H}(j\omega)| - |\underline{H}_a(j\omega)|}{|\underline{H}_a(j\omega)|}$$

A l'aide d'un développement limité, montrer que l'erreur relative s'exprime de la façon suivante :

$$\varepsilon \approx \frac{\pi^2}{3}\left(\frac{f}{F_E}\right)^2$$

On rappelle que le développment limité au 3ème ordre de la tangeante est :

$$\tan\theta \approx \theta + \frac{\theta^3}{3} \text{ pour } \theta << 1.$$

d. En déduire la valeur de la fréquence maximale, f_{MAX}, en fonction de F_E, du signal d'entrée pour avoir une erreur relative sur le module inférieure à 10 %.

1) a. L'aire du trapèze hachurée est égale à :

$$\mathcal{A} = \frac{1}{2}(x_n + x_{n-1})\,T_E$$

D'après la définition de l'intégration $\mathcal{A}$ est aussi égale à $\mathcal{A} = \tau\,(y_n - y_{n-1})$

Alors : $\boldsymbol{y_n = y_{n-1} + \frac{T_E}{2\tau}(x_n + x_{n-1})}$

b. On a pour la réponse impulsionnelle :

$$h_n = h_{n-1} + \frac{T_E}{2\tau}(\delta_n + \delta_{n-1})$$

Donc : $h_0 = h_{n-1} + \frac{T_E}{2\tau}(\delta_0 + \delta_{-1}) = \frac{T_E}{2\tau}$

$h_1 = h_0 + \frac{T_E}{2\tau}(\delta_1 + \delta_0) = \frac{T_E}{\tau}$

$h_2 = h_1 + \frac{T_E}{2\tau}(\delta_2 + \delta_1) = h_1 = \frac{T_E}{\tau}$ car $\delta_n = 0$ pour $n > 0$.

On en déduit : $h_n = \frac{T_E}{\tau}$ pour $n \geq 1$.

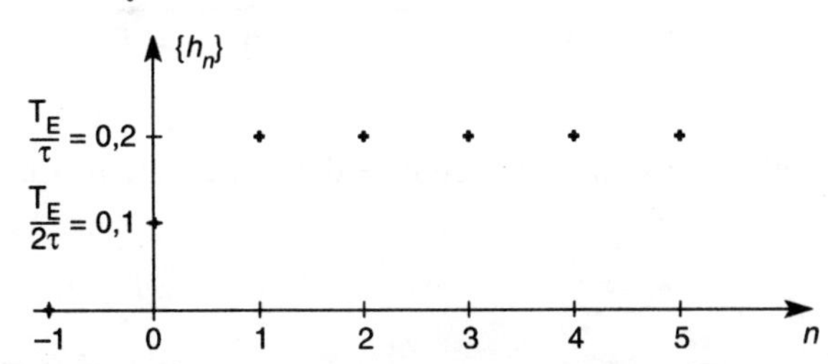

2) a. On prend la transformée en z de l'équation aux différences :

$$Y(z) = z^{-1}\,Y(z) + \frac{T_E}{2\tau}\,[X(z) + z^{-1}X(z)]$$

$Y(z)\,(1 - z^{-1}) = \dfrac{T_E}{2\tau}\,X(z)(1 + z^{-1})$. D'où : $\mathbf{H}(z) = \dfrac{\mathbf{Y}(z)}{\mathbf{X}(z)} = \dfrac{\mathbf{T_E}}{\mathbf{2\tau}} \times \dfrac{z + \mathbf{1}}{z - \mathbf{1}}$

b. Pour la réponse indicielle nous avons :

$Y(z) = H(z)\,\Gamma(z)$ avec $\Gamma(z) = \dfrac{z}{z - 1}$ soit $Y(z) = \dfrac{T_E}{2\tau} \times \dfrac{z\,(z + 1)}{(z - 1)^2}$

On décompose $\dfrac{Y(z)}{z}$ en éléments simples :

$$\frac{Y(z)}{z} = \frac{T_E}{2\tau} \times \frac{(z + 1)}{(z - 1)^2} = \frac{T_E}{2\tau} \times \left[\frac{a}{(z - 1)^2} + \frac{b}{z - 1}\right]$$

Soit : $\dfrac{Y(z)}{z} = \dfrac{T_E}{2\tau} \times \dfrac{a + b\,(z - 1)}{(z - 1)^2} = \dfrac{T_E}{2\tau} \times \dfrac{bz + (a - b)}{(z - 1)^2}$

Par identification on obtient $b = 1$ et $a = 2$.

Alors : $Y(z) = \dfrac{1}{\tau} \times \dfrac{zT_E}{(z - 1)^2} + \dfrac{T_E}{2\tau} \times \dfrac{z}{z - 1}$

D'après la table des transformées en z, on en déduit :

$\boldsymbol{y_n = n\,\dfrac{T_E}{\tau} + \dfrac{T_E}{2\tau}}$ **pour** $n \geq 0$

c.

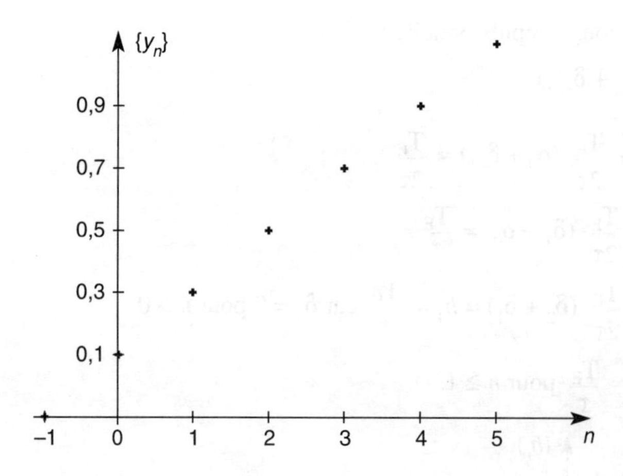

On retrouve un résultat classique, la réponse d'un intégrateur à un échelon est une rampe.

3) a. Pour obtenir $\underline{H}(j\omega)$ on effectue le changement de variable $z = e^{j\omega T_E}$.

Alors : $\underline{H}(j\omega) = \dfrac{T_E}{2\tau} \times \dfrac{e^{j\omega T_E} + 1}{e^{-j\omega T_E} - 1}$

On factorise au numérateur et au dénominateur par l'angle moitié :

$$\underline{H}(j\omega) = \frac{T_E}{2\tau} \times \frac{e^{j\omega\frac{T_E}{2}}}{e^{j\omega\frac{T_E}{2}}} \times \frac{e^{j\omega\frac{T_E}{2}} + e^{-j\omega\frac{T_E}{2}}}{e^{j\omega\frac{T_E}{2}} - e^{-j\omega\frac{T_E}{2}}}$$

Soit : $\underline{H}(j\omega) = \dfrac{T_E}{2\tau} \times \dfrac{2\cos\left(\dfrac{\omega T_E}{2}\right)}{2j\sin\left(\dfrac{\omega T_E}{2}\right)}$. Alors : $\mathbf{\underline{H}(j\omega) = \dfrac{T_E}{2\tau} \times \dfrac{1}{j\tan\left(\dfrac{\omega T_E}{2}\right)}}$

b. On obtient pour le module : $\underline{H} = \dfrac{T_E}{2\tau} \times \dfrac{1}{\left|\tan\left(\pi \dfrac{f}{F_E}\right)\right|}$

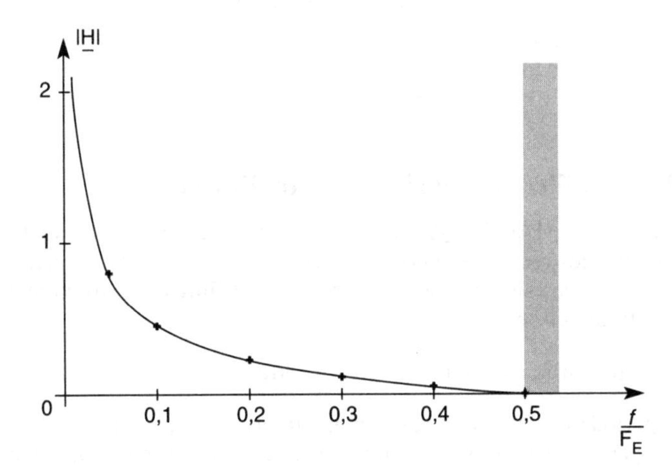

c. Pour l'argument de $\underline{H}$, on obtient :

$$\mathbf{arg[\underline{H}] = -\frac{\pi}{2}} \qquad \text{pour} \qquad 0 < \frac{f}{F_E} < 0{,}5$$

On retrouve le déphasage de l'intégrateur analogique.

4) a. L'intégrateur analogique a pour fonction de transfert en régime harmonique :

$\mathbf{\underline{H}_a(j\omega) = \dfrac{1}{j\omega\tau}}$

b. Pour $\omega \ll \omega_E$ alors $\tan\left(\pi \dfrac{\omega}{\omega_E}\right) \approx \pi \dfrac{\omega}{\omega_E}$ alors :

$\underline{H}(j\omega) \approx \dfrac{T_E}{2\tau} \times \dfrac{1}{j\pi\dfrac{\omega}{\omega_E}}$ soit : $\mathbf{\underline{H}(j\omega) \approx \dfrac{1}{j\omega\tau}}$

Donc pour les fréquences petites devant la fréquence d'échantillonnage la méthode des trapèze donne un filtre numérique correspondant pratiquement à un intégrateur.

c. Calcul de l'erreur relative :

$$\varepsilon = -1 + \frac{|\underline{H}(j\omega)|}{|\underline{H}_a(j\omega)|} = -1 + \frac{\dfrac{1}{\omega\tau}}{\dfrac{T_E}{2\tau} \times \dfrac{1}{\tan\left(\pi \dfrac{\omega}{\omega_E}\right)}} = -1 + \frac{1}{\pi \dfrac{\omega}{\omega_E}} \times \tan\left(\pi \frac{\omega}{\omega_E}\right)$$

En faisant un développement limité au 3ème ordre pour la tangeante :

$$\tan\left(\pi \frac{\omega}{\omega_E}\right) \approx \left(\pi \frac{\omega}{\omega_E}\right) + \frac{1}{3}\left(\pi \frac{\omega}{\omega_E}\right)^3$$

Alors : $\varepsilon \approx \dfrac{1}{3}\left(\pi \dfrac{\omega}{\omega_E}\right)^2$ d'où : $\varepsilon \approx \dfrac{\pi^2}{3}\left(\dfrac{f}{F_E}\right)^2$

d. Pour $\varepsilon = 0{,}1$ on a : $f_{MAX} = \dfrac{\sqrt{3\varepsilon}}{\pi} \times F_E$ soit : $\boldsymbol{f_{MAX} \approx 0{,}17\ F_E}$

Donc si l'on souhaite limiter l'erreur sur le module à 10 % entre l'intégrateur numérique et l'intégrateur analogique, il faut limiter la fréquence des signaux d'entrée à $0{,}17\ F_E$.

205 Etude d'un filtre numérique (texte d'examen)

Dans le système D2-MAC/PAQUET, les signaux de chrominance sont échantillonés. Afin d'éviter des recouvrements de spectres, les signaux numériques constitués par les échantillons des signaux de chrominance sont filtrés. La structure du filtre est indiqué sur la figure ci-dessous.

Il s'agit dans cette partie d'établir la nature du filtre.

1) T_E est la période d'échantillonnage ; n est un nombre entier ; on désigne par $x(n)$ et par $y(n)$ respectivement les échantillons d'entrée et de sortie du filtre à la date nT_E.

Donner l'expression de $y(n)$ en fonction de $x(n)$ et d'échantillons antérieurs à la date nT_E.

2) S'agit-til d'un filtre récursif ? Justifier votre réponse.

3) Donnez l'expression de la fonction de transfert en z, $H(z)$, du filtre.

4) En déduire l'expression de la transmittance isochrone ou complexe du filtre : $\underline{H}(j\omega) = \underline{H}(jk)$ si on pose $k = \dfrac{f}{F_E}$, F_E étant la fréquence d'échantillonnage et f la fréquence du signal d'entrée ($\omega = 2\pi f$).

$\underline{H}(jk)$ est une fonction périodique de k. Quelle est sa période ? Préciser la période correspondante de $\underline{H}(jf)$.

5) On calculera les valeurs de H_{dB} pour les valeurs suivantes de k :

0 - 1/8 - 1/4 - 3/8 - 1/2.

Quelle est la nature du filtre ?

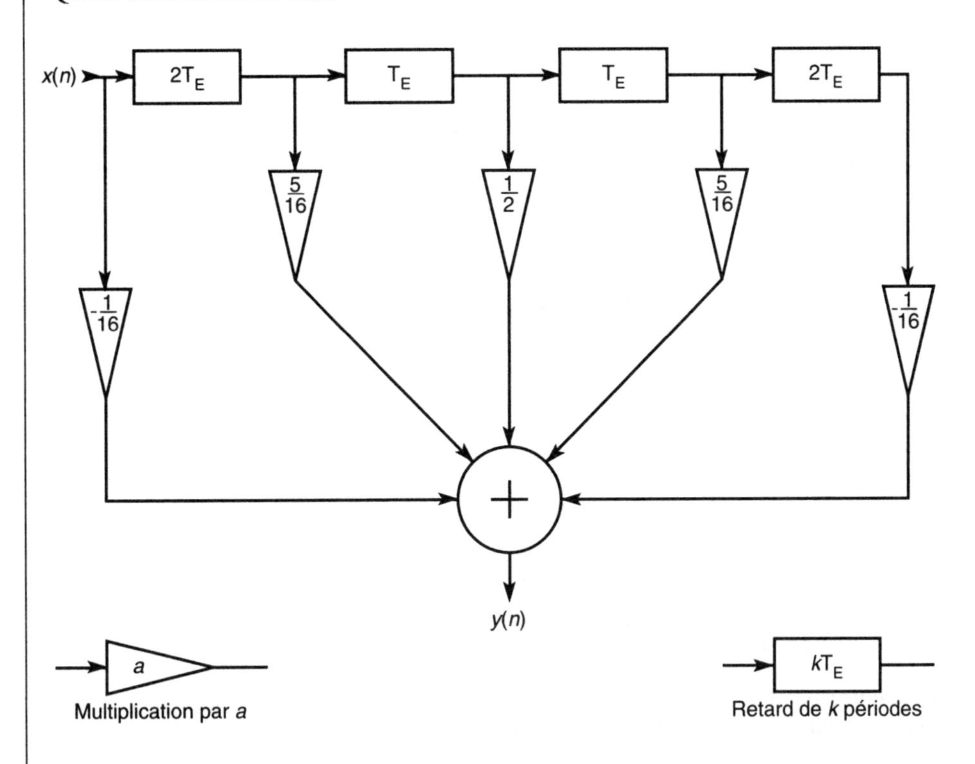

1) A partir du schéma on peut écrire directement l'équation aux différences de ce filtre numérique :

2) C'est un filtre non récursif, à réponse impulsionnelle finie (RIF), car la sortie $y(n)$

$$\boldsymbol{y(n) = \frac{-1}{16}\,[x(n) + x(n-6)] + \frac{5}{16}\,[x(n-2) + x(n-4)] + \frac{1}{2}\,x(n-3)}$$

s'exprime uniquement en fonction des $x(n-i)$.

3) Pour obtenir H(z), on prend la transformée en z de l'équation aux différences :

$$Y(z) = \left(\frac{-1}{16}\,[1 + z^{-6}] + \frac{5}{16}\,[z^{-2} + z^{-4}] + \frac{1}{2}\,z^{-3}\right)X(z)$$

$$\text{soit : } \mathbf{H}(z) = \frac{\mathbf{Y}(z)}{\mathbf{X}(z)} = \frac{\mathbf{1}}{\mathbf{2}}\,z^{-3}\left[\mathbf{1} - \frac{\mathbf{1}}{\mathbf{8}}\,(z^{3} + z^{-3}) + \frac{\mathbf{5}}{\mathbf{8}}\,(z + z^{-1})\right]$$

4) Pour la réponse en fréquence, on effectue le changement de variable : $z = e^{j\omega T_E}$

$$\text{d'où : } \underline{H}(j\omega) = \frac{1}{2}\,e^{-3j\omega T_E}\left[1 - \frac{1}{8}\,(e^{3j\omega T_E} + e^{-3j\omega T_E}) + \frac{5}{8}\,(e^{j\omega T_E} + e^{-j\omega T_E})\right]$$

$$\underline{H}(j\omega) = \frac{1}{2}\,e^{-3j\omega T_E}\left[1 - \frac{1}{4}\cos 3\,\omega T_E + \frac{5}{4}\cos \omega T_E\right]$$

D'autre part, nous avons : $\omega T_E = 2\pi \dfrac{f}{F_E} = 2\pi k$ avec $k = \dfrac{f}{F_E}$.

Alors : $\underline{\mathbf{H}}(j\boldsymbol{k}) = \dfrac{\mathbf{1}}{\mathbf{2}}\, e^{-jk6\pi}\left[\mathbf{1} - \dfrac{\mathbf{1}}{\mathbf{4}}\ \mathbf{cos}\ (6\pi\boldsymbol{k}) + \dfrac{\mathbf{5}}{\mathbf{4}}\ \mathbf{cos}\ (2\pi\boldsymbol{k})\right]$

La période de $\underline{H}(jk)$ est égale à 1 ce qui correspond à une période égale à F_E pour $\underline{H}\left(j\dfrac{f}{F_E}\right)$.

5) On peut écrire pour le module :

$$|\underline{H}(jk)| = \frac{1}{2}\left|1 - \frac{1}{4}\cos(6\pi k) + \frac{5}{4}\cos(2\pi k)\right|$$

$$|\underline{H}|_{dB} = 20\log\left|1 - \frac{1}{4}\cos(6\pi k) + \frac{5}{4}\cos(2\pi k)\right| - 6\text{ dB}$$

k	0	1/8	1/4	3/8	1/2
$\lvert\underline{H}\rvert$	1	1,03	0,5	$\lvert -0{,}03\rvert$	0
H_{dB}	0	0,26	– 6	– 30,4	– ∞

Ce filtre numérique correspond à un filtre passe-bas.

Remarque : Etant donné la "symétrie" pour les valeurs des coefficients, on obtient un filtre à phase linéaire.

Cela correspond au terme suivant en facteur $e^{-jk6\pi}$, alors arg $\underline{H} = -6\pi k$ (phase linéaire) tant que l'autre terme réel de $\underline{H}(jk)$ reste positif.

206 Synthèse d'un filtre numérique passe-bande par la transformation bilinéaire

La transformation bilinéaire permet à partir de la transmittance de Laplace normalisée $T(s)$ d'un filtre analogique d'en déduire la fonction de transert $T(z)$ du filtre numérique.

Notations :

s = variable de Laplace normalisée $s = \dfrac{p}{\omega_r}$.

pulsation de référence

ω_A : pulsation dans le domaine analogique avec $p = j\omega_a$.

ω_N : pulsation dans le domaine numérique avec $z = e^{j\omega_N T_E}$.

1) La transformée bilinéaire établit une correspondance entre le domaine analogique et le domaine numérique par la relation : $s = k\,\dfrac{1 - z^{-1}}{1 + z^{-1}}$ avec $k > 0$: facteur d'échelle.

a. En déduire l'expression de z en fonction de s.

b. On pose $s = jx$, calculer $|z|$ et $\arg(z)$.

Représenter le lieu de z dans le plan complexe lorsque x varie de $-\infty$ à $+\infty$.

c. Placer les points correspondants à $\omega_A \longrightarrow -\infty$, $\omega_A = 0$ et $\omega_A \longrightarrow +\infty$, sur le graphique précédent.

d. Toujours sur le graphique précédent, placer les points correspondant à $\omega_N = -\frac{\omega_E}{2}$, $\omega_N = -\frac{\omega_E}{4}$, $\omega_N = 0$, $\omega_N = \frac{\omega_E}{4}$ et $\omega_N = \frac{\omega_E}{2}$. Conclusion

e) A l'aide de l'expression de l'arg(z), montrer que les pulsations dans le domaine analogique et dans le domaine numérique sont liées par la relation suivante :

$$\frac{\omega_A}{\omega_r} = k \tan\left(\pi \frac{\omega_N}{\omega_E}\right)$$

2) On désire réaliser un filtre numérique passe-bande du second ordre avec les caractéristiques suivantes :

– fréquence d'échantillonnage $F_E = 5$ kHz

– fréquence centrale $f_{0N} = 500$ Hz

– amplification égale à 1 à la fréquence centrale

– coefficient de qualité $Q_N = 10$.

On choisit comme pulsation de référence en analogique : $\omega_r = 2\pi f_{0N}$.

a. On veut qu'il y ait correspondance entre la pulsation centrale dans les domaines analogique et numérique. Calculer la valeur de k.

b. Indiquer les valeurs des deux fréquences, f_{1N} et f_{2N}, dans le domaine numérique correspondant à la bande passante à – 3 dB.

c. Calculer les valeurs des deux fréquences, f_{1A} et f_{2A}, dans le domaine analogique, correspondant à f_{1N} et f_{2N}. En déduire la valeur du coefficient de qualité, Q_A, pour le filtre analogique.

d Pour le filtre analogique passe-bande, la fonction de transfert du second ordre normalisée est donnée par : $T(s) = \frac{1}{1 + Q_A\left(s + \frac{1}{s}\right)}$

A l'aide de la transformation bilinéaire, $s = k\,\frac{1 - z^{-1}}{1 + z^{-1}}$, en déduire l'expression de $T(z)$ avec les valeurs numériques de ses coefficients.

e. Calculer la réponse en fréquence du filtre numérique $\underline{T}(j\omega)$, représenter le diagramme de Bode relatif à son module et vérifier qu'il correspond bien au cahier des charges fixé.

1) a. On obtient : $\boldsymbol{z = \frac{k + s}{k - s}}$

b. Soit : $s = jx$ alors : $z = \frac{k + jx}{k - jx}$ $|z| = \frac{\sqrt{k^2 + x^2}}{\sqrt{k^2 + x^2}}$ donc $\boldsymbol{|z| = 1}$

et $\boldsymbol{\arg(z) = 2 \arctan\left(\frac{x}{k}\right)}$

Comme $|z| = 1 \ \forall x \in \mathbb{R}$ alors le lieu de z dans le plan complexe correspond au cercle de rayon unité car l'arg (z) varie de $-\pi$ à $+\pi$ lorsque x varie de $-\infty$ à $+\infty$.

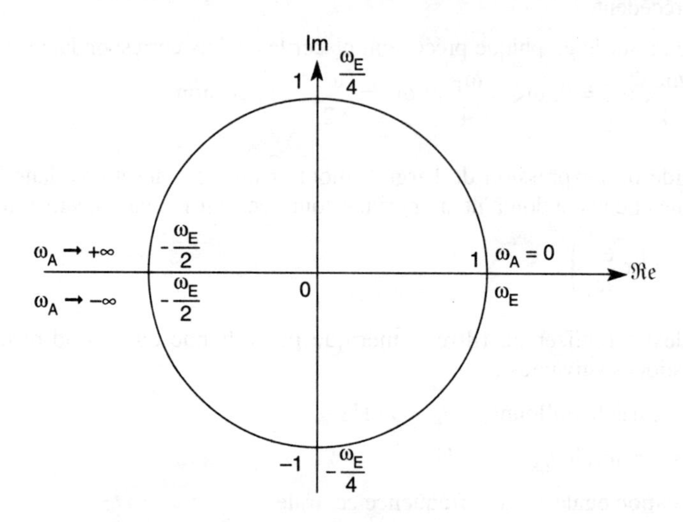

c. Pour $\omega_A \longrightarrow -\infty$ alors $x = \dfrac{\omega_A}{\omega_r} \longrightarrow -\infty$ et arg $(z) = -\pi$.

Pour $\omega_A = 0$ alors $x = \dfrac{\omega_A}{\omega_r} = 0$ et arg$(z) = 0$.

Pour $\omega_A \longrightarrow +\infty$ alors $x = \dfrac{\omega_A}{\omega_r} \longrightarrow +\infty$ et arg $(z) = \pi$.

d. Nous avons $z = e^{j\omega T_E} = e^{j2\pi \frac{\omega}{\omega_E}}$, on en déduit :

$$\omega_N = \frac{-\omega_E}{2} \Rightarrow z = e^{-j\pi}, \quad \omega_N = \frac{-\omega_E}{4} \Rightarrow z = e^{-j\frac{\pi}{2}},$$

$$\omega_N = \frac{\omega_E}{2} \Rightarrow z = e^{j\pi}, \quad \omega_N = \frac{-\omega_E}{4} \Rightarrow z = e^{-j\frac{\pi}{2}}$$

et $\omega_N = 0 \Rightarrow z = 1$.

On peut donc placer les différentes pulsations sur le cercle de rayon unité.

Lorsque dans le domaine analogique la pulsation ω_A varie de $-\infty$ à $+\infty$, dans le domaine numérique la pulsation ω_N varie de $\dfrac{-\omega_E}{2}$ à $\dfrac{\omega_E}{2}$, ce qui correspond au domaine d'utilisation des filtres numériques.

e. Nous avons $\arg(z) = 2 \arctan\left(\dfrac{x}{k}\right)$ avec $x = \dfrac{\omega_A}{\omega_r}$.

D'autre part $z = e^{j\omega_N T_E}$ donc arg $(z) = \omega_N T_E = 2\pi \dfrac{\omega_N}{\omega_E}$.

On en déduit : $\dfrac{1}{k}\dfrac{\omega_A}{\omega_r} = \tan\left(\pi \dfrac{\omega_N}{\omega_E}\right)$ soit : $\boldsymbol{\dfrac{\omega_A}{\omega_r} = k \tan\left(\pi \dfrac{\omega_N}{\omega_E}\right)}$

2) a. A la pulsation centrale, nous avons correspondance entre la pulsation numérique et analogique, d'autre part on a choisit la pulsation centrale comme pulsation de référence dans le domaine analogique.

Alors : $1 = k \tan\left(\pi \dfrac{\omega_{0N}}{\omega_E}\right) = k \tan\left(\pi \dfrac{f_{0N}}{F_E}\right)$

soit : $\boldsymbol{k = \dfrac{1}{\tan\left(\pi \dfrac{f_{0N}}{F_E}\right)} = 3{,}078}$

b. Nous avons : $\begin{cases} f_{1N} = f_{0N} - \dfrac{\Delta f_N}{2} \\ f_{2N} = f_{0N} + \dfrac{\Delta f_N}{2} \end{cases}$

avec Δf_N bande passante à – 3 dB dans le domaine numérique.

Par définition du cœfficient de qualité, nous pouvons écrire :

$Q_N = \dfrac{f_{0N}}{\Delta f_N}$ alors $\Delta f_N = \dfrac{f_{0N}}{Q_N} = 50$ Hz.

D'où : $\boldsymbol{f_{1N} = 475}$ **Hz** et $\boldsymbol{f_{2N} = 525}$ **Hz**

c. On en déduit : $\begin{cases} f_{1A} = f_r\, k \tan\left(\pi \dfrac{f_{1N}}{f_E}\right) \\ f_{2A} = f_r\, k \tan\left(\pi \dfrac{f_{2N}}{f_E}\right) \end{cases}$ avec $f_r = 500$ Hz

Soit : $\boldsymbol{f_{1A} \approx 473}$ **Hz** et $\boldsymbol{f_{2A} \approx 527}$ **Hz**

Pour le filtre analogique, la bande passante à – 3 dB est égale à : $\Delta f_A = f_{2A} - f_{1A} = 54$Hz

Alors : $\boldsymbol{Q_A = \dfrac{f_{0A}}{\Delta f_A} \approx 9{,}3}$ car $f_{0A} = f_{0N} = 500$ Hz

fréquence centrale

d. Soit : $$T(z) = \frac{1}{1 + Q_A\left[k\,\dfrac{1 - z^{-1}}{1 + z^{-1}} + \dfrac{1 + z^{-1}}{k\,(1 - z^{-1})}\right]}$$

d'où : $$T(z) = \frac{1}{1 + 28{,}6\,\dfrac{1 - z^{-1}}{1 + z^{-1}} + 3{,}02\,\dfrac{1 + z^{-1}}{1 - z^{-1}}}$$

$$T(z) = \frac{(1 + z^{-1})\,(1 - z^{-1})}{(1 + z^{-1})\,(1 - z^{-1}) + 28{,}6\,(1 - z^{-1})^2 + 3{,}02\,(1 + z^{-1})^2}$$

$$\mathbf{T}(z) = \frac{\mathbf{1 - z^{-2}}}{\mathbf{32{,}6 - 51{,}2\ z^{-1} + 30{,}6\ z^{-2}}}$$

e. La réponse en fréquence du filtre numérique est obtenue en faisant le changement de variable : $z = e^{j\omega T_E}$.

$$\underline{T}(j\omega) = \frac{e^{2j\omega T_E} - 1}{32{,}6\ e^{2j\omega T_E} - 51{,}2\ e^{j\omega T_E} + 30{,}6}$$

$$\underline{T}(j\omega) = \frac{\cos 2\ \omega T_E - 1 + j \sin 2\omega T_E}{32{,}6 \cos 2\ \omega T_E - 51{,}2 \cos 2\ \omega T_E + 30{,}6 + j\ (32{,}6 \sin 2\ \omega T_E - 51{,}2 \sin \omega T_E)}$$

$$|\underline{T}(j\omega)| = \frac{\sqrt{(\cos 2\ \omega T_E - 1)^2 + \sin^2 2\ \omega T_E}}{\left[\left(32{,}6 \cos 2\ \omega T_E - 51{,}2 \cos \omega T_E + 30{,}6\right)^2 + \left(32{,}6 \sin 2\ \omega T_E - 51{,}2 \sin \omega T_E\right)^2\right]^{1/2}}$$

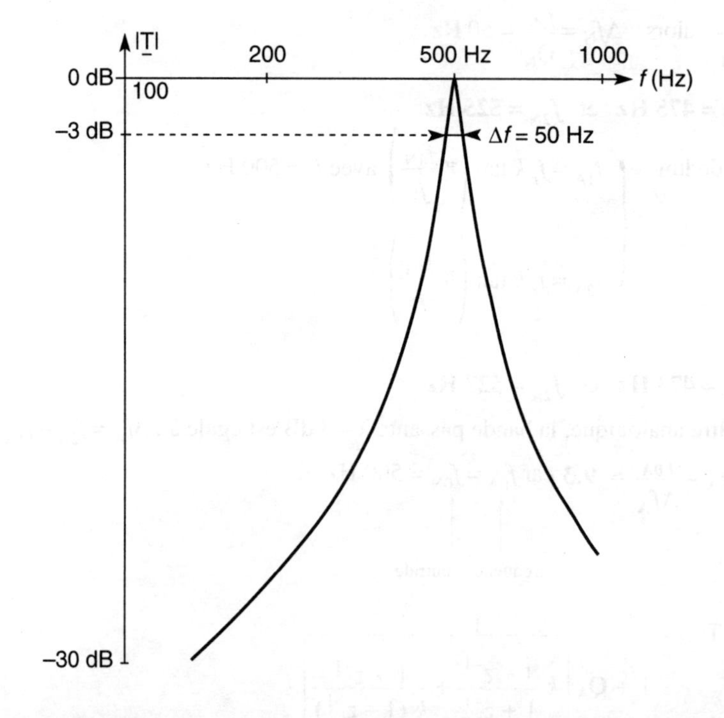

D'après la représentation graphique de la réponse en fréquence, le filtre numérique obtenu satisfait le cahier des charges.

207 Etude d'un filtre numérique du second ordre

On considère le schéma structurel suivant :

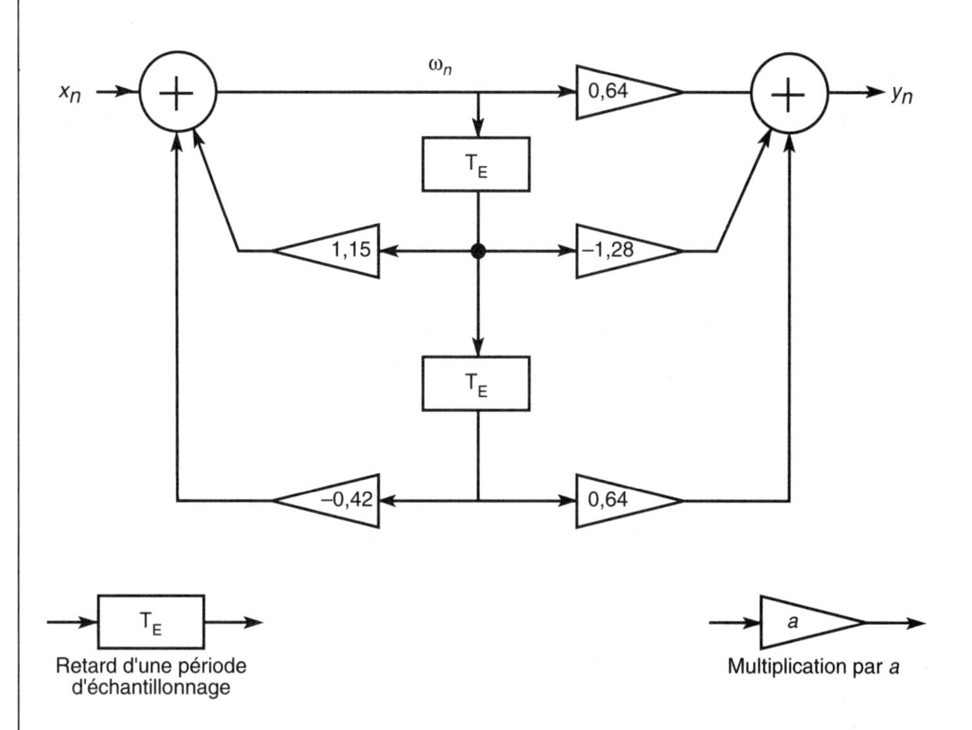

On note x_n l'échantillon à la date nT_E : $x_n = x(nT_E)$.

1) a. Exprimer la relation de récurrence donnant ω_n en fonction de x_n, ω_{n-1} et ω_{n-2}.

En déduire la fonction de transfert : $\dfrac{W(z)}{X(z)}$.

b. Exprimer la relation de récurrence donnant y_n en fonction de ω_n, ω_{n-1} et ω_{n-2}.

En déduire la fonction de transfert : $\dfrac{Y(z)}{W(z)}$.

c. En déduire la fonction de transfert, $T(z) = \dfrac{Y(z)}{W(z)}$, du filtre numérique.

Exprimer la relation de récurrence fournissant la sortie y_n.

A quelle famille de filtre appartient-il ?

2) a. Calculer les pôles et les zéros de $T(z)$ et les positionner dans le plan complexe.

Que peut-on dire de la stabilité de ce filtre numérique ?

b. On s'intéresse à la réponse en fréquence, déterminer l'expression de la transmittance isochrone du filtre numérique $\underline{T}(j\omega)$.

c. On utilise la variable $x = \dfrac{f}{F_E}$. Calculer $|\underline{T}(jx)|$ et représenter graphiquement $|\underline{T}|_{dB}$ avec $F_E = 2000$ Hz. On indiquera la fréquence maximale d'utilisation du filtre.

Quelle est la nature du filtre ?

A l'aide du graphique, déterminer la fréquence de coupure à – 3 dB.

3) On applique à l'entrée du filtre une séquence échelon : $\{x_n\} = \{\Gamma_n\}$, la fréquence d'échantillonnage est réglée à $F_E = 2000$ Hz.

a. Calculer $Y(z)$ et montrer qu'elle s'exprime de la façon suivante :

$$Y(z) = \frac{0{,}64\, z\,(z-1)}{z^2 - 1{,}15\, z + 0{,}42}$$

b. A l'aide du théorème de la valeur initiale calculer y_0.

c. A l'aide du théorème de la valeur finale calculer $\lim\limits_{n \to +\infty} y_n$.

d. Déterminer l'expression de la sortie y_n et la représenter graphiquement avec $F_E = 2000$ Hz.

1) a. D'après le schéma structurel, nous pouvons écrire :

$$\boldsymbol{\omega_n = x_n + 1{,}15\, \omega_{n-1} - 0{,}42\, \omega_{n-2}}$$

En prenant la transformée en z de cette équation aux différences on obtient :

$$W(z) = X(z) + 1{,}15\, z^{-1}\, W(z) - 0{,}418\, z^{-2}\, W(z)$$

soit : $$\frac{\mathbf{W}(z)}{\mathbf{X}(z)} = \frac{\mathbf{1}}{\mathbf{1 - 1{,}15}\, z^{-1} + \mathbf{0{,}42}\, z^{-2}}$$

b. A l'aide du schéma, on obtient pour y_n :

$$\boldsymbol{y_n = 0{,}64\, \omega_n - 1{,}28\, \omega_{n-1} - 0{,}64\, \omega_{n-2}}$$

Soit pour la transformée en z de cet algorithme :

$$Y(z) = 0{,}641\, W(z) - 1{,}28\, z^{-1}\, W(z) + 0{,}641\, z^{-2}\, W(z)$$

alors : $$\frac{\mathbf{Y}(z)}{\mathbf{W}(z)} = \mathbf{0{,}64 - 1{,}28}\, z^{-1} + \mathbf{0{,}64}\, z^{-2}$$

c. Pour $T(z)$ nous avons : $T(z) = \dfrac{Y(z)}{X(z)} = \dfrac{Y(z)}{W(z)} \times \dfrac{W(z)}{X(z)}$.

Alors : $$\mathbf{T}(z) = \frac{\mathbf{0{,}64 - 1{,}28}\, z^{-1} + \mathbf{0{,}64}\, z^{-2}}{\mathbf{1 - 1{,}15}\, z^{-1} + \mathbf{0{,}42}\, z^{-2}}$$

Nous avons : $Y(z)\,[1 - 1{,}15\, z^{-1} + 0{,}42\, z^{-2}] = X(z)\,[0{,}64 - 1{,}28\, z^{-1} + 0{,}64\, z^{-2}]$

D'où : $Y(z) = 0{,}64\, X(z) - 1{,}28\, z^{-1}\, X(z) + 0{,}64\, z^{-2}\, X(z) + 1{,}15\, z^{-1}\, Y(z) - 0{,}42\, z^{-2}\, Y(z)$

On en déduit la relation de récurrence :

$$\boldsymbol{y_n = 0{,}64\, x_n - 1{,}28\, x_{n-1} + 0{,}64\, x_{n-2} + 1{,}15\, y_{n-1} - 0{,}42 y_{n-2}}$$

Ce filtre appartient à la famille des filtres récursifs, à réponse impulsionnelle infinie (RII), car y_n s'exprime avec des termes en y_{n-1} et y_{n-2}.

2) a. Les zéros de $T(z) = \dfrac{N(z)}{D(z)}$ sont donnés par les racines du numérateur telles que $N(z) = 0$.

Or : $T(z) = \dfrac{0{,}64\, z^2 - 1{,}28\, z + 0{,}64}{z^2 - 1{,}15\, z + 0{,}42} = \dfrac{N(z)}{D(z)}$

Alors : $0{,}64\, z^2 - 1{,}28\, z + 0{,}64 = 0$

$0{,}64\,(z^2 - 2z + 1) = 0{,}64\,(z - 1)^2 = 0$

Donc on a un zéro d'ordre 2 : $\mathbf{z_0 = 1}$

Les pôles de $T(z) = \dfrac{N(z)}{D(z)}$ sont donnés par les racines du dénominateur telles que $D(z) = 0$

Alors : $z^2 - 1{,}15\, z + 0{,}42 = 0 \qquad \Delta = -\,0{,}3575 < 0$

On a deux pôles complexes conjugués :

$\mathbf{p_1 = 0{,}575 + j\, 0{,}299}$

$\mathbf{p_2 = \overline{p}_1 = 0{,}575 - j\, 0{,}299}$

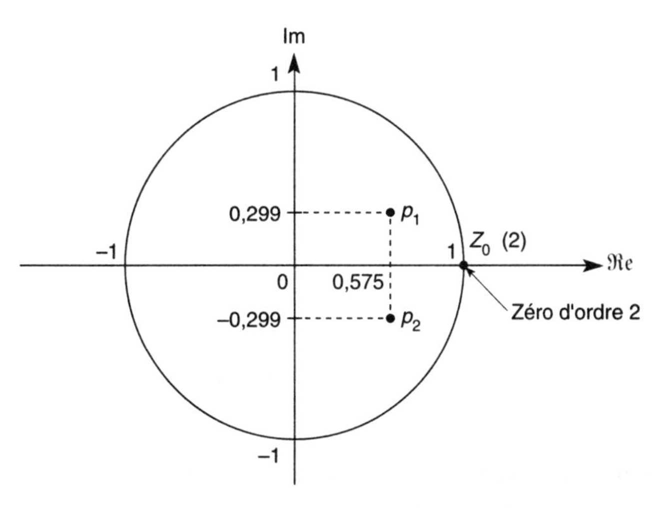

Ce filtre numérique est stable car ses pôles sont à l'intérieur du cercle de rayon unité.

b. On obtient la réponse en fréquence du filtre en faisant le changement de variable : $z = e^{j\omega T_E}$

$$\underline{T}(j\omega) = \frac{0{,}64\,(e^{2j\omega T_E} - 2e^{j\omega T_E} + 1)}{e^{2j\omega T_E} - 1{,}15\, e^{j\omega T_E} + 0{,}42} = \frac{0{,}64\,(e^{j\omega T_E} - 1)^2}{e^{2j\omega T_E} - 1{,}15\, e^{j\omega T_E} + 0{,}42}$$

$$\mathbf{\underline{T}(j\omega) = \frac{-\ 0{,}64 \times 4\ e^{j\omega T_E} \sin^2\left(\frac{\omega T_E}{2}\right)}{(\cos 2\,\omega T_E - 1{,}15 \cos \omega T_E + 0{,}42) + j\,(\sin 2\,\omega T_E - 1{,}15 \sin \omega T_E)}}$$

c. Soit $x = \dfrac{f}{F_E}$ alors $\omega T_E = 2\pi \dfrac{f}{F_E} = 2\pi x$.

$$|\underline{T}(jx)| = \frac{2{,}56 \sin^2(\pi x)}{[(\cos 4\pi x - 1{,}15 \cos 2\pi x + 0{,}42)^2 + (\sin 4\pi x - 1{,}15 \sin 2\pi x)^2]^{1/2}}$$

Après développement et réduction on obtient :

$$|\underline{T}(jx)| = \frac{2{,}56 \sin^2(\pi x)}{[(1 + 1{,}15^2 + 0{,}42^2) - 2 \times 1{,}15 \times 1{,}42 \cos 2\pi x + 2 \times 0{,}42 \cos 4\pi x]^{1/2}}$$

soit : $\mathbf{|\underline{T}(jx)| \approx \dfrac{2{,}56 \sin^2(\pi x)}{\sqrt{2{,}5 - 3{,}27 \cos 2\pi x + 0{,}84 \cos 4\pi x}}}$

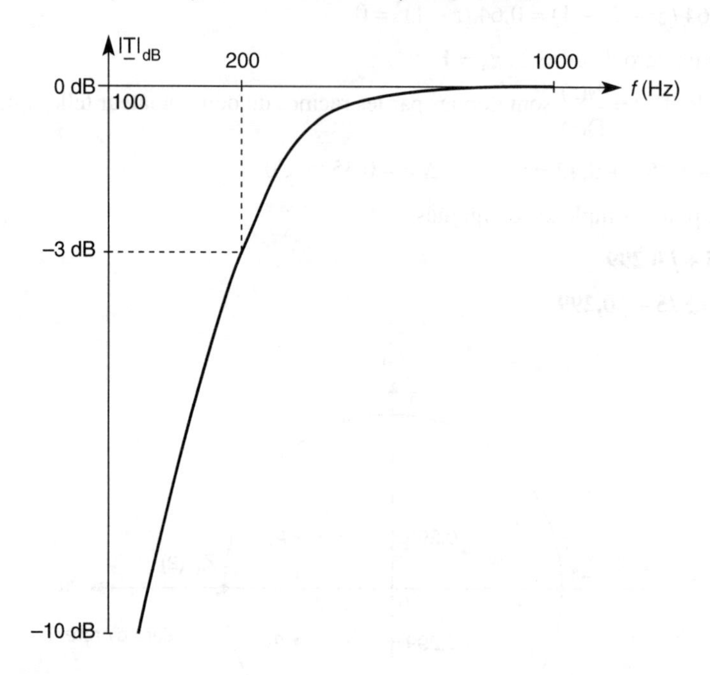

Pour respecter la condition de Shanon, la fréquence maximale d'utilisation est $\frac{F_E}{2} = 1000$ Hz.

On obtient un filtre passe-haut dont la fréquence de coupure à – 3 dB est : $f_c = 200$ Hz

3) a. On a : $Y(z) = T(z)\,\Gamma(z)$ avec $\Gamma(z) = \dfrac{z}{z-1}$

$$Y(z) = \frac{0{,}64\,(z-1)^2}{z^2 - 1{,}15\,z + 0{,}42} \times \frac{z}{z-1} \quad \text{soit} \quad \mathbf{Y(z) = \frac{0{,}64\,z\,(z-1)}{z^2 - 1{,}15\,z + 0{,}42}}$$

b. Pour la valeur initiale, nous avons :

$y_0 = \lim\limits_{z \to +\infty} y(z)$ alors $\mathbf{y_0 = 0{,}64}$

c. Pour la valeur finale, on peut écrire :

$\lim\limits_{n \to +\infty} y_n = \lim\limits_{z \to 1} (z-1)\,Y(z)$ soit $\mathbf{y_{+\infty} = 0}$

En régime permanent, la réponse à un échelon d'un filtre passe-haut, tend vers 0.

d. On peut écrire $Y(z)$ de la façon suivante :

$$Y(z) = 0{,}64 \times \frac{(z^2 - 0{,}575\ z) - 0{,}425\ z}{z^2 - 2 \times 0{,}575\ z + 0{,}42}$$

Par identification on obtient :

$e^{-2aT_E} = 0{,}42$ et $T_E = 0{,}5$ ms d'où : $a \approx 867$

$e^{-aT_E} \cos \omega_0 T_E = 0{,}575$ d'où $\omega_0 \approx 959$ rad/s

Or : $Y(z) = 0{,}64 \times \dfrac{(z^2 - 0{,}575\ z)}{z^2 - 2 \times 0{,}575\ z + 0{,}42} - 0{,}9 \dfrac{0{,}3\ z}{z^2 - 2 \times 0{,}575\ z + 0{,}42}$

car $\sin \omega_0 T_E \approx 0{,}46$ et $e^{-aT_E} \sin \omega_0 T_E \approx 0{,}3$

Alors : $\boldsymbol{y_n \approx e^{-0{,}43n}\ [0{,}64 \cos (0{,}48\ n) - 0{,}9 \sin (0{,}48\ n)]}$

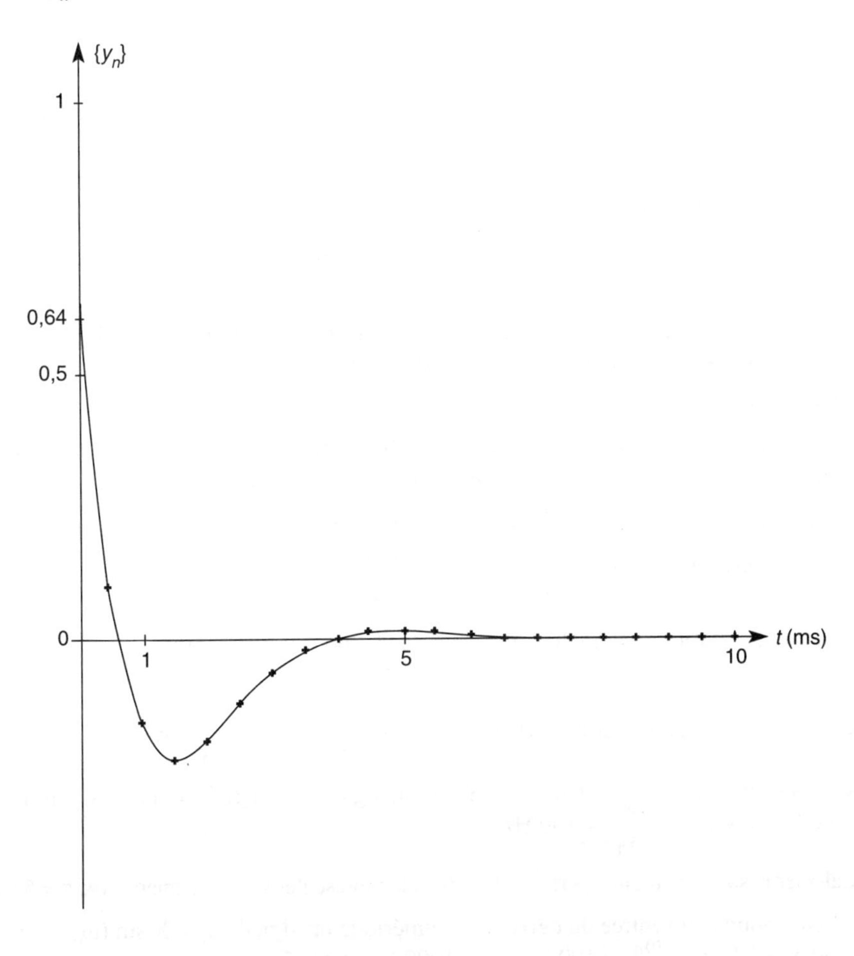

Exercices à résoudre

208 Dérivateur numérique

Un dérivateur analogique réalise l'opération suivante :

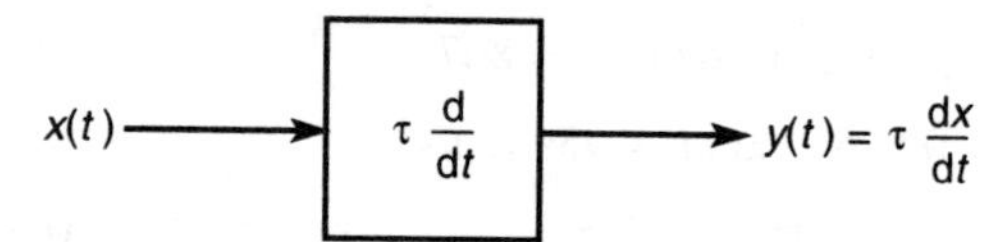

Par analogie, pour réaliser un dérivateur numérique on utilise l'équation aux différences suivantes :

$\{x_n\}$ → $\tau \frac{\Delta x}{\Delta t}$ → $\{y_n\} = \frac{\tau}{T_E}(x_n - x_{n-1})$

Pour les représentations graphiques et les applications numériques, on prendra $\frac{\tau}{T_E} = 5$.

1) a. On applique à l'entrée du filtre une séquence impulsion $\{x_n\} = \{\delta_n\}$. A l'aide de l'équation aux différences calculer les valeurs de la réponse impulsionnelle $\{h_n\}$ et la représenter graphiquement.

b. A quelle famille de filtre numérique appartient-il ?

Que peut-on dirc de sa stabilité ?

c. A l'aide de l'équation aux différences, déterminer la réponse à un signal discret échelon $\{x_n\} = \{\Gamma_n\}$ et la représenter graphiquement.

2) a. Calculer la fonction de transfert $H(z)$.

b. On applique à l'entrée du filtre un signal "rampe" $\{x_n\} = \{nT_E\}$. A l'aide de la transformée en z, déterminer l'expression du signal de sortie $\{y_n\}$.

3) a. Calculer la fonction de transfert en régime harmonique $\underline{H}(j\omega)$ et la mettre sous la forme suivante : $\underline{H}(j\omega) = \frac{2\tau}{T_E}\, j\, e^{-j\omega\frac{T_E}{2}} \sin\left(\frac{\omega T_E}{2}\right)$

b. Calculer et représenter $|\underline{H}|$ en fonction de $\frac{f}{F_E}$ pour $0 < \frac{f}{F_E} < 0{,}5$.

c. Calculer et représenter $\arg[\underline{H}]$ en fonction de $\frac{f}{F_E}$ pour $0 < \frac{f}{F_E} < 0{,}5$.

4) a. On applique à l'entrée du dérivateur analogique un signal : $x(t) = X \sin \omega_0 t$ avec $X = 1$ V et $f_0 = \frac{\omega_0}{2\pi} = 100$ Hz.

Calculer la sortie en régime permanent, $y(t)$, et la représenter graphiquement avec $\tau = 5$ ms.

b. On applique à l'entrée du dérivateur numérique un signal : $x_n = X \sin(\omega_0 nT_E)$ avec $X = 1$ V, $f_0 = \frac{\omega_0}{2\pi} = 100$ Hz, $F_E = 1000$ Hz et $\tau = 5$ ms.

A l'aide de la réponse en fréquence, calculer y_n, en régime permanent, et la représenter graphiquement. Conclusion.

209 Synthèse d'un filtre numérique par invariance de la réponse indicielle

On souhaite obtenir un filtre numérique ayant la même réponse indicielle aux instants d'échantillonnage que le filtre analogique choisit comme modèle.

On comparera leur réponse en fréquence :

1) Filtre analogique

On considère le circuit suivant :

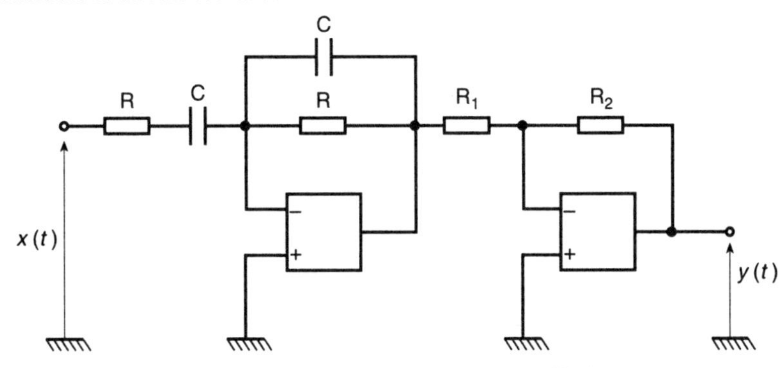

a. Donner l'expression de la fonction de transfert $H(p) = \dfrac{Y(p)}{X(p)}$.

On posera $\omega_0 = \dfrac{1}{RC}$ et $a = \dfrac{R_2}{R_1}$ avec $f_0 = \dfrac{\omega_0}{2\pi} = 1$ kHz et $a = 10$.

b. On applique un échelon d'amplitude E = 1 V : $x(t) = E\Gamma(t)$.

Déterminer l'expression de la réponse indicielle $y(t)$, la représenter graphiquement. On indiquera les coordonnées du maximum de $y(t)$.

c. Calculer la réponse en fréquence $\underline{H}(j\omega)$.

d. Tracer le diagramme de Bode de $\underline{H}(j\omega)$. Pour le module, on précisera les équations des asymptotes, les coordonnées de leur point d'intersection ainsi que les coordonnées du maximum de $|\underline{H}|_{dB}$.

Quelle est la nature de ce filtre ?

2) Filtre numérique

a. Le filtre numérique ayant la même réponse indicielle, aux instants d'échantillonnage, que le filtre analogique, donner l'expression de la sortie $y_n = y(nT_E)$ lorsque l'entrée est une séquence échelon d'amplitude E : $\{x_n\} = \{E\,\Gamma_n\}$.

Remarque : On note T_E la période d'échantillonnage.

b. A l'aide de la table, exprimer la transformée en z de la réponse indicielle $Y(z)$.

c Montrer que l'on obtient pour la transmittance : $H(z) = a\omega_0 T_E\, e^{\omega_0 T_E} \times \dfrac{(z-1)}{(z\, e^{\omega_0 T_E} - 1)^2}$.

d. En déduire l'équation aux différences liant les séquences $\{x_n\}$ et $\{y_n\}$.

e. Déterminer la réponse en fréquence, notée $\underline{H}_N(j\omega)$, du filtre numérique.

f. Calculer $|\underline{H}_N(j\omega)|$ et représenter le diagramme de Bode relatif au module, $|H_N|_{dB}$, pour $100\ Hz \leq f \leq \frac{F_E}{2}$ avec $F_E = 31{,}25$ kHz.

g. Calculer $\arg[\underline{H}_N(j\omega)]$ et représenter le diagramme de Bode relatif à la phase pour $100\ Hz \leq f \leq \frac{F_E}{2}$ avec $F_E = 31{,}25$ kHz.

i. Comparer le filtre analogique et le filtre numérique lorsque leur module est maximal : conclusion.

210 Etude d'un filtre numérique à phase linéaire

Soit un filtre numérique ayant la réponse impulsionnelle, $\{h_n\}$, suivante :

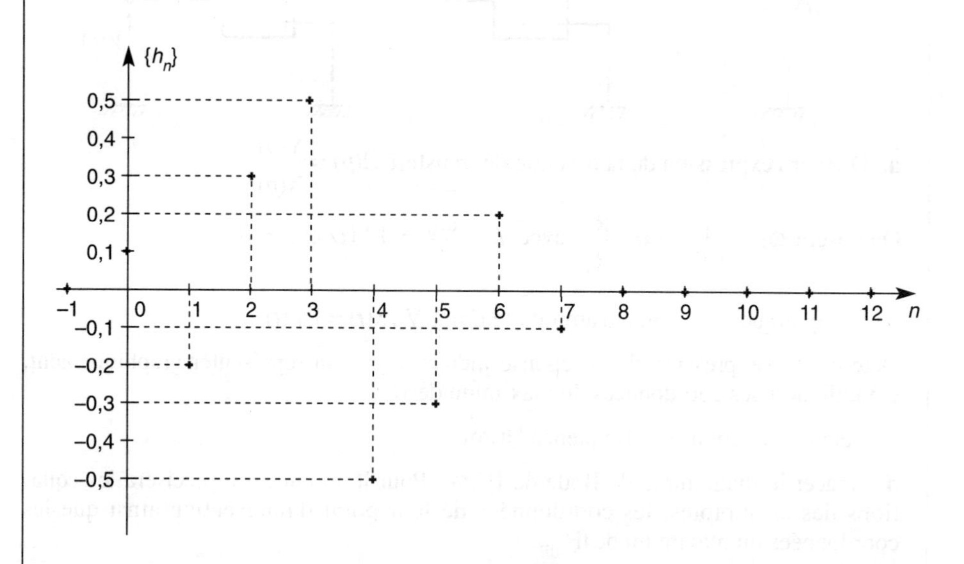

1) a. A quelle famille appartient ce filtre numérique ?

Que peut-on dire de sa stabilité ?

b. Déterminer la relation de récurrence liant les séquences d'entrée et de sortie de ce filtre numérique.

c. A l'aide de la relation de récurrence, calculer les valeurs de la réponse à un échelon et la représenter graphiquement.

d. Déterminer l'expression de la fonction de transfert $H(z)$.

2) On s'intéresse à la réponse en fréquence du filtre numérique.

a. Montrer que la transmittance isochrone s'exprime de la façon suivante :

$\underline{H}(j\omega) = 2\,j\,e^{-3{,}5j\omega T_E}\,[0{,}1 \sin(3{,}5\,\omega T_E) - 0{,}2 \sin(2{,}5\,\omega T_E) + 0{,}3 \sin(1{,}5\,\omega T_E) + 0{,}5 \sin(0{,}5\,\omega T_E)]$

b. Calculer $|\underline{H}(j\omega)|$ et le représenter graphiquement en fonction de $\frac{f}{F_E}$ pour $0 \leq \frac{f}{F_E} \leq 0{,}5$.

En déduire la bande passante à – 3 dB, Δf, et la fréquence de résonance f_0 en fonction de la fréquence d'échantillonnage F_E.

c. Calculer $\arg[\underline{H}(j\omega)]$ et le représenter graphiquement en fonction de $\frac{f}{F_E}$ pour $0 \leq \frac{f}{F_E} \leq 0{,}5$.

d. On applique à l'entrée du filtre numérique le signal discret suivant :

$\{x_n\} = \{\widehat{X}_1 \sin(n\omega_1 T_E) + \widehat{X}_2 \sin(n\omega_2 T_E)\}$.

On s'intéresse au régime permanent.

Les pulsations ω_1 et ω_2 correspondant aux pulsations limites de la bande passante à – 3 dB.

Donner l'expression de la séquence de sortie en régime permanent $\{y_n\}$: conclusion.

I. Schéma bloc

II. Stabilité

III. Choix de la fréquence d'échantillonnage

IV. Précision statique

V. Correction

3 Asservissements numériques linéaires

Un asservissement numérique a la structure suivante :

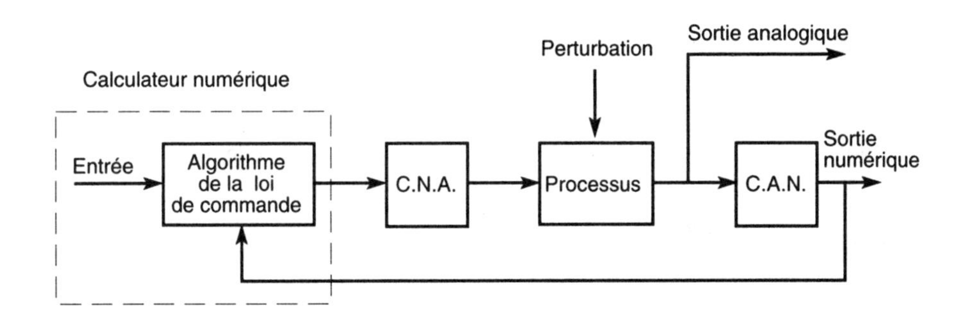

Un asservissement numérique peut apporter les avantages suivants par rapport à un asservissement analogique :

– possibilité de modifier de façon très souple l'algorithme de la loi de commande implantée dans le calculateur,

– l'asservissement numérique peut-être "auto-adaptatif", le programme peut recalculer les coefficients du régulateur numérique en fonction du point de fonctionnement du processus analogique,

– le traitement numérique, codage sur N bits, permet d'obtenir un rapport signal sur bruit plus élevé qu'en analogique,

– le processus peut être muni d'un capteur numérique qui délivre un signal directement utilisable par l'ordinateur,

– le réglage des processus possédant un retard est plus aisé.

I. SCHÉMA BLOC

1. Fonction de transfert du processus échantillonné

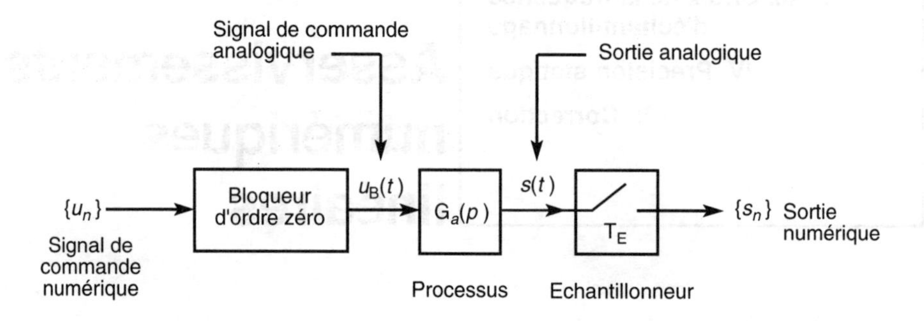

Le bloqueur d'ordre zéro, de transmittance $B_0(p) = \dfrac{1 - e^{-T_E p}}{p}$, est introduit pour tenir compte du fait que le C.N.A. délivre, à l'entrée du processus, un signal de commande $u_B(t)$ en "marches d'escalier".

On définit une fonction de transfert en z, associé à $B_0(p)\, G_a(p)$, telle que : $G(z) = \dfrac{S(z)}{U(z)}$

avec :

$$\mathbf{G(z) = (1 - z^{-1})\ Z\left[\frac{G_a(p)}{p}\right]}$$

2. Table des transmittances en z des principaux processus échantillonnés

Processus analogique : $G_a(p)$	$G(z) = (1 - z^{-1})\, Z\left[\dfrac{G_a(p)}{p}\right]$
$\dfrac{G_0}{1 + \tau p}$	$G_0\, \dfrac{1 - a}{z - a} \quad a = e^{-T_E/\tau}$
$\dfrac{G_0}{1 + \tau p}\, e^{-n T_E\, p}$	$G_0\, \dfrac{1 - a}{z - a}\, z^{-n} \quad a = e^{-T_E/\tau}$
$\dfrac{1}{\tau' p\, (1 + \tau\, p)}$	$\dfrac{\alpha\, z + \beta}{(z - 1)\,(z - a)} \quad \begin{cases} a = e^{-T_E/\tau} \\ \alpha = \dfrac{T_E}{\tau'} - \dfrac{\tau}{\tau'}\,(1 - a) \\ \beta = \dfrac{\tau}{\tau'}\,(1 - a) - a\, \dfrac{T_E}{\tau'} \end{cases}$

Tableau suite :

$\dfrac{G_0}{(1+\tau_1 p)(1+\tau_2 p)}$	$G_0 \dfrac{\alpha z + \beta}{(z-a_1)(z-a_2)}$ $\begin{cases} a_1 = e^{-T_E/\tau_1} \quad a_2 = e^{-T_E/\tau_2} \\ \alpha = 1 + \dfrac{a_2\tau_2 - a_1\tau_1}{\tau_1 - \tau_2} \\ \beta = a_1 a_2 + \dfrac{a_1\tau_2 - a_2\tau_1}{\tau_1 - \tau_2} \end{cases}$
$\dfrac{G_0}{1 + 2m\dfrac{p}{\omega_0} + \left(\dfrac{p}{\omega_0}\right)^2}$ $m < 1$	$G_0 \dfrac{\alpha z + \beta}{z^2 + a_1 z + a_0}$ $\begin{cases} a_0 = e^{-2m\omega_0 T_E} \quad a_1 = -2e^{-m\omega_0 T_E}\cos\theta \\ \theta = \omega_0 T_E \sqrt{1-m^2} \\ \alpha = 1 - e^{-m\omega_0 T_E}\left[\dfrac{m}{\sqrt{1-m^2}}\sin\theta + \cos\theta\right] \\ \beta = e^{-2m\omega_0 T_E} + e^{-m\omega_0 T_E}\left[\dfrac{m}{\sqrt{1-m^2}}\sin\theta + \cos\theta\right] \end{cases}$

3. Schéma bloc d'un asservissement à retour unitaire

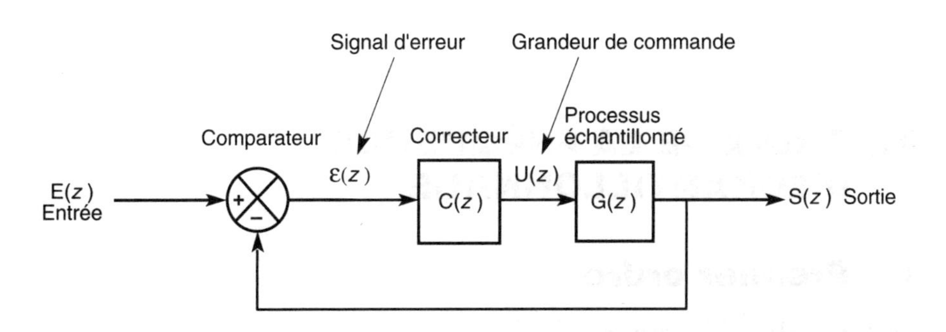

L'asservissement étant supposé linéaire, on associe à chaque bloc leur fonction de transfert en z.

On obtient pour la fonction de transfert en boucle fermée :

$$\mathbf{H}(z) = \frac{\mathbf{S}(z)}{\mathbf{E}(z)} = \frac{\mathbf{C}(z)\,\mathbf{G}(z)}{1 + \mathbf{C}(z)\,\mathbf{G}(z)}$$

II. STABILITÉ

1. Condition générale de stabilité

Un asservissement numérique est stable si tous les pôles de H(z), fonction de transfert en boucle fermée, sont à l'intérieur du cercle de rayon unité.

2. Critère de Jury

a. Premier ordre :

$$H(z) = \frac{\alpha}{z + a} \quad \text{stable si } |a| < 1$$

b. Deuxième ordre :

$$H(z) = \frac{\alpha z + \beta}{z^2 + a_1 z + a_0} = \frac{N(z)}{D(z)} \quad \text{stable si : } \begin{cases} D(1) > 0 \\ D(-1) > 0 \\ |a_0| < 1 \end{cases}$$

c. Troisième ordre :

$$H(z) = \frac{N(z)}{z^3 + a_2 z^2 + a_1 z + a_0} = \frac{N(z)}{D(z)} \quad \text{stable si : } \begin{cases} D(1) > 0,\ D(-1) < 0 \\ |a_0| < 1,\ |a_0^2 - 1| > |a_0 a_2 - a_1| \end{cases}$$

III. CHOIX DE LA FRÉQUENCE D'ÉCHANTILLONNAGE

1. Premier ordre

Soit : $H(z) = H_1 \dfrac{1-a}{z-a}$ avec $e^{-T_E/\tau_{BF}}$

τ_{BF} : constante de temps en boucle fermée.

On choisit au moins un échantillon par constante de temps, alors : $\mathbf{T_E < \tau_{BF}}$.

2. Second ordre

Soit : $H(z) = H_1 \dfrac{\alpha z + \beta}{z^2 + a_1 z + a_0}$ avec ω_0^{BF}, la pulsation propre, et m_{BF}, le cœfficient d'amortissement, associés au second ordre en boucle fermée.

On choisit au moins 3 échantillons par demie pseudo-période alors : $\mathbf{\omega_0^{BF}\ T_E < 1}$.

IV. PRÉCISION STATIQUE

Soit un asservissement numérique à retour unitaire :

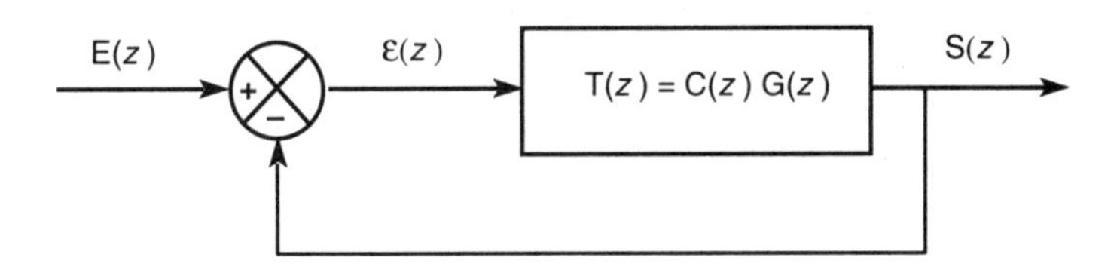

$\varepsilon(z)$ correspond à la transformée en z du signal d'erreur $\{\varepsilon_n\}$ entre l'entrée et la sortie : $\varepsilon_n = e_n - s_n$.

Nous avons : $\varepsilon(z) = \dfrac{E(z)}{1 + T(z)}$

L'erreur en régime permanent est donné par :

$$\varepsilon_\infty = \lim_{n \to +\infty} \varepsilon_n = \lim_{z \to 1} (z-1)\,\varepsilon(z) = \lim_{z \to 1} \left[\frac{(z-1)\,E(z)}{1 + T(z)}\right]$$

L'annulation de l'erreur statique va dépendre de la présence d'intégration, terme en $\dfrac{1}{(z-1)}$, dans la chaîne directe.

On peut établir le tableau suivant :

		ε_∞^1	Pas d'intégration $n = 0$	Une intégration $n = 1$
Entrée échelon $\{e_n\} = \{E\,\Gamma_n\}$	Erreur de position : ε_∞^0	$\dfrac{E}{1 + T_1}$		0
Entrée rampe $\{e_n\} = \{d \times (nT_E)\,\Gamma_n\}$	Erreur de traînage :		$\dfrac{+d\infty}{T_1}$	

Avec : $T(z) = \dfrac{T_1}{(z-1)^n} \times \dfrac{N(z)}{D(z)}$

n intégrations (pour $\dfrac{T_1}{(z-1)^n}$)

Fraction rationnelle telle que : $\dfrac{N(1)}{D(1)} = 1$

V. CORRECTION

Une structure classique est d'insérer le correcteur en cascade avec le processus.

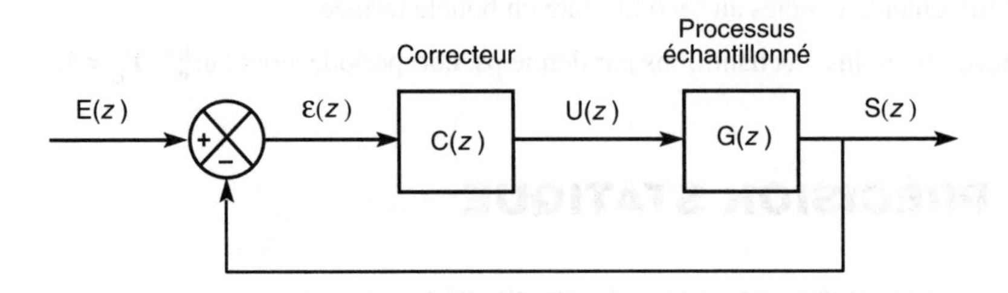

1. Correcteur numérique P.I.

$C(z) = \frac{c_1 z + c_0}{z - 1}$: le correcteur possède deux paramètres de réglage c_1 et c_0. L'intégration peut permettre d'annuler certaines erreurs statiques donc d'améliorer la précision.

2. Correcteur numérique P.I.D.

$C(z) = \frac{c_2 z^2 + c_1 z + c_0}{z (z - 1)}$: le correcteur possède trois paramètres de réglage c_2, c_1 et c_0.

Le correcteur P.I.D. améliore la précision et la rapidité de l'asservissement.

Exercices résolus

301 Asservissement numérique d'un processus du premier ordre

Un processus analogique de fonction de transfert $G_a(p) = \dfrac{G_0}{1 + \tau p}$ avec $G_0 = 1$ et $\tau = 1$ s, est associé à un bloqueur d'ordre zéro $B_0(p) = \dfrac{1 - e^{-T_E p}}{p}$ et à un échantillonneur fonctionnant à la fréquence $F_E = \dfrac{1}{T_E}$ avec $T_E = 0{,}2$ s.

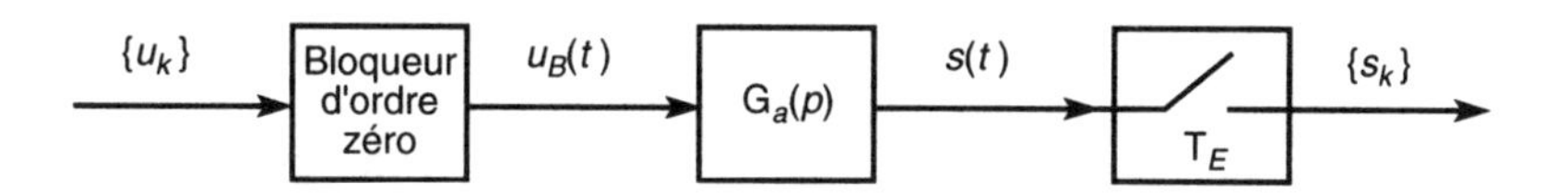

1) Déterminer l'expression de la fonction de transfert $G(z) = \dfrac{S(z)}{U(z)}$, on posera $a = e^{-T_E/\tau}$.

Calculer la valeur de l'amplification statique de $G(z)$.

2) On insère le processus dans une boucle d'asservissement numérique effectuant une régulation proportionnelle. Le système est représenté par le schéma bloc suivant :

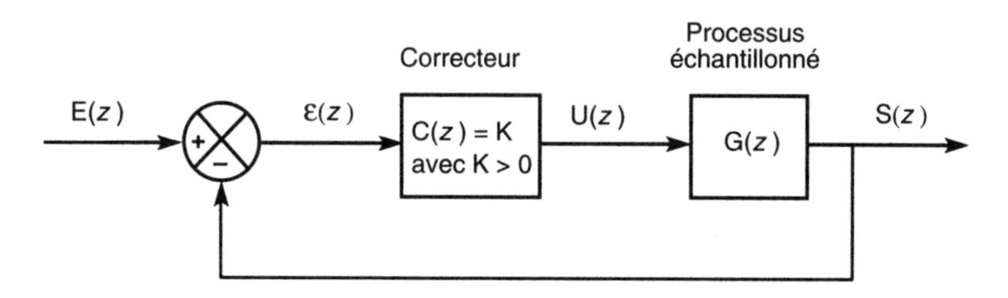

a. Exprimer la fonction de transfert en boucle fermée $H(z) = \dfrac{S(z)}{E(z)}$ et la mettre sous la forme suivante :

$$H(z) = H_0 \times \frac{1 - \alpha}{z - \alpha}$$

Déterminer les expressions de H_0 et α en fonction de K, G_0 et a.

b. Exprimer le pôle de $H(z)$ et la condition de stabilité du système en boucle fermée. En déduire l'expression de K_{MAX}, valeur de K pour laquelle le système devient instable en boucle fermée. Calculer sa valeur.

c. On règle le correcteur tel que K = 3. On identifie la fonction de transfert en boucle fermée à un premier ordre :

$$H(z) = H_0 \times \frac{1 - \alpha}{z - \alpha} = H_0 \frac{1 - e^{-T_E/\tau_{BF}}}{z - e^{-T_E/\tau_{BF}}}$$

Calculer la valeur de la constante de temps en boucle fermée, τ_{BF}, et la valeur de l'amplification statique H_0.

3) On applique à l'entrée un échelon d'amplitude unité :

$\{e_n\} = \{E\Gamma_n\}$ avec E = 1 V et on a toujours K = 3.

a. Déterminer l'expression du signal numérique de sortie $\{s_n\}$ et le représenter graphiquement.

b. En déduire l'erreur de position : $\varepsilon_\infty^0 = \lim\limits_{n \to +\infty} \varepsilon_n$.

Que peut-on en conclure quant à la précision et la stabilité ?

c. Exprimer la transformée en z de la grandeur de commande U(z) en fonction de E(z).

d. A l'aide du théorème de la valeur initiale, calculer u_0. Conclure quant à la dynamique du signal de commande.

e. Déterminer l'expression du signal numérique de commande $\{u_n\}$, le représenter graphiquement ainsi que le signal de commande analogique $u_B(t)$.

1) Soit : $B_0(p)\,G_a(p) = \dfrac{1 - e^{-T_E p}}{p} \times \dfrac{G_0}{1 + \tau p}$

La transmittance en z est donné par :

$$G(z) = (1 - z^{-1})\,Z\left[\frac{G_a(p)}{p}\right] = (1 - z^{-1})\,Z\left[\frac{G_0}{p(1 + \tau p)}\right]$$

D'après la table on obtient : $G(z) = \dfrac{z - 1}{z} \times \dfrac{G_0\,(1 - e^{-T_E/\tau})\,z}{(z - 1)\,(z - e^{-T_E/\tau})}$

d'où : $\mathbf{G(z) = G_0 \times \dfrac{1 - a}{z - a}}$ avec $a = e^{-T_E/\tau}$.

L'amplification statique de G(z) est égale à : $G(1) = G_0 = 1$.

2) a. Pour un système bouclé à retour unitaire on a :

$$H(z) = \frac{KG(z)}{1 + KG(z)} = \frac{KG_0\,(1 - a)}{z - a + KG_0\,(1 - a)}$$

$$H(z) = \frac{1 - [a - KG_0\,(1 - a)]}{z - [a - KG_0\,(1 - a)]} \times \frac{KG_0\,(1 - a)}{(1 - a) + KG_0\,(1 - a)}$$

alors : $\mathbf{H(z) = \dfrac{KG_0}{1 + KG_0} \times \dfrac{1 - [a - KG_0\,(1 - a)]}{z - [a - KG_0\,(1 - a)]}}$

avec pour l'amplification statique : $\mathbf{H_0 = \dfrac{KG_0}{1 + KG_0}}$ et $\alpha = \boldsymbol{a - KG_0\,(1 - a)}$

b. Le pôle de $H(z)$ est : $\alpha = \boldsymbol{a - KG_0\,(1 - a)}$

Condition de stabilité : $|\alpha| < 1$ soit $\boldsymbol{|a - KG_0(1 - a)| < 1}$

On en déduit : $\begin{cases} a - KG_0\,(1 - a) < 1 \\ a - KG_0\,(1 - a) > -1 \end{cases}$

d'où : $\begin{cases} K > \dfrac{-(1 - a)}{G_0\,(1 - a)} = \dfrac{-1}{G_0} \\ K < \dfrac{1 + a}{G_0\,(1 - a)} \end{cases}$

On en déduit la valeur de K_{MAX} : $\boldsymbol{K_{MAX} = \dfrac{1 + a}{G_0\,(1 - a)}}$

Pour l'A.N. on obtient : $\boldsymbol{K_{MAX} = 10}$

c. Par identification nous pouvons écrire : $\alpha = e^{-T_E/\tau_{BF}}$.

Alors : $\tau_{BF} = -\,T_E \ln \alpha = -\,T_E \ln\,[a - KG_0\,(1 - a)]$

soit : $\boldsymbol{\tau_{BF} \approx 0{,}26}$ **s** donc avec $K = 3$, la constante de temps en boucle fermée est 4 fois plus petite que la constante de temps du processus $\tau = 1$ s (même résultat qu'en analogique).

L'amplification statique est donnée par : $\boldsymbol{H(1) = H_0 = \dfrac{KG_0}{1 + KG_0} = 0{,}75}$

On obtient le même résultat que pour un asservissement analogique.

3) a. Pour une entrée échelon $S(z) = H(z)\,E(z)$ avec $E(z) = E\,\dfrac{z}{z - 1}$.

$S(z) = H_0E\,\dfrac{1 - \alpha}{z - \alpha} \times \dfrac{z}{z - 1}$.

D'après la table on obtient directement :

$\boldsymbol{s_n = H_0E\,(1 - e^{-nT_E/\tau_{BF}})}$

Pour l'A.N. : $s_n = 0{,}75\,(1 - e^{-0{,}77n})$

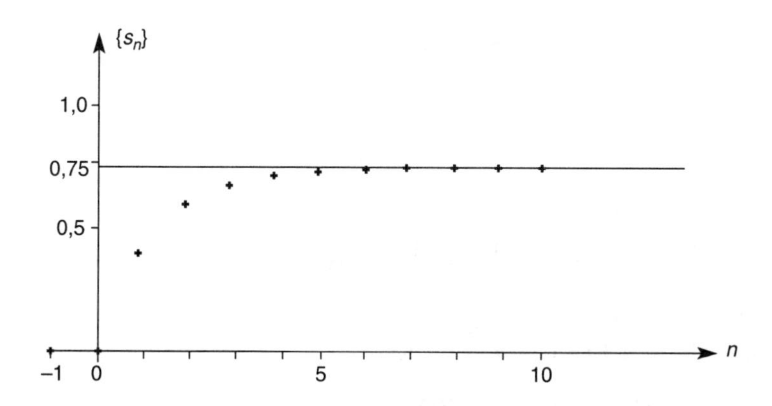

b. On a pour la sortie en régime permanent : $s_\infty = H_0E$, alors $\varepsilon_\infty^0 = e_\infty - s_\infty = E(1 - H_0)$.

Or $H_0 = \dfrac{KG_0}{1 + KG_0}$ d'où $\boldsymbol{\varepsilon_\infty^0 = \dfrac{E}{1 + KG_0} = 0{,}25\ V}$

On retrouve le même résultat qu'en analogique ainsi que le même dilemme stabilité-précision.

c. Nous avons : $U(z) = K\,\varepsilon(z) = K[E(z) - S(z)]$ et $S(z) = \dfrac{KG(z)}{1 + KG(z)}E(z)$.

$$\text{Soit : } U(z) = KE(z)\left[1 - \frac{KG(z)}{1 + KG(z)}\right] = KE(z) \times \frac{1}{1 + KG(z)}.$$

$$\text{Alors : } \mathbf{U(z) = KE(z) \times \frac{1}{1 + KG_0\left(\frac{1 - a}{z - a}\right)}}.$$

d. Pour une entrée échelon : $U(z) = KE\,\dfrac{z}{z - 1} \times \dfrac{1}{1 + KG_0\left(\dfrac{1 - a}{z - a}\right)}$.

Pour la valeur initiale nous pouvons écrire :

$$u_0 = \lim_{z \to +\infty} U(z) = \lim_{z \to +\infty}\left[KE \times \frac{z}{(z - 1) + KG_0(1 - a) \times \dfrac{z - 1}{z - A}}\right]$$

alors : $\boldsymbol{u_0 = KE}$

L'asservissement permet de diminuer le temps de réponse du système car au démarrage les actionneurs doivent fournir une "pointe" d'amplitude KE.

Donc pour rester en régime linéaire les actionneurs doivent avoir une dynamique égale à KE : même résultat qu'en analogique.

e. On a : $U(z) = KE\,\dfrac{z}{z - 1} \times \dfrac{z - a}{z - \underbrace{[a - KG_0(1 - a)]}_{\alpha}}$

$$\text{d'où : } \frac{U(z)}{z} = KE \times \frac{z - a}{(z - 1)(z - \alpha)} = KE\left[\frac{A}{z - 1} + \frac{B}{z - \alpha}\right]$$

$$\frac{U(z)}{z} = KE \times \left[\left(\frac{1 - a}{1 - \alpha}\right) \times \frac{1}{z - 1} + \left(\frac{\alpha - a}{\alpha - 1}\right) \times \frac{1}{z - \alpha}\right]$$

$$\text{Or : } \frac{1 - a}{1 - \alpha} = \frac{1 - a}{(1 - a) + KG_0(1 - a)} = \frac{1}{1 + KG_0}$$

$$\text{et } \frac{\alpha - a}{\alpha - 1} = \frac{-KG_0(1 - a)}{(a - 1) + KG_0(a - 1)} = \frac{KG_0}{1 + KG_0}$$

alors : $U(z) = \frac{KE}{1 + KG_0}\left[\frac{z}{z-1} + KG_0 \frac{z}{z-\alpha}\right]$

D'après la table on obtient :

$$\boldsymbol{u_n = \frac{KE}{1 + KG_0}\,[1 + KG_0\, e^{-nT_E/\tau_{BF}}]} \quad \text{car } \alpha = e^{-T_E/\tau_{BF}}$$

Pour l'A.N. : $u_n = 0{,}75\,(1 + 3\,e^{-0{,}77n})$

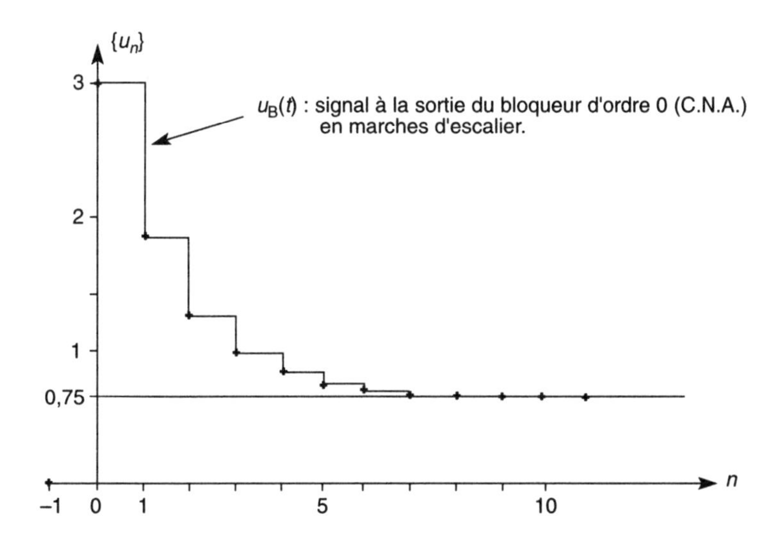

302 Asservissement numérique d'un processus du second ordre

Un processus analogique de fonction de transfert $G_a(p) = \frac{G_0}{(1 + \tau_1 p)(1 + \tau_2 p)}$ avec $\tau_1 = 10$ s, $\tau_2 = 2$ s et $G_0 = 1$, est associé à un bloqueur d'ordre zéro, $B_0(p) = \frac{1 - e^{-T_E p}}{p}$, et à un échantillonneur fonctionnant à la fréquence $F_E = \frac{1}{T_E}$ avec $T_E = 2$ s.

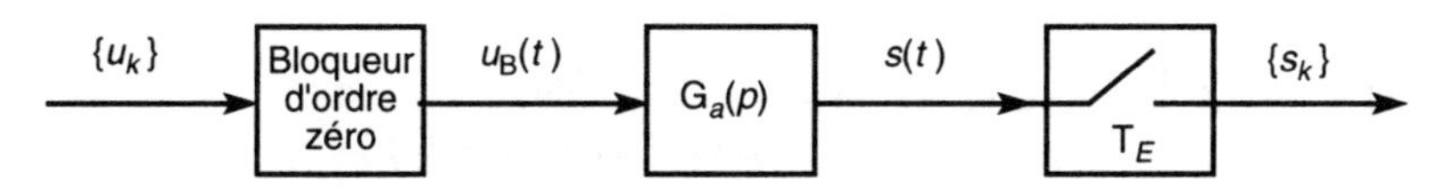

1) Calculer la tramsmittance $G(z) = \frac{S(z)}{U(z)}$ et montrer qu'elle s'exprime de la façon suivante :

$$G(z) = \frac{0{,}069\,z + 0{,}046}{z^2 - 1{,}2\,z + 0{,}30}$$

2) Le processus est inséré dans une boucle d'asservissement numérique effectuant une régulation proportionnelle. Le système est représenté par le schéma bloc suivant :

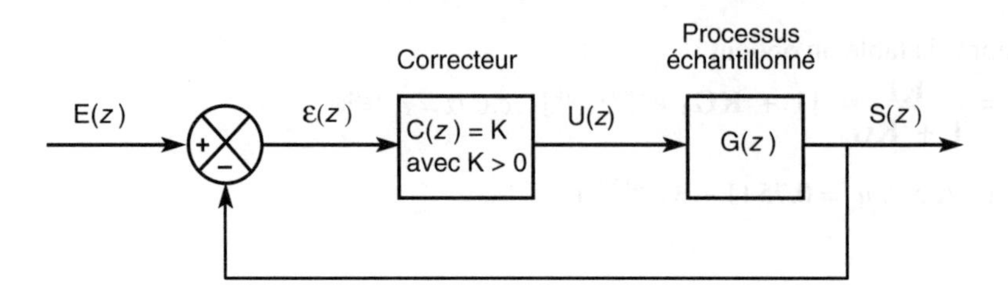

a. Calculer la fonction de transfert en boucle fermée $H(z) = \dfrac{S(z)}{E(z)}$ et la mettre sous la forme suivante :

$$H(z) = \frac{\alpha' z + \beta'}{z^2 + a'_1\, z + a'_0}$$

Exprimer les valeurs numériques des cœfficients en fonction de K.

b. A l'aide du critère de Jury, calculer la valeur maximale de K, notée K_{MAX}, pour laquelle le système devient instable en boucle fermée.

c. On règle le correcteur tel que K = 3. Calculer H(z) et montrer qu'elle s'exprime de la façon suivante :

$$H(z) = \frac{0{,}207\, z + 0{,}138}{z^2 - 0{,}993\, z + 0{,}438}$$

Calculer et justifier la valeur de l'amplification statique de H(z).

d. Identifier le dénominateur de H(z) à celui d'un second ordre échantillonné soit :

$$H(z) = \frac{N(z)}{z^2 + a'_1 z + a'_0} \qquad \text{avec} \quad \begin{cases} a'_0 = e^{-2m\omega_0 T_E} \\ a'_1 = -\,2e^{-m\omega_0 T_E} \cos\left(\omega_0 T_E \sqrt{1 - m^2}\right) \end{cases}$$

En déduire les valeurs de m et ω_0 pour le système en boucle fermée.

1) Soit $B_0(p)\, G_a(p) = \dfrac{1 - e^{-T_E p}}{p} \times \dfrac{G_0}{(1 + \tau_1 p)(1 + \tau_2 p)}$

La transmittance en z est donnée par :

$$G(z) = (1 - z^{-1})\, Z\left[\frac{G_a(p)}{p}\right] = (1 - z^{-1})\, Z\left[\frac{G_0}{p\,(1 + \tau_1 p)(1 + \tau_2 p)}\right]$$

D'après la table on obtient :

$$G(z) = G_0\, \frac{\alpha z + \beta}{(z - a_1)(z - a_2)} = G_0\, \frac{\alpha z + \beta}{z^2 - z\,(a_1 + a_2) + a_1 a_2}$$

avec $a_1 = e^{-T_E/\tau_1} = 0{,}819$ $\qquad a_2 = e^{-T_E/\tau_2} = 0{,}368$

et $\alpha = 1 + \dfrac{a_2\tau_2 - a_1\tau_1}{\tau_1 - \tau_2} = 0{,}069 \qquad \beta = a_1 a_2 + \dfrac{a_1\tau_2 - a_2\tau_1}{\tau_1 - \tau_2} = 0{,}046$

soit : $\mathbf{G}(z) = \dfrac{\mathbf{0{,}069}\ z + \mathbf{0{,}046}}{z^2 - \mathbf{1{,}2}\ z + \mathbf{0{,}30}}$

2) a. Pour un système bouclé à retour unitaire, on a :

$$\mathrm{H}(z) = \frac{\mathrm{KG}(z)}{1 + \mathrm{KG}(z)} = \frac{\mathrm{K}\ (0{,}069\ z + 0{,}046)}{z^2 - 1{,}2\ z + 0{,}30 + \mathrm{K}\ (0{,}069\ z + 0{,}046)}$$

soit : $\mathbf{H}(z)\ \dfrac{\mathbf{K}\ \ (\mathbf{0{,}069}\ z\ +\ \mathbf{0{,}046})}{z^2 + z\ \ (\mathbf{0{,}069}\ \ \mathbf{K}\ -\ \mathbf{1{,}2})\ +\ (\mathbf{0{,}30}\ +\ \mathbf{0{,}046}\ \ \mathbf{K})}$

On en déduit : $\alpha' = 0{,}069\ \mathrm{K}$ $\qquad \beta' = 0{,}046\ \mathrm{K}$

$a'_1 = 0{,}069\ \mathrm{K} - 1{,}2$ $\qquad a'_0 = 0{,}30 + 0{,}046\ \mathrm{K}$

b. Pour une transmittance $\mathrm{H}(z) = \dfrac{\mathrm{N}(z)}{\mathrm{D}(z)}$ du second ordre, le système est stable si : $\mathrm{D}(1) > 0$, $\mathrm{D}(-1) > 0$ et $|a_0| < 1$.

On obtient alors :

$$\begin{cases} \mathrm{D}(1) = 1 + 0{,}069\ \mathrm{K} - 1{,}2 + 0{,}30 + 0{,}046\ \mathrm{K} = 0{,}10 + 0{,}115\ \mathrm{K} > 0 \\ \mathrm{D}(-1) = 1 - 0{,}069\ \mathrm{K} + 1{,}2 + 0{,}30 + 0{,}046\ \mathrm{K} = 2{,}50 - 0{,}023\ \mathrm{K} > 0 \\ |0{,}30 + 0{,}046\ \mathrm{K}| < 1 \end{cases}$$

$\mathrm{K} > -\dfrac{0{,}10}{0{,}115} \approx -0{,}87$ pour $\mathrm{D}(1) > 0$

$\mathrm{K} < \dfrac{2{,}50}{0{,}023} \approx 110$ pour $\mathrm{D}(-1) > 0$

$0{,}30 + 0{,}046\ \mathrm{K} < 1$ et $0{,}30 + 0{,}046\ \mathrm{K} > -1$

$\mathrm{K} < \dfrac{0{,}70}{0{,}046} \approx 15$ et $\mathrm{K} > \dfrac{-1{,}3}{0{,}046} \approx -28$ pour $|a'_0| <$

On en déduit la valeur maximale $\mathbf{K_{MAX} \approx 15}$.

Donc le système est stable en boucle fermée lorsque l'amplification du correcteur est inférieure à 15.

c. Pour K = 3 on obtient : $\mathrm{H}(z) = \dfrac{3\ (0{,}069\ z + 0{,}046)}{z^2 + z\ (0{,}069 \times 3 - 1{,}2) + (0{,}30 + 0{,}046 \times 3)}$

soit : $\mathrm{H}(z) \approx \dfrac{0{,}207\ z + 0{,}138}{z^2 - 0{,}993 + 0{,}438}$

L'amplification statique est obtenue pour $z = 1$ soit : **H(1) ≈ 0,775.**

L'amplification statique de la chaîne directe est égal à K, le retour est unitaire alors l'amplification statique en boucle fermée est donnée par :

$$\frac{K}{1+K} = \frac{3}{4} = 0{,}75 \text{ pour } K = 3.$$

On obtient 0,775 à cause des erreurs d'arrondies dues aux coefficients de G(*z*).

d. On identifie le second ordre à celui d'un second ordre échantillonné, soit :

$$\begin{cases} e^{-2m\omega_0 T_E} = 0{,}438 \Rightarrow \omega_0 T_E = \dfrac{-1}{2m} \ln 0{,}438 \approx \dfrac{0{,}41}{m} \\ -2e^{-m\omega_0 T_E} \cos\left(\omega_0 T_E \sqrt{1-m^2}\right) = -0{,}993 \end{cases}$$

$$\cos\left(\omega_0 T_E \sqrt{1-m^2}\right) = \frac{0{,}993}{2\sqrt{0{,}438}} = 0{,}75 \Rightarrow \omega_0 T_E \sqrt{1-m^2} = 0{,}72 \text{ rad}$$

Alors : $\dfrac{\sqrt{1-m^2}}{m} = \dfrac{0{,}72}{0{,}41} \Rightarrow 1 - m^2 = 3{,}1\, m^2$ donc $\boldsymbol{m \approx 0{,}5}$

$\omega_0 = \dfrac{0{,}41}{2 \times 0{,}5}$ donc $\omega_0 \approx$ **0,4 rad/s**

303 Asservissement numérique d'un second ordre comprenant une intégration

Un processus analogique de fonction de transfert $G_a(p) = \dfrac{1}{\tau' p\,(1+\tau p)}$ avec $\tau' = 2$ s et $\tau = 1$ s, est associé à un bloqueur d'ordre zéro, $B_0(p) = \dfrac{1 - e^{-T_E p}}{p}$ et à un échantillonneur fonctionnant à la fréquence $F_E = \dfrac{1}{T_E}$ avec $T_E = 0{,}2$ s.

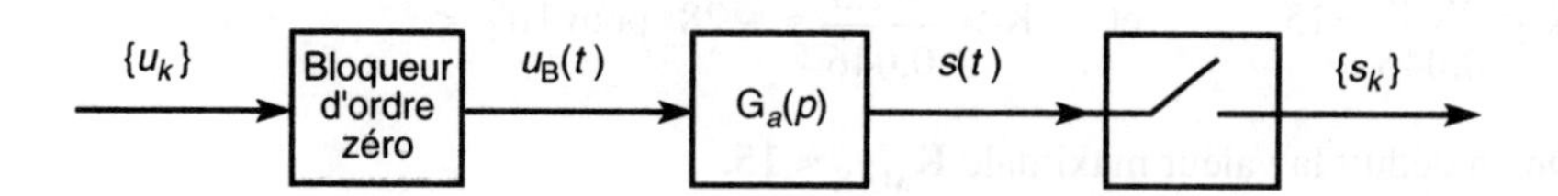

1) Déterminer l'expression de la fonction de transfert $G(z) = \dfrac{S(z)}{U(z)}$ et montrer qu'elle s'exprime de la façon suivante : $G(z) = \dfrac{\alpha z + \beta}{(z-1)(z-a)}$

Exprimer α, β et a en fonction de T_E, τ et τ'.

Calculer leurs valeurs numériques.

2) Le processus est inséré dans une boucle d'asservissement numérique effectuant une régulation proportionnelle. Le système est représenté par le schéma bloc suivant :

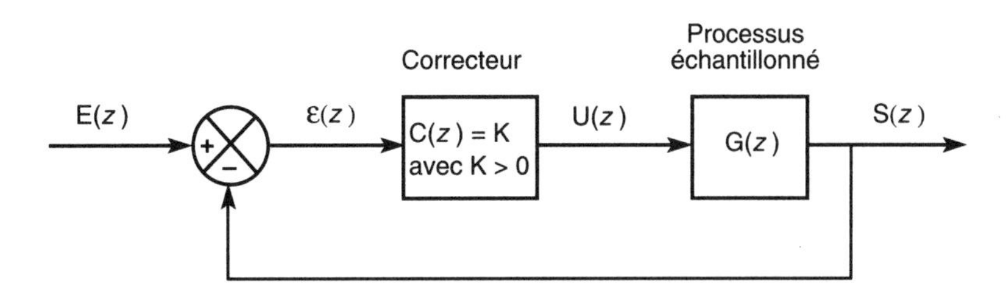

a. Calculer la fonction de transfert en boucle fermée $H(z) = \dfrac{S(z)}{E(z)}$ et la mettre sous la forme suivante :

$$H(z) = \frac{K(\alpha z + \beta)}{z^2 + a_1 z + a_0}$$

Donner les expressions des coefficients a_1 et a_0 en fonction de K, α, β et a.

b. A l'aide du critère de Jury, calculer la valeur maximale de K, notée K_{MAX}, pour laquelle le système devient instable en boucle fermée.

c. On règle le correcteur tel que K = 1. Calculer la fonction de transfert en boucle fermée, H(z), et montrer qu'elle s'exprime de la façon suivante :

$$H(z) = \frac{9{,}5 10^{-3} + 8{,}6 10^{-3}}{z^2 - 1{,}8095\, z + 0{,}8276}$$

Calculer et justifier la valeur de l'amplification statique de H(z).

d. Identifier le dénominateur de H(z) à celui d'un second ordre échantillonné soit :

$$H(z) = \frac{N(z)}{z^2 + a_1 z + a_0} \quad \text{avec} \quad \begin{cases} a_0 = e^{-2m\omega_0 T_E} \\ a_1 = -2e^{-m\omega_0 T_E} \cos\left(\omega_0 T_E \sqrt{1 - m^2}\right) \end{cases}$$

En déduire les valeurs du cœfficient d'amortissement m et de la pulsation propre ω_0.

3) On applique à l'entrée un échelon d'amplitude unité : $\{e_n\} = \{E\Gamma_n\}$ avec E = 1 V.

a. Déterminer l'erreur de position : $\varepsilon_\infty^0 = \lim\limits_{n \to +\infty} \varepsilon_n$.

b. Représenter l'allure du signal numérique de sortie $\{s_n\}$.

4) On applique à l'entrée une rampe de pente unité :

$\{e_n\} = \{d \times (nT_E)\,\Gamma_n\}$ avec d = 1 V/s.

Calculer l'erreur de traînage : $\varepsilon_\infty^1 = \lim\limits_{n \to +\infty} \varepsilon_n$.

1) Soit $B_0(p)\, G_a(p) = \dfrac{1 - e^{-T_E p}}{p} \times \dfrac{1}{\tau' p\,(1 + \tau p)}$

La transmittance en z est donnée par :

$$G(z) = (1 - z^{-1})\, Z\left[\frac{G_a(p)}{p}\right] = (1 - z^{-1})\, Z\left[\frac{1}{\tau' p^2 (1 + \tau p)}\right]$$

Or : $$\frac{1}{\tau' p^2 (1 + \tau\, p)} = \frac{1}{\tau'}\left[\frac{1}{p^2} - \frac{\tau}{p} + \frac{\tau^2}{1 + \tau p}\right]$$

Alors : $$G(z) = \frac{1 - z^{-1}}{\tau'}\left[\frac{z T_E}{(z-1)^2} - \frac{\tau\, z}{z - 1} + \frac{\tau\, z}{z - e^{-T_E/\tau}}\right]$$

On pose $e^{-T_E/\tau} = a$ d'où :

$$G(z) = \frac{(z-1)}{\tau'}\left[\frac{T_E\,(z-a) - \tau\,(z-1)\,(z-a) + \tau\,(z-1)^2}{(z-1)^2\,(z-a)}\right]$$

Tous calculs faits, on obtient :

$$\mathbf{G(z)} = \left[\frac{[T_E - \tau\,(1-a)]z + [\tau\,(1-a) - aT_E]}{\tau'\,(z-1)\,(z-a)}\right]$$

Avec : $\alpha = \dfrac{T_E}{\tau'} - \dfrac{\tau}{\tau'}\,(1-a) \qquad \beta = \dfrac{\tau}{\tau'}\,(1-a) - a\,\dfrac{T_E}{\tau'}$ et $a = e^{-\frac{T_E}{\tau}}$

A.N. $$\begin{cases} a = e^{-0{,}2} = 0{,}819 \\ \alpha = 9{,}5\ 10^{-3} \\ \beta = 8{,}6\ 10^{-3} \end{cases}$$

2) a. Pour un système bouclé à retour unitaire, on a :

$$H(z) = \frac{KG(z)}{1 + KG(z)} = \frac{K\,(\alpha z + \beta)}{(z-1)\,(z-a) + K\,(\alpha z + \beta)}$$

Alors : $$\mathbf{H(z)} = \frac{\mathbf{K\,(\alpha z + \beta)}}{z^2 + z\,(\alpha\ \mathbf{K} - 1 - a) + (a + \beta\mathbf{K})}$$

On en déduit : $a_1 = \alpha\,\mathbf{K} - 1 - a$ **et** $a_0 = a + \beta\mathbf{K}$

b. Pour une fonction de transfert en z du second ordre telle que : $H(z) = \dfrac{N(z)}{D(z)}$, d'après le critère de Jury le système est stable si : $D(1) > 0$, $D(-1) > 0$ et $|a_0| < 1$.

On obtient alors :

$$\begin{cases} D(1) = 1 + \alpha K - 1 - a + a + \beta K = (\alpha + \beta)\,K > 0 & (1) \\ D(-1) = 1 - \alpha K + 1 + a + a + \beta K = (\beta - \alpha)\,K + 2\,(1 + a) > 0 & (2) \\ |a_0| = |a + \beta K| = a + \beta K \text{ car } a, \beta, K > 0 \text{ alors } a + \beta K < 1 & (3) \end{cases}$$

La première inégalité est toujours vérifiée car α, β, $K > 0$.

La deuxième inégalité conduit à : $K < \frac{2(1+a)}{\alpha - \beta} \approx 4040.$

La troisième inégalité nous donne la condition suivante :

$$K < \frac{1-a}{\beta} \approx 21$$

Alors : $\mathbf{K_{MAX} = \frac{1-a}{\beta} \approx 21.}$

c. Pour K = 1 nous pouvons écrire :

$$H(z) = \frac{\alpha z + \beta}{z^2 + z(\alpha - 1 - a) + (a + \beta)}$$

En remplaçant par les valeurs numériques de α, β et a, on obtient l'expression demandée :

$$\mathbf{H(z) = \frac{9{,}5\,10^{-3} z + 8{,}16\,10^{-3}}{z^2 - 1{,}8095\, z + 0{,}8276}}$$

L'amplification statique est donnée par H(1) :

$$H(1) = \frac{\alpha + \beta}{1 + \alpha - 1 - a + a + \beta} = \frac{\alpha + \beta}{\alpha + \beta} \quad \text{soit} \quad \mathbf{H(1) = 1}$$

En régime statique, la sortie recopie l'entrée car il y a une intégration dans la chaîne directe.

d. En identifiant le dénominateur, on obtient :

$$\begin{cases} e^{-2m\omega_0 T_E} = 0{,}8276 \quad \text{soit} \quad m\,\omega_0 T_E = -\frac{1}{2}\ln(0{,}8276) \approx 0{,}095 & (1) \\ 2\sqrt{0{,}8276}\cos(\omega_0\sqrt{1-m^2}\,T_E) = 1{,}8095 \end{cases}$$

$$\cos(\omega_0\sqrt{1-m^2}\,T_E) = 0{,}994 \quad \text{soit} \quad \omega_0 T_E\sqrt{1-m^2} = 0{,}105 \text{ rad} \quad (2)$$

Des équations (1) et (2) on déduit : $\frac{\sqrt{1-m^2}}{m} = \frac{0{,}105}{0{,}095} = 1{,}1$

alors : $1 - m^2 = (1{,}1\,m)^2 = 1{,}2\,m^2$

$2{,}2\,m^2 = 1 \Rightarrow \mathbf{m \approx 0{,}7}$

Pour la pulsation propre on obtient : $\omega_0 = \frac{0{,}095}{m T_E}$ $\quad \omega_0 \approx \mathbf{0{,}7\ rad/s}$

3) a. A l'aide du théorème de la valeur finale nous pouvons écrire : $\varepsilon_\infty^0 = \lim_{z \to 1} (z-1)\,\varepsilon(z)$

$$\text{Or : } \varepsilon(z) = \frac{E(z)}{1 + KG(z)} = \frac{\frac{z}{z-1}}{1 + \frac{K(\alpha z + \beta)}{(z-1)(z-a)}}$$

$$\text{soit : } \varepsilon_\infty^0 = \lim_{z \to 1} \frac{z}{1 + \frac{K(\alpha z + \beta)}{(z-1)(z-a)}} \quad \text{alors} \quad \mathbf{\varepsilon_\infty^0 = 0\ V}$$

Ce résultat est prévisible car il y a une intégration dans la chaîne directe.

b. On obtient la réponse à un échelon d'un second ordre de cœfficient d'amortissement $m \approx 0{,}7$ et de pulsation propre $\omega_0 \approx 0{,}7$ rad/s :

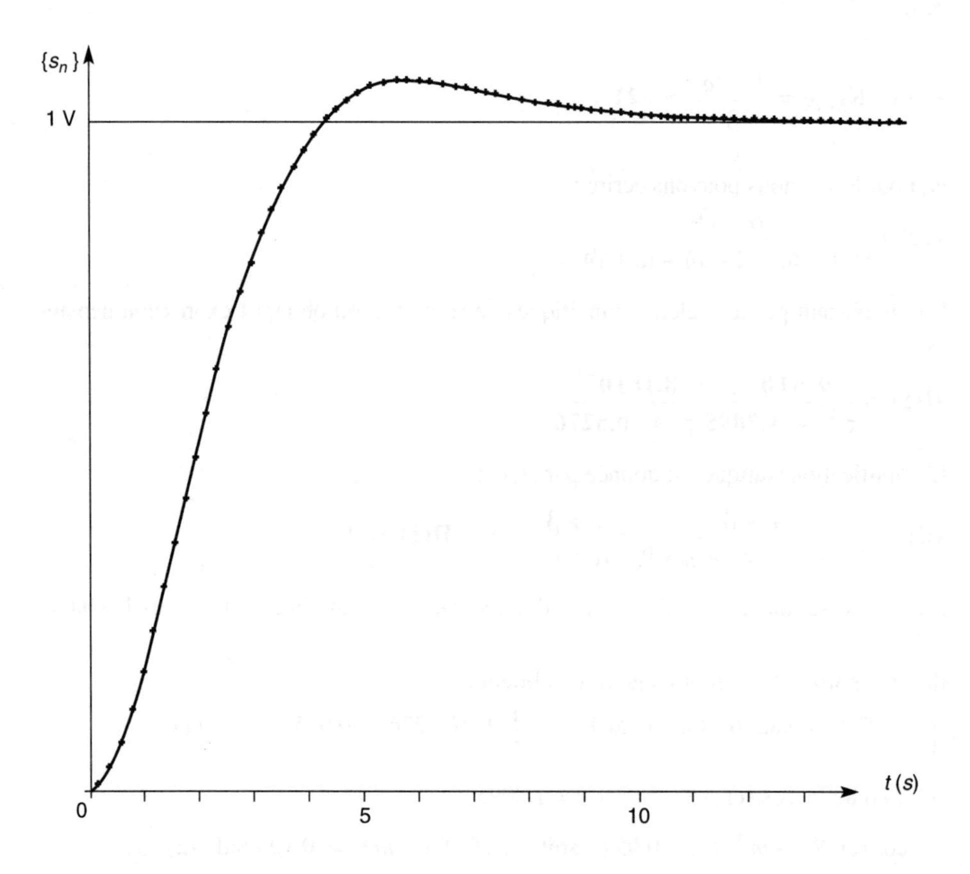

4) Pour une entrée rampe, avec d = 1 V/s, nous avons : $E(z) = \dfrac{dzT_E}{(z-1)^2}$ alors l'erreur est donnée par :

$$\varepsilon(z) = \frac{\dfrac{dzT_E}{(z-1)^2}}{1 + \dfrac{K(\alpha z + \beta)}{(z-1)\,(z-a)}} = \frac{E(z)}{1 + KG(z)}$$

$$\text{soit} = \varepsilon_\infty^1 = \lim_{z \to 1} (z-1)\,\varepsilon(z) = \lim_{z \to 1} \left[\frac{dzT_E}{(z-1) + K\dfrac{(\alpha z + \beta)}{z-a}} \right]$$

$$\varepsilon_\infty^1 = \frac{d T_E}{K \dfrac{\alpha + \beta}{1 - a}} \quad \text{or } \alpha + \beta = (1 - a)\,\frac{T_E}{\tau'}$$

d'où : $\varepsilon_\infty^1 = \mathbf{d}\,\dfrac{\tau'}{\mathbf{K}}$ A.N. $\tau' = 2$ s $\varepsilon_\infty^1 = \mathbf{2\ V}$
$K = 1$
$d = 1$ V/s

304 Régulateur P.I. et P.I.D. numériques

Un régulateur numérique est un algorithme de calcul implanté dans un calculateur numérique :

– le temps est discret : T_E est la période d'échantillonnage

– aux signaux analogiques $v_E(t)$ et $v_s(t)$ correspondent aux signaux numériques $v_E(kT_E)$ et $v_s(kT_E)$ notés $v_E(k)$ et $v_s(k)$.

On suppose le temps de calcul négligeable devant T_E.

1) Régulateur P.I.

a. Action intégrale

Soit $v_i(t) = \dfrac{1}{\tau_i}\displaystyle\int_0^t v_E(x)\,dx$: intégrateur analogique.

Pour réaliser un intégrateur numérique, on choisit d'utiliser la méthode des trapèzes.

Rappel : aire du trapèze

$\mathcal{A} = \dfrac{1}{2}(a + b)\,h$

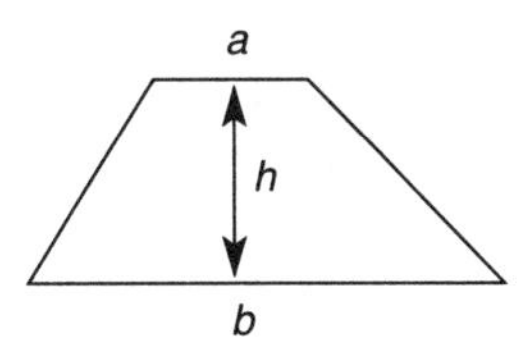

L'aire de la surface comprise entre la courbe $v_E(t)$ et l'axe des abscisses est approximée par la somme de l'aire des trapèzes dont un trapèze élémentaire est représenté sur la figure ci-dessous.

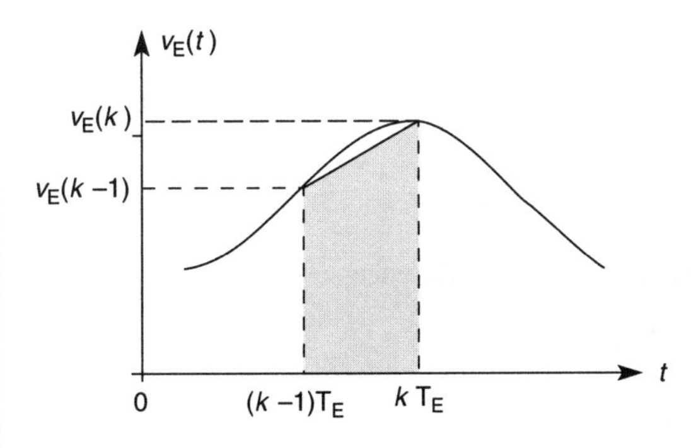

On appelle $v_i(k\text{TE})$, notée $v_i(k)$, la sortie de l'intégrateur numérique à l'instant kT_E.

Montrer que l'équation aux différences de cette intégrateur numérique est donnée par :

$$v_i(k) = v_i(k-1) + \frac{T_E}{2\tau_i}\,[v_E(k) + v_E(k-1)]$$

b. En déduire la transmittance $C_i(z) = \dfrac{V_i(z)}{V_E(z)}$.

c. Le régulateur numérique de type P.I. est obtenu en associant les actions P. et I. soit : $C(z) = K\,[1 + C_i(z)] = \dfrac{V_s(z)}{V_E(z)}$.

Mettre C(z) sous la forme suivante : $C(z) = \dfrac{c_1 z + c_0}{z - 1}$.

Exprimer c_0 et c_1 en fonction de K, T_E et τ_i.

d. En déduire l'algorithme de calcul donnant $v_s(k)$.

2) Régulateur P.I.D.

a. Action dérivée

Soit $v_d(t) = \tau_d \dfrac{dv_E(t)}{dt}$: dérivateur analogique

Pour réaliser un dérivateur analogique on assimile la dérivée à :

$$\frac{dv_E(t)}{dt} \to \frac{\Delta v_E(t)}{\Delta t} \quad \text{avec} \quad \begin{cases} \Delta t = T_E \\ \Delta v_E = v_E(k) - v_E(k-1) \end{cases}$$

Montrer que l'équation aux différences du dérivateur numérique est donnée par :

$$v_d(k) = \frac{\tau_d}{T_E}\,[v_E(k) - v_E(k-1)]$$

b. En déduire la transmittance $C_d(z) = \dfrac{V_d(z)}{V_E(z)}$.

c. Le régulateur numérique de type P.I.D. est obtenu en associant les actions P., I., et D. soit :

$$C(z) = K\,[1 + C_i(z) + C_d(z)] = \frac{V_s(z)}{V_E(z)}.$$

Mettre C(z) sous la forme suivante : $C(z) = \dfrac{c_2 z^2 + c_1 z + c_0}{z\,(z-1)}$.

Exprimer c_0, c_1 et c_2 en fonction de K, T_E, τ_i et τ_d.

d. En déduire l'algorithme de calcul donnant $v_s(k)$.

1) a. On appelle $\mathcal{A}_k$ la surface hachurée alors : $\mathcal{A}_k = \dfrac{1}{2}\,[v_E(k) + v_E(k-1)]\,T_E$

Or : $v_i(k) = v_i(k-1) + \tau_i\,\mathcal{A}_k$

D'où : $\boldsymbol{v_i(k) = v_i(k-1) + \dfrac{\tau_i}{2T_E}\,[v_E(k) + v_E(k-1)]}$.

b. On prend la transformée en z de l'équation aux différences :

$$V_i(z) = z^{-1}\,V_i(z) + \frac{\tau_i}{2T_E}\,[V_E(z) + z^{-1}\,V_E(z)]$$

$$V_i(z)\,(1 - z^{-1}) = \frac{\tau_i}{2T_E}\,V_E(z)\,(1 + z^{-1})$$

Soit : $\boldsymbol{C_i(z) = \dfrac{V_i(z)}{V_E(z)} = \dfrac{\tau_i}{2T_E} \times \dfrac{z+1}{z-1}}$

c. $C(z) = K\left[1 + \left(\frac{\tau_i}{2T_E}\right) \times \frac{z+1}{z-1}\right]$ on pose $\frac{\tau_i}{2T_E} = a$:

$$C(z) = K\,\frac{z - 1 + a(z+1)}{z-1} = \frac{K\,(a+1)\,z + K\,(a-1)}{z-1} = \frac{c_1 z + c_0}{z-1}$$

Alors : $\boldsymbol{c_0 = K\left(\frac{\tau_i}{2T_E} - 1\right)}$ **et** $\boldsymbol{c_1 = K\left(\frac{\tau_i}{2T_E} + 1\right)}$

d. On peut écrire : $V_s(z) = \frac{c_1 + c_0\,z^{-1}}{1 - z^{-1}}\,V_E(z)$

$V_s(z)\,(1 - z^{-1}) = c_1 V_E(z) + c_0\,z^{-1}\,V_E(z)$

D'où : $\boldsymbol{v_s(k) = v_s(k-1) + c_1\,v_E(k) + c_0\,v_E(k-1)}$

2) a. On a : $v_d(k) = \tau_d\,\frac{\Delta v_E}{\Delta t}$ soit : $\boldsymbol{v_d(k) = \frac{\tau_d}{T_E}\,[v_E(k) - v_E(k-1)]}$

b. On prend la transformée en z de l'équation aux différences :

$V_d(z) = \frac{\tau_d}{T_E}\,[V_E(z) - z^{-1}\,V_E(z)]$

D'où : $\boldsymbol{C_d(z) = \frac{V_d(z)}{V_E(z)} = \frac{\tau_d}{T_E} \times \frac{z-1}{z}}$

c. $C(z) = K\left[1 + a\,\frac{z+1}{z-1} + b\,\frac{z-1}{z}\right]$ avec $a = \frac{\tau_i}{2T_E}$ et $b = \frac{\tau_d}{T_E}$.

$$C(z) = K\,\frac{z\,(z-1) + az\,(z+1) + b\,(z-1)^2}{z\,(z-1)}$$

$$C(z) = K\,\frac{z^2\,(1 + a + b) + z\,(a - 2b - 1) + b}{z\,(z-1)} = \frac{c_2\,z^2 + c_1\,z + c_0}{z\,(z-1)}$$

Alors : $\boldsymbol{c_2 = K\left(1 + \frac{\tau_i}{2T_E} + \frac{\tau_d}{T_E}\right)}$ $\boldsymbol{c_1 = K\left(\frac{\tau_i}{2T_E} - \frac{2\tau_d}{T_E} - 1\right)}$ $\boldsymbol{c_0 = K\,\frac{\tau_d}{T_E}}$

d. On peut écrire $V_s(z) = \frac{c_2 + c_1 z^{-1} + c_0 z^{-2}}{1 - z^{-1}}\,V_E(z)$

$V_s(z)\,(1 - z^{-1}) = c_2\,V_E(z) + c_1\,z^{-1}\,V_E(z) + c_0\,z^{-2}\,V_E(z)$

D'où : $\boldsymbol{v_s(k) = v_s(k-1) + c_2\,v_E(k) + c_1\,v_E(k-1) + c_0\,v_E(k-2)}$

305 Correction P.I. d'un système du premier ordre

On considère un processus du premier ordre échantillonné inséré dans une boucle d'asservissement numérique. Le correcteur est du type Proportionnel et Intégral.

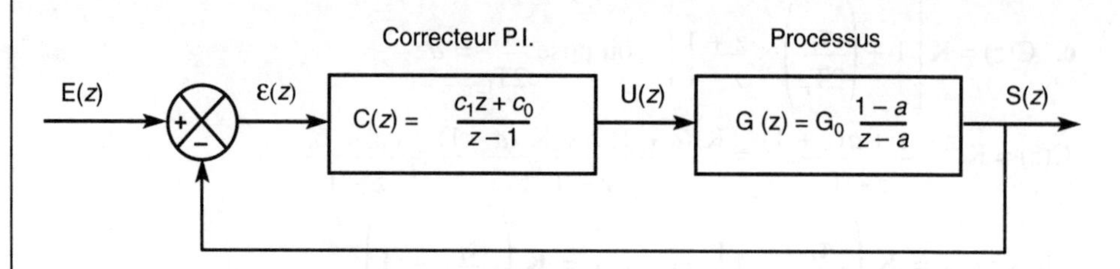

Pour le processus échantillonné, nous avons :

$G_0 = 1 \quad a = e^{-T_E/\tau}$ avec $\begin{cases} T_E = 0{,}2 \text{ s : période d'échantillonnage} \\ \tau = 1 \text{ s : constante de temps du processus} \end{cases}$

1) Réglage des paramètres c_0 et c_1 du correcteur P.I.

a. Déterminer la condition liant c_0, c_1 et a pour que le correcteur P.I. compense le pôle $z = a$ de G(z).

b. Exprimer la fonction de transfert en boucle fermée $H(z) = \frac{S(z)}{E(z)}$ et la mettre sous la forme suivante :

$$H(z) = \frac{1-\alpha}{z-\alpha}$$

Donner l'expression de α en fonction G_0, c_1 et a.

c. On identifie H(z) à un processus analogique du premier ordre associé à un bloqueur d'ordre 0, soit :

$$H(z) = \frac{1 - e^{-T_E/\tau_{BF}}}{z - e^{-T_E/\tau_{BF}}}$$

On souhaite obtenir un système deux fois plus rapide en boucle fermée qu'en boucle ouverte.

Pour obtenir $\tau_{BF} = \frac{\tau}{2}$, montrer qu'il faut régler le paramètre c_1 tel que : $c_1 = \frac{1+a}{G_0}$.

Calculer les valeurs numériques de c_0 et c_1.

d. Ecrire l'équation aux différences qui donne la loi de commande :

$u_k = f(u_{k-1}, e_k, e_{k-1}, s_k, s_{k-1})$.

On garde les réglages de c_0 et c_1 dans la suite du problème.

2) On applique à l'entrée un échelon d'amplitude unité : $\{e_n\} = \{E\Gamma_n\}$ avec E = 1 V.

a. Calculer l'erreur de position : $\varepsilon_\infty^0 = \lim_{n \to +\infty} \varepsilon_n$.

b. Déterminer l'expression du signal numérique de sortie $\{s_n\}$ et le représenter graphiquement.

c. Exprimer la transformée en z de la grandeur de commande U(z) en fonction de E(z).

d. A l'aide du théorème de la valeur initiale, calculer u_0. Conclure quant à la dynamique du signal de commande.

3) On applique à l'entrée une rampe de pente unité :

$\{e_n\} = \{d \times (nT_E)\,\Gamma_n\}$ avec d = 1 V/s.

Calculer l'erreur de traînage : $\varepsilon_\infty^1 = \lim\limits_{n \to +\infty} \varepsilon_n$.

4) On suppose que l'amplification statique, G_0, du processus analogique est divisée par deux, soit : $G_0 = 0{,}5$.

a. Calculer à nouveau les valeurs de l'erreur de position et de traînage.

b. Calculer la valeur de la grandeur de commande en régime permanent, u_∞, lorsque l'entrée est une séquence échelon d'amplitude unité.

1) a. On obtient pour la transmittance de boucle :

$$C(z)\,G(z) = \frac{c_1\left(z + \frac{c_0}{c_1}\right)}{z-1} \times G_0\,\frac{1-a}{z-a}$$

Le correcteur compense le pôle de G(z) si : $\boldsymbol{\frac{c_0}{c_1} = -a}$

Alors on a : $C(z)\,G(z) = \frac{G_0\,c_1\,(1-a)}{z-1}$

b. La fonction de transfert en boucle fermée est donnée par :

$$H(z) = \frac{C(z)\,G(z)}{1 + C(z)\,G(z)} = \frac{G_0c_1\,(1-a)}{G_0c_1\,(1-a) + z - 1}$$

Soit : $$\mathbf{H}(z) = \frac{\mathbf{1 - [1 - G_0}c_1\,\mathbf{(1 - }a\mathbf{)]}}{z\mathbf{ - [1 - G_0}c_1\,\mathbf{(1 - }a\mathbf{)]}}$$

alors : $\alpha = \mathbf{1 - G_0}\,c_1\mathbf{(1 -} a\mathbf{)}$

c. En identifiant nous pouvons écrire :

$e^{-T_E/\tau_{BF}} = \alpha = 1 - G_0c_1\,(1-a)$ avec $a = e^{-T_E/\tau}$

$$\text{Alors : } c_1 = \frac{1 - e^{-T_E/\tau_{BF}}}{G_0\,(1-a)} = \frac{1 - e^{-2T_E/\tau}}{G_0\,(1-a)} = \frac{1-a^2}{G_0\,(1-a)} = \frac{(1-a)\,(1+a)}{G_0\,(1-a)}$$

soit : $$c_1 = \frac{\mathbf{1} + a}{\mathbf{G_0}}$$

A.N. $a = e^{-0{,}2} = 0{,}82$ donc : $c_1 = \mathbf{1{,}8}$ **et** $c_0 = \mathbf{-\,1{,}5}$

d. Pour obtenir la loi de commande nous pouvons écrire :

$U(z) = C(z)\,\varepsilon(z) = C(z)\,[E(z) - S(z)]$

$$U(z) = \frac{c_1 + c_0\,z^{-1}}{1 - z^{-1}}\,[E(z) - S(z)]$$

$U(z)\,(1 - z^{-1}) = c_1\,[E(z) - S(z)] + c_0\,[z^{-1}\,E(z) - z^{-1}\,S(z)]$

$U(z) = z^{-1}\,U(z) + c_1\,[E(z) - S(z)] + c_0\,[z^{-1}\,E(z) - z^{-1}\,S(z)]$

On revient dans le domaine temporel, d'où :

$u_k = u_{k-1} + c_1\,(e_k - s_k) + c_0\,(e_{k-1} - s_{k-1})$

$\boldsymbol{u_k = u_{k-1} + 1{,}8\,(e_k - s_k) - 1{,}5\,(e_{k-1} - s_{k-1})}$

2) a. Montrons que l'erreur de position est nulle car il y a une intégration dans la chaîne directe.

$\varepsilon_\infty^0 = \lim_{z \to 1} (z - 1)\,\varepsilon(z)$ avec $\varepsilon(z) = \dfrac{E(z)}{1 + C(z)\,G(z)}$

$$\varepsilon_\infty^0 = \lim_{z \to 1} \left[\frac{Ez}{1 + \dfrac{G_0 c_1 (1 - a)}{z - 1}} \right]$$ donc : $\boldsymbol{\varepsilon_\infty^0 = 0.}$

b. On peut écrire pour le signal de sortie $S(z) = H(z)\,E(z)$.

$S(z) = \dfrac{1 - \alpha}{z - \alpha} \times E\,\dfrac{z}{z - 1}$ avec $\alpha = e^{-\frac{T_E}{\tau_{BF}}}$

D'après la table on obtient : $\boldsymbol{s_n = E[1 - e^{-nT_E/\tau_{BF}}]}$

On a : E = 1 V $\qquad T_E = 0{,}2$ s et $\tau_{BF} = \dfrac{\tau}{2} = 0{,}5$ s

$s_n = 1 - e^{-0{,}4n}$

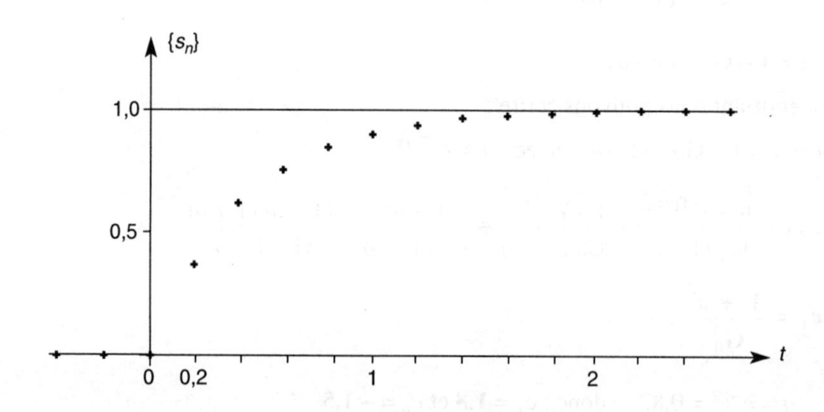

c Nous avons : $U(z) = C(z)\,\varepsilon(z) = C(z)\,[E(z) - S(z)]$

$$U(z) = C(z)\,E(z)\,[1 - H(z)] = C(z)\,E(z) \left[1 - \frac{1 - \alpha}{z - \alpha} \right]$$

$$U(z) = E(z)\,C(z) \times \frac{z-1}{z-\alpha} = E(z) \times \frac{c_1 z + c_0}{z-1} \times \frac{z-1}{z-\alpha}$$

Soit : $\mathbf{U(z) = E(z) \times \dfrac{c_1 z + c_0}{z - \alpha}}$

d. D'après le théorème de la valeur initiale nous pouvons écrire :

$u_0 = \lim\limits_{z \to +\infty} U(z)$ avec $E(z) = E \dfrac{z}{z-1}$.

D'où : $u_0 = \lim\limits_{z \to +\infty} \left[\dfrac{E\,z}{z-1} \times \dfrac{c_1 z + c_0}{z-\alpha} \right]$

Alors : $\boldsymbol{u_0 = c_1 E = 1{,}8\,V}$

Pour rester en régime linéaire, lorsque l'entrée est un échelon d'amplitude E, l'organe de commande doit avoir une dynamique égale à c_1 E.

3) L'entrée est une rampe de pente d = 1 V/s alors :

$E(z) = d \dfrac{zT_E}{(z-1)^2}$.

D'autre part : $\varepsilon(z) = \dfrac{E(z)}{1 + C(z)\,G(z)}$

$$\varepsilon(z) = \frac{E(z)}{1 + \dfrac{G_0\, c_1\,(1-a)}{z-1}} = d\,\frac{zT_E}{z-1} \times \frac{1}{z - 1 + G_0\, c_1\,(1-a)}$$

Alors : $\varepsilon^1_\infty = \lim\limits_{z \to 1} (z-1)\,\varepsilon(z) = \dfrac{dT_E}{G_0 c_1\,(1-a)}$ or $1 - a = 1 + \dfrac{c_0}{c_1}$

D'où : $\boldsymbol{\varepsilon^1_\infty = \dfrac{dT_E}{G_0(c_0 + c_1)} \approx 0{,}67\ V}$

4) a. L'amplification statique du processus analogique est divisée par 2 :

– erreur de position : $\varepsilon^0_\infty = 0$ V car il y a une intégration dans la chaîne directe.

– erreur de traînage : $\varepsilon^1_\infty \approx 1{,}34$ V car elle est inversement proportionnelle à G_0.

Donc en régime statique, la sortie recopie l'entrée grâce au correcteur P.I.

b. Nous avons : $U(z) = E(z) \times \dfrac{c_1 z + c_0}{z - \alpha}$ avec $E(z) = E \dfrac{z}{z-1}$

Alors : $u_\infty = \lim\limits_{z \to 1} (z-1)\,U(z) = E \dfrac{c_1 + c_0}{1 - \alpha} = E \dfrac{c_1 + c_0}{G_0 c_1 (1-a)}$

Or : $1 - a = 1 + \dfrac{c_0}{c_1}$ donc $\boldsymbol{u_\infty = \dfrac{E}{G_0} = 2\ V}$

Pour obtenir $s_\infty = \mathrm{E} = 1$ V en sortie alors que $\mathrm{G}_0 = \frac{1}{2}$, il faut que l'actionneur puisse fournir une tension de 2 V.

306 Correction P.I.D. d'un système du second ordre

Un processus analogique de fonction de transfert :

$\mathrm{G}_a(p) = \dfrac{\mathrm{G}_0}{(1 + \tau_1 p)(1 + \tau_2 p)}$, avec $\tau_1 = 2$ s, $\tau_2 = 1$ s et $\mathrm{G}_0 = 1$, est associé à un bloqueur d'ordre zéro, $\mathrm{B}_0(p) = \dfrac{1 - e^{-\mathrm{T_E}p}}{p}$, et à un échantillonneur fonctionnant à la fréquence $\mathrm{F_E} = \dfrac{1}{\mathrm{T_E}}$ avec $\mathrm{T_E} = 1$ s.

1) Calculer la transmittance G(z) associée à $\mathrm{B}_0(p)\ \mathrm{G}_a(p)$ et montrer qu'elle s'exprime de la façon suivante :

$$\mathrm{G}(z) \approx \frac{0{,}15\, z + 0{,}095}{(z - 0{,}61)(z - 0{,}37)}$$

2) Le processus est inséré dans une boucle d'asservissement numérique effectuant une régulation P.I.D.

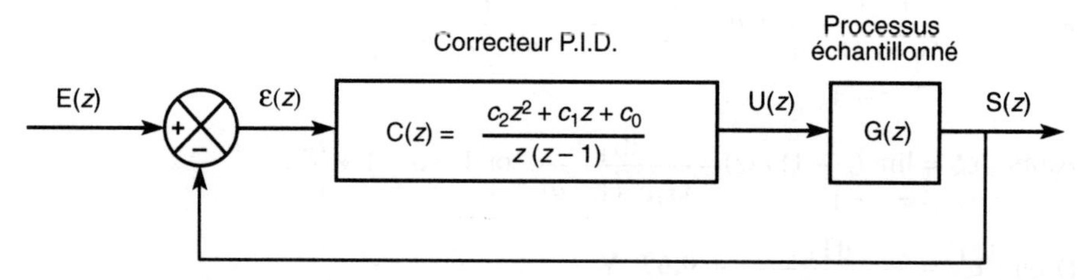

a. Déterminer les relations liant c_0, c_1 et c_2 pour que le correcteur P.I.D. compense les pôles de G(z).

b. Exprimer la fonction de transfert en boucle fermée $\mathrm{H}(z) = \dfrac{\mathrm{S}(z)}{\mathrm{E}(z)}$ en fonction du paramètre c_2.

c. Calculer la valeur de l'amplification statique de H(z) : conclusion.

d. On règle le paramètre c_2 tel que $c_2 = 2$.

Identifier le dénominateur de H(z) à celui d'un second ordre échantillonné soit

$$\mathrm{H}(z) = \frac{\mathrm{N}(z)}{z^2 + a_1 z + a_0} \quad \text{avec} \quad \begin{cases} a_0 = e^{-2m\omega_0\mathrm{T_E}} \\ a_1 = -2e^{-m\omega_0\mathrm{T_E}} \cos\left(\omega_0 \mathrm{T_E}\sqrt{1 - m^2}\right) \end{cases}$$

En déduire les valeurs de m et ω_0.

e. En déduire les valeurs de réglage des paramètres c_0 et c_1.

Exprimer l'algorithme de calcul donnant la loi de commande : $u_n = f(e_{n-i}, s_{n-i}, u_{n-i})$.

1) Soit $B_0(p)\,G_a(p) = \dfrac{1 - e^{-T_E p}}{p} \times \dfrac{G_0}{(1 + \tau_1 p)(1 + \tau_2 p)}$

La transmittance en z est donnée par :

$$G(z) = (1 - z^{-1})\,Z\left[\frac{G_a(p)}{p}\right] = (1 - z^{-1})\,Z\left[\frac{G_0}{p(1 + \tau_1 p)(1 + \tau_2 p)}\right]$$

D'après la table on obtient :

$$G(z) = G_0\left[1 + \frac{\tau_1\tau_2}{\tau_1 - \tau_2}\left(\frac{-1}{\tau_2} \times \frac{z - 1}{z - \alpha_1} + \frac{1}{\tau_1} \times \frac{z - 1}{z - \alpha_2}\right)\right]$$

avec $\alpha_1 = e^{-T_E/\tau_1}$ et $\alpha_2 = e^{-T_E/\tau_2}$

Après réduction au même dénominateur, nous pouvons écrire :

$$G(z) = G_0\,\frac{z\left(1 + \dfrac{\alpha_2\tau_2 - \alpha_1\tau_1}{\tau_1 - \tau_2}\right) + \left(\alpha_1\alpha_2 + \dfrac{\alpha_1\tau_2 - \alpha_2\tau_1}{\tau_1 - \tau_2}\right)}{(z - \alpha_1)(z - \alpha_2)}$$

Avec les valeurs numériques nous avons :

$\alpha_1 = e^{-0,5} \approx 0,61$ et $\alpha_2 = e^{-1} \approx 0,37$

Alors : $\mathbf{G(z) \approx \dfrac{0,15\,z + 0,095}{(z - 0,61)(z - 0,37)}}$

2) a. Pour que le correcteur P.I.D. compense les pôles de $G(z)$ il faut avoir :

$$z^2 + \frac{c_1}{c_2}z + \frac{c_0}{c_2} = z^2 - 0,98\,z + 0,23 = (z - 0,61)(z - 0,37)$$

soit $\boldsymbol{c_1 = -\,0,98\,c_2}$ **et** $\boldsymbol{c_0 = 0,23\,c_2}$

b. Nous avons : $H(z) = \dfrac{C(z)\,G(z)}{1 + C(z)\,G(z)}$ avec $C(z)\,G(z) = \dfrac{c_2\,(0,15\,z + 0,095)}{z\,(z - 1)}$

D'où : $\mathbf{H(z) = \dfrac{c_2\,(0,15\,z + 0,095)}{z^2 + z\,(0,15\,c_2 - 1) + 0,095\,c_2}}$

c. L'amplification statique est donnée par : $H(1) = 1$.

En régime statique la sortie recopie l'entrée, ceci était prévisible car il y a une intégration dans la chaîne directe apportée par le régulateur P.I.D. (terme en $(z - 1)$ au dénominateur de $C(z)$).

d. On règle $c_2 = 2$ alors : $H(z) = \dfrac{0,3\,z + 0,19}{z^2 - 0,7\,z + 0,19}$

On identifie le dénominateur à celui d'un second ordre échantillonné soit :

$$\begin{cases} e^{-2m\omega_0 T_E} = 0{,}19 \Rightarrow \omega_0 T_E = \dfrac{-1}{2\,m} \ln 0{,}19 \approx \dfrac{0{,}83}{m} \\ -2e^{-m\omega_0 T_E} \cos(\omega_0 T_E \sqrt{1-m^2}) = -0{,}7 \end{cases}$$

$$\cos(\omega_0 T_E \sqrt{1-m^2}) = \frac{0{,}7}{2\sqrt{0{,}19}} = 0{,}8 \Rightarrow \omega_0 T_E \sqrt{1-m^2} = 0{,}64 \text{ rad}$$

Alors : $\dfrac{\sqrt{1-m^2}}{m} = \dfrac{0{,}64}{0{,}83} \Rightarrow 1 - m^2 = 0{,}6\, m^2$ donc $\boldsymbol{m \approx 0{,}8}$

$\omega_0 = \dfrac{0{,}83}{0{,}8}$ donc $\boldsymbol{\omega_0 \approx 1}$ **rad/s**

e. On obtient : $\boldsymbol{c_0 = 0{,}46}$ **et** $\boldsymbol{c_1 \approx -2}$

D'autre part : $U(z) = C(z)\,\varepsilon(z) = C(z)\,[E(z) - S(z)]$

$$U(z) = \frac{c_2 z^2 + c_1 z + c_0}{z\,(z-1)}\,[E(z) - S(z)]$$

$$U(z) = \frac{c_2 + c_1 z^{-1} + c_0 z^{-2}}{1 - z^{-1}}\,[E(z) - S(z)]$$

$$U(z) - z^{-1}U(z) = c_2\,[E(z) - S(z)] + c_1\,[z^{-1}E(z) - z^{-1}S(z)] + c_0\,[z^{-2}E(z) - z^{-2}S(z)]$$

En repassant dans le domaine temporel, on obtient :

$$u_n = u_{n-1} + c_2\,(e_n - s_n) + c_1\,(e_{n-1} - s_{n-1}) + c_0\,(e_{n-2} - s_{n-2})$$

alors : $u_n = u_{n-1} + 2\,(e_n - s_n) - 2(e_{n-1} - s_{n-1}) + 0{,}46\,(e_{n-2} - s_{n-2})$

307 Asservissement numérique d'un processus comportant un retard

Un processus analogique de fonction de transfert :

$$G_a(p) = \frac{G_0\, e^{-Tp}}{1 + \tau p} \quad \text{avec } \tau = 5 \text{ s, } T = 1 \text{ s et } G_0 = 1$$

est associé à un bloqueur d'ordre zéro, $B_0(p) = \dfrac{1 - e^{-T_E p}}{p}$, et à un échantillonneur fonctionnant à la fréquence $F_E = \dfrac{1}{T_E}$ avec $T_E = T = 1$ s.

1) Déterminer l'expression de la fonction de transfert $G(z)$ associé à $B_0(p)\,Ga(p)$. On posera $a = e^{-T_E/\tau}$.

2) Le processus est inséré dans une boucle d'asservissement numérique effectuant une régulation proportionnelle.

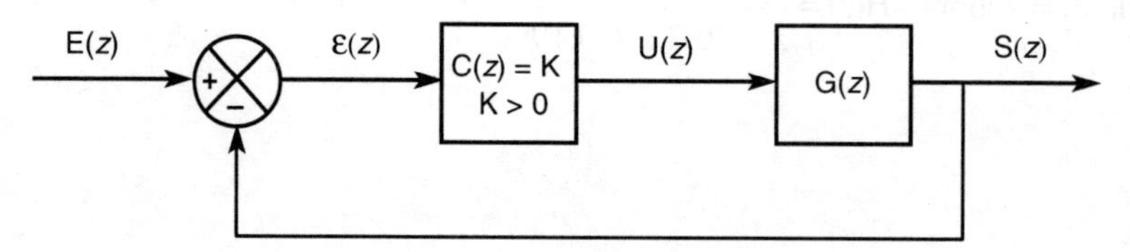

2) a. Exprimer la fonction de transfert en boucle fermée $H(z) = \frac{S(z)}{E(z)}$ et la mettre sous la forme suivante :

$$H(z) = \frac{\alpha}{z^2 + a_1 z + a_0}$$

Déterminer les expressions de a_1, a_0 et α en fonction de K, G_0 et a.

b. A l'aide du critère de Jury, calculer la valeur maximale de K, notée K_{MAX}, pour laquelle le système devient instable en boucle fermée.

c. On règle le correcteur tel que K = 2. Calculer et justifier la valeur de l'amplification statique de $H(z)$.

d. On applique à l'entrée un échelon d'amplitude unité :

$\{e_n\} = \{E\Gamma_n\}$ avec E = 1 V et on a toujours K = 2.

Déterminer l'erreur de position : $\varepsilon_\infty^0 = \lim_{n \to +\infty} \varepsilon_n$.

3) Pour améliorer la précision de l'asservissement, on remplace le correcteur proportionnel par un correcteur de type P.I. soit : $C(z) = \frac{c_1 z + c_0}{z - 1}$.

a. Déterminer la relation liant c_1, c_0 et a pour que le correcteur P.I. compense le pôle non nul de $G(z)$.

b. Exprimer la fonction de transfert en boucle fermée $H(z) = \frac{S(z)}{E(z)}$ en fonction de a, G_0 et c_1.

c. Calculer la valeur de l'amplification statique de $H(z)$ ainsi que l'erreur de position ε_∞^0.

d. A l'aide du critère de Jury, calculer la valeur de c_1, notée c_1^{MAX}, pour laquelle le système devient instable en boucle fermée.

c. On règle le paramètre c_1 tel que $c_1 = 1$.

En déduire la valeur du réglage de c_0. Exprimer l'algorithme de calcul donnant la loi de commande : $u_n = f(e_{n-i}, s_{n-i}, u_{n-i})$.

1) Soit : $B_0(p)\, G_a(p) = \frac{1 - e^{-T_E p}}{p} \times \frac{G_0\, e^{-T p}}{1 + \tau p}$ avec $T = T_E$.

La transmittance en z est donné par :

$$G(z) = (1 - z^{-1})\, z^{-1}\, Z\left[\frac{G_0}{p\,(1 + \tau p)}\right]$$

D'après la table on obtient : $G(z) = \frac{z - 1}{z^2} \times \frac{G_0\,(1 - a)\, z}{(z - 1)\,(z - a)}$ avec $a = e^{-T_E/\tau}$.

D'où : $\mathbf{G(z) = G_0 \frac{(1 - a)}{z\,(z - a)}}$

2) a. Pour un système bouclé à retour unitaire on a :

$$H(z) = \frac{KG(z)}{1 + KG(z)} = \frac{KG_0\,(1 - a)}{z\,(z - a) + KG_0\,(1 - a)}$$

alors : $\mathbf{H}(z) = \dfrac{\mathbf{KG_0\ (1 - \mathit{a})}}{z^2 - a\,z + \mathbf{KG_0\ (1 - \mathit{a})}}$

On en déduit : $\alpha = \mathbf{KG_0(1-\mathit{a})}$ $\quad a_1 = -a$ **et** $a_0 = \mathbf{KG_0(1-\mathit{a})}$

b. Soit $H(z) = \dfrac{N(z)}{D(z)}$ avec $D(z) = z^2 - a\,z + KG_0\,(1-a)$

D'après le critère de Jury l'asservissement est stable si :

$$\begin{cases} D(1) > 0 \quad \text{soit } 1 - a + KG_0\,(1-a) > 0 \Rightarrow (1-a)\,(1+KG_0) > 0 \\ D(-1) > 0 \quad \text{soit } 1 + a + KG_0\,(1-a) > 0 \Rightarrow K < \dfrac{1+a}{G_0\,(1-a)} \text{ car } 0 < a < 1. \\ |a_0| < 1 \quad \text{soit } KG_0\,(1-a) < 1 \Rightarrow K < \dfrac{1}{G_0\,(1-a)} \end{cases}$$

La première inégalité est toujours vérifiée car $1 - a > 0$.

La deuxième inégalité donne : $K < \dfrac{1+a}{G_0\,(1-a)} \approx 10$ car $a = 0{,}82$.

La troisième inégalité donne : $K < \dfrac{1}{G_0\,(1-a)} \approx 5{,}5$.

On en déduit : $\mathbf{K_{MAX}} = \dfrac{\mathbf{1}}{\mathbf{G_0\ (1 - \mathit{a})}} \approx \mathbf{5{,}5.}$

c. On règle K = 2 donc l'asservissement est stable.

L'amplification statique est donnée par : $H(1) = \dfrac{KG_0}{1 + KG_0} = \dfrac{2}{3}$.

On retrouve un résultat classique pour un asservissement à retour unitaire dont la chaîne directe a un gain statique égal à $KG_0 = 2$.

d. Soit : $\varepsilon(z) = \dfrac{E(z)}{1 + KG(z)}$ avec $E(z) = E \times \dfrac{z}{z-1}$.

$$\varepsilon(z) = \frac{1}{1 + KG_0\,\dfrac{1-a}{z\,(z-a)}} \times E\,\frac{z}{z-1}.$$

Or : $\varepsilon_\infty^0 = \lim\limits_{z \to 1} (z-1)\,\varepsilon(z)$ donc : $\varepsilon_\infty^0 = \dfrac{\mathbf{E}}{\mathbf{1 + KG_0}} = \mathbf{0{,}33\ V.}$

En régime statique la sortie ne recopie pas l'entrée et l'écart est de 33 %. Pour diminuer cette erreur il faudrait augmenter le gain K mais l'asservissement risque de devenir instable.

3) a. Nous avons : $C(z)G(z) = \dfrac{c_1\left(z + \dfrac{c_0}{c_1}\right)}{z-1} \times G_0\,\dfrac{1-a}{z\,(z-a)}$

Pour que le correcteur compense le pôle $z = a$ de $G(z)$ il faut avoir : $\dfrac{\boldsymbol{c_0}}{\boldsymbol{c_1}} = \boldsymbol{-a}$

Alors : $C(z)G(z) = \dfrac{c_1\, G_0\,(1-a)}{z\,(z-1)}$

b. La fonction de transfert en boucle fermée est donnée par :

$$H(z) = \frac{C(z)G(z)}{1 + C(z)G(z)} = \frac{c_1\, G_0\,(1-a)}{z\,(z-1) + c_1\, G_0\,(1-a)}$$

Soit : $\mathbf{H(z) = \dfrac{c_1\, G_0\,(1-a)}{z^2 - z + c_1\, G_0\,(1-a)}}$

c. L'amplification statique est donnée par : **H(1) = 1**

On en déduit qu'en régime statique la sortie recopie l'entrée alors l'erreur de position $\varepsilon_\infty^0 = 0$ V.

Ceci était prévisible car le correcteur P.I. introduit une intégration dans la chaîne directe.

d. Soit $H(z) = \dfrac{N(z)}{D(z)}$ avec $D(z) = z^2 - z + c_1\, G_0(1-a)$

D'après le critère de Jury l'asservissement est stable si :

$$\begin{cases} D(1) > 0 & \text{soit } c_1\, G_0\,(1-a) > 0 \Rightarrow c_1 > 0 \quad \text{car} \quad 0 < a < 1. \\ D(-1) > 0 & \text{soit } 2 + c_1\, G_0\,(1-a) > 0 \Rightarrow c_1 < \dfrac{2}{G_0\,(1-a)} = 11. \\ |a_0| < 1 & \text{soit } c_1\, G_0\,(1-a) < 1 \Rightarrow c_1 < \dfrac{1}{G_0\,(1-a)} = 5{,}5. \end{cases}$$

On en déduit : $\boldsymbol{c_1^{MAX} = 5{,}5}$.

e. Soit $c_1 = 1$ donc l'asservissement est stable et $\boldsymbol{c_0 = -0{,}82}$.

D'autre part nous pouvons écrire : $U(z) = C(z)\,\varepsilon(z)$

$$U(z) = \frac{c_1 z + c_0}{z-1}\,[E(z) - S(z)] = \frac{c_1 + c_0\, z^{-1}}{1 - z^{-1}}\,[E(z) - S(z)]$$

$$U(z) - z^{-1}\, U(z) = c_1\,[E(z) - S(z)] + c_0\,[z^{-1}\, E(z) - z^{-1}\, S(z)]$$

En repassant dans le domaine temporel on obtient :

$$u_n = u_{n-1} + c_1\,(e_n - s_n) + c_0\,(e_{n-1} - s_{n-1})$$

D'où : $\boldsymbol{u_n = u_{n-1} + (e_n - s_n) - 0{,}82\,(e_{n-1} - s_{n-1})}$

Exercices à résoudre

308 Synthèse d'un correcteur par la méthode du modèle

Un processus analogique de fonction de transfert $G_a(p) = \dfrac{1}{\tau' p\,(1 + \tau p)}$ avec $\tau' = 1$ s et $\tau = 10$ s, est associé à un bloqueur d'ordre zéro, $B_0(p) = \dfrac{1 - e^{-T_E p}}{p}$ et à un échantillonneur fonctionnant à la fréquence $F_E = \dfrac{1}{T_E}$ avec $T_E = 2$ s.

1) Calculer la transmittance G(z) associé à $B_0(p)\,G_a(p)$ et montrer qu'elle s'exprime de la façon suivante :

$G(z) = \dfrac{\alpha\, z + \beta}{(z-1)\,(z-a)}$, exprimer α, β et a en fonction de T_E, τ et τ' et calculer leurs valeurs numériques.

2) Le processus est inséré dans une boucle d'asservissement numérique comprenant un correcteur C(z).

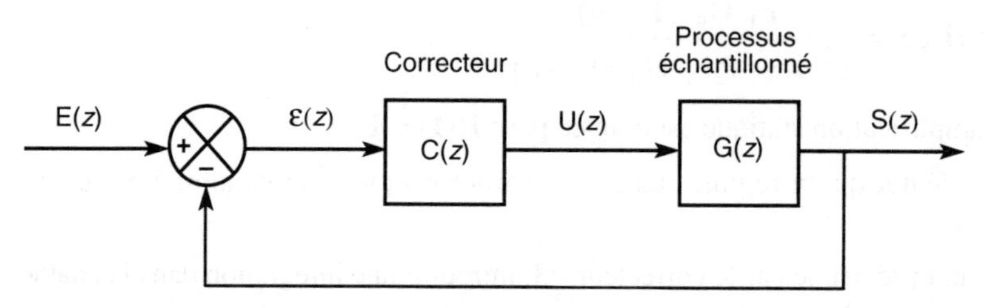

a. Donner l'expression générale de la fonction de transfert en boucle fermée $H(z) = \dfrac{S(z)}{E(z)}$ en fonction C(z) et G(z).

b. En déduire l'expression de C(z) en fonction de H(z) et G(z).

c. On souhaite obtenir, en boucle fermée, un système dont le comportement est le suivant : l'entrée étant un échelon d'amplitude E, la sortie correspond à la réponse d'un premier ordre de constante de temps $\tau_{BF} = 5$ s.

$\{e_n\} = \{E\Gamma_n\}$ → H(z) → $\{s_n\} = \{E\,(1 - e^{\frac{nT_E}{\tau_{BF}}})\,\Gamma_n\}$

Déterminer l'expression de H(z), on posera $b = e^{-T_E/\tau_{BF}}$.

d. Montrer que la fonction de transfert du correcteur est donnée par :

$$C(z) = \frac{(1-b)\,(z-a)}{\alpha\, z + \beta}.$$

e. En déduire l'algorithme de calcul de la grandeur de commande : $u_n = f(u_{n-i}, e_{n-i}, s_{n-i})$.

3) On applique à l'entrée un échelon d'amplitude unité :

$\{e_n\} = \{E\Gamma_n\}$ avec E = 1 V.

a. Que vaut l'erreur de position : $\varepsilon_\infty^0 = \lim\limits_{n \to +\infty} \varepsilon_n$.

b. Exprimer la transformée en z de la grandeur de commande U(z) en fonction de E(z).

c. Calculer la valeur initiale u_0 et la valeur finale u_∞ de la grandeur de commande.

d. Déterminer l'expression du signal numérique de commande $\{u_n\}$, le représenter graphiquement ainsi que le signal de commande analogique que l'on notera $u_B(t)$.

4) On applique à l'entrée une rampe de pente unité :

$\{e_n\} = \{d \times (nT_E)\Gamma_n\}$ avec d = 1 V/s.

Exprimer l'erreur de traînage : $\varepsilon^1_\infty = \lim_{n \to +\infty} \varepsilon_n$ et calculer sa valeur.

309 Réponse pile pour un processus du premier ordre

Un processus analogique du premier ordre d'amplification statique G_0 et de constante de temps τ est associé à un bloqueur d'ordre zéro. Il est échantillonné à la fréquence $F_E = \frac{1}{T_E} = 1$ Hz et l'on obtient pour sa fonction de transfert :

$G(z) = \frac{0{,}28}{z - 0{,}72}$, on posera $a = 0{,}72$.

1) Calculer les valeurs numériques G_0 et τ ainsi que le temps de réponse à 5 %, $t_{r5\,\%}$, du processus analogique.

2) Le processus est inséré dans une boucle d'asservissement numérique comprenant un correcteur C(z).

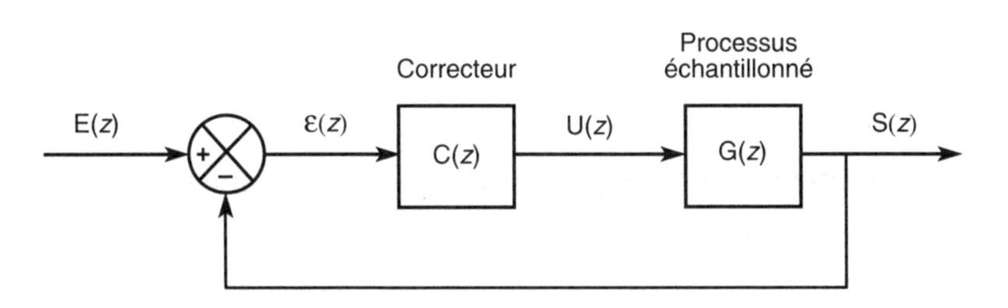

a. Donner l'expression générale de la fonction de transfert en boucle fermée $H(z) = \frac{S(z)}{E(z)}$ en fonction de C(z) et G(z).

b. En déduire l'expression de C(z) en fonction de H(z) et G(z).

c. On souhaite obtenir, en boucle fermée, un système dont le comportement est le suivant : l'entrée étant un échelon d'amplitude E, la sortie est aussi un échelon d'amplitude E retardé d'un coup d'horloge (réponse pile en un coup).

Déterminer l'expression de H(z).

d. En déduire la fonction de transfert du correcteur C(z).

e. Exprimer l'algorithme de calcul de la grandeur de commande :

$u_n = f(u_{n-i}, e_{n-i}, s_{n-i})$.

f. Déterminer l'expression de U(z) lorsque l'entrée est un échelon d'amplitude unité : $\{e_n\} = \{E\Gamma_n\}$ avec E = 1 V.

g. Calculer la valeur initiale u_0 et la valeur finale u_∞ de la grandeur de commande.

h. Représenter graphiquement le signal numérique de commande $\{u_n\}$.

En déduire la dynamique nécessaire pour que le système fonctionne toujours en régime linéaire.

3) Pour éviter une saturation des actionneurs, on adopte une réponse pile en 2 coups.

a. Pour satisfaire le cahier des charges, on choisit comme transmittance :

$$H(z) = 0{,}6\, z^{-1} + 0{,}4\, z^{-2} = \frac{S(z)}{E(z)}.$$

Représenter le signal numérique de sortie $\{s_n\}$ lorsque la consigne est un échelon d'amplitude unité.

b. Même question qu'au 2-d.

c. Même question qu'au 2-e.

d. Même question qu'au 2-f.

e. Même question qu'au 2-g.

f. Même question qu'au 2-h.

4) On applique à l'entrée une rampe de pente unité :

$\{e_n\} = \{d \times (nT_E)\, \Gamma_n\}$ avec d = 1 V/s.

Exprimer l'erreur de traînage : $\varepsilon_\infty^1 = \lim\limits_{n \to +\infty} \varepsilon_n$ et calculer sa valeur.

310 Correcteur d'assiette pour véhicule de tourisme (texte d'examen)

Le problème porte sur l'analyse d'un système ressort-amortisseur, équipant chaque roue d'une automobile expérimentale et assurant sa suspension.

La liaison élastique entre une roue et la caisse (fonction ressort) est obtenue par compression d'air dans un module de volume variable. C'est une électrovanne, commandée par un système électronique analogique ou numérique, qui injecte plus ou moins d'air dans ce module et en fait alors varier le volume ainsi que la hauteur de la caisse au niveau de la roue. Cette hauteur peut donc être asservie à une consigne.

On se limite à l'étude de la suspension d'une seule roue, supportant une masse fictive égale à une fraction de la masse totale du véhicule.

Les parties du problème sont largement indépendantes. Les candidats trouveront dans le texte du problème les notions de mathématiques spécifiques nécessaires à sa résolution.

1) Modélisation d'un ressort (figure 1)

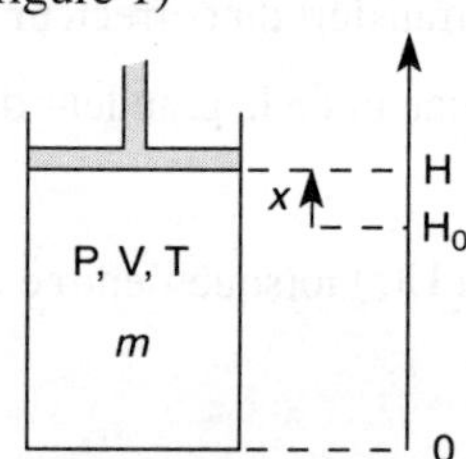

Un piston de section S comprime de l'air dans un cylindre. On note H la hauteur variable du volume d'air. Cet air est assimilé à un gaz parfait. Sa pression P, son volume V et sa masse M satisfont, pour une température T que l'on supposera constante, à l'équation : $PV = b_0M$.

Dans cette expression, b_0 est un cœfficient numérique de valeur $b_0 = 84$ lorsque M est exprimée en gramme et les autres grandeurs en unités du Système International.

1.1) Exprimer en fonction de H et de M l'intensité de la force F exercée par l'air comprimé sur la face inférieure du piston.

1.2) Afin de rendre les équations linéaires, on ne considèrera, dans tout le problème, que de petites variations des variables M et H autour de leurs valeurs moyennes respectives M_0 et H_0.

On pose à cet effet $H = H_0 + x$ et $M = M_0 + m$.

Sachant qu'une fonction F(M, H) admet comme développement limité au premier ordre l'expression :

$$F(M, H) = F(M_0, H_0) + (M - M_0)\left(\frac{\partial F}{\partial M}\right)_{\substack{M = M_0 \\ H = H_0}} + (H - H_0)\left(\frac{\partial F}{\partial H}\right)_{\substack{M = M_0 \\ H = H_0}}$$

où $\frac{\partial F}{\partial M}$ et $\frac{\partial F}{\partial H}$ sont les dérivées partielles de F par rapport, respectivement à M et à H, montrer que l'on peut écrire : $F = F_0 + b_1m - b_2x$

Calculer les valeurs numériques de F_0, b_1 et b_2 pour $M_0 = 14{,}3$ g et $H_0 = 0{,}25$m.

Ces valeurs numériques seront conservées pour toute la suite du problème.

2) Etude dynamique du système masse du véhicule - Ressort - Amortisseur (figure 2)

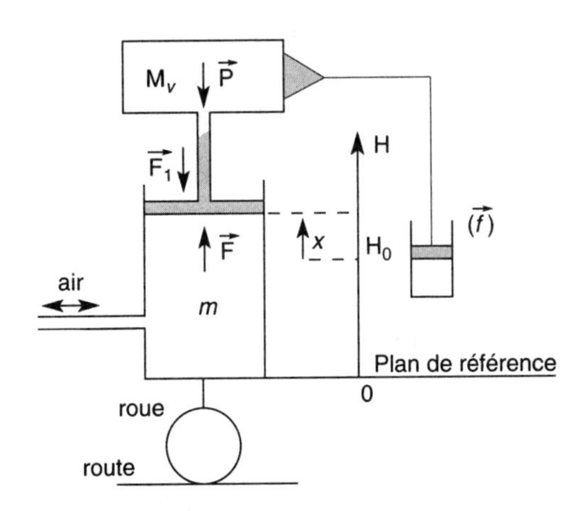

$|\vec{P}| = M_vg$; $|\vec{F_1}| = P_a S$; $F = F_0 + b_1 m - b_2 x$.

M_v représente la fraction de la masse du véhicule rapportée à une roue. La masse du piston et celle de l'amortisseur sont négligeables devant M_v.

L'amortisseur introduit une force $\vec{f}$ de frottement visqueux dont la projection sur Ox a pour mesure algébrique $f = -7.10^3\,x'$, expression dans laquelle x' représente la dérivée par rapport au temps de la variable x. Comme H_0 est une constante, x' est donc la vitesse du piston ; f est opposée au mouvement.

On note P_a la pression atmosphérique qui exerce une force $\vec{F_1}$ sur la partie supérieure du piston. On admettra que l'aire de la surface utile de la partie supérieure du piston est égale à S.

2.1) En utilisant la relation fondamentale de la dynamique, $M_v x''$ = somme des projections sur Ox des forces appliquées à la partie mobile, écrire l'équation différentielle régissant le mouvement de cette partie mobile.

2.2) $M_v = 200$ Kg ; $P_a = 10^5$ Nm^{-2} ; g = 10 ms^{-2} ; S = 2,8.10^{-2} m^2.

Montrer que $H = H_0$ correspond bien à la position de repos de la caisse pour $M = M_0$.

2.3) Montrer que l'équation différentielle reliant $x(t)$ et $m(t)$ s'écrit :

$x'' + 35x' + 96x = 1{,}68\,m$

3.) Etude de l'asservissement analogique de la position de la caisse à une consigne

La masse M de gaz enfermé dans le cylindre peut varier autour de M_0 grâce à une électrovanne qui peut soit introduire de l'air, soit en retirer.

Un capteur fournissant à chaque instant la valeur de la position $x(t)$, celle-ci est comparée à une consigne $c(t)$. L'électrovanne ajuste alors la masse m de façon que, même en présence de perturbations, x diffère le moins possible de c.

3.1) Transmittance du système de la figure 2

La grandeur d'entrée est la variable $m = M - M_0$; la grandeur de sortie est $x = H - H_0$. Ces deux grandeurs sont liées par l'équation de la question 2.3.

Etablir, en notation de LAPLACE, l'expression de la transmittance $T_1(p) = \dfrac{X(p)}{M(p)}$ dans laquelle $X(p)$ et $M(p)$ sont les transformées de LAPLACE respectives de $x(t)$ et de $m(t)$.

Montrer qu'elle peut se mettre sous la forme : $T_1(p) = \dfrac{\lambda}{\left(1 - \dfrac{p}{p_1}\right)\left(1 - \dfrac{p}{p_2}\right)}$

Donner les valeurs de λ, p_1 et p_2.

3.2) Comportement en fréquence du système de la figure 2.

Donner l'allure et les valeurs remarquables du diagramme de BODE pour le module de $T_1(j\omega)$. Le domaine de fréquences que l'asservissement doit traiter (f < 5 Hz) ainsi que l'étude de la stabilité du montage, montrent que l'on peut prendre pour $T_1(p)$ une expression approchée qui est celle d'un système de premier ordre.

Montrer alors que l'on a $T_1(p) = \dfrac{5{,}25\,.\,10^{-2}}{p + 3}$

Cette expression sera utilisée dans toute la suite du problème.

3.3) Système asservi à commande proportionnelle

Le système asservi comportant dans sa chaîne directe l'électrovanne et le système précédent peut être décrit par le schéma fonctionnel de la figure 3.

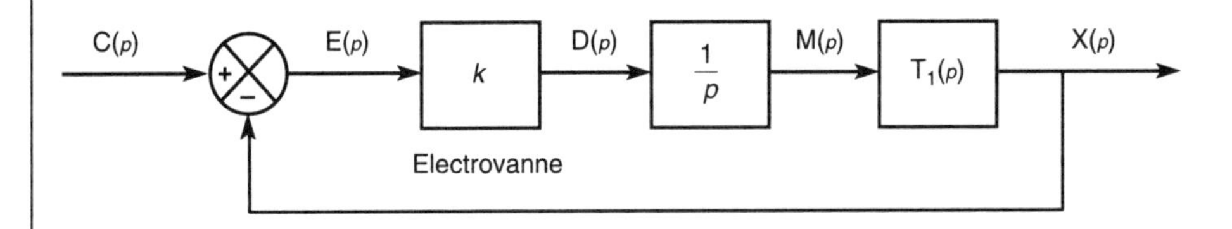

Dans ce schéma fonctionnel le débit massique d'air de l'électrovanne, d(t), est proportionnel au signal d'erreur $e(t)$.

$d(t) = ke(t)$, soit, en notation de LAPLACE : $D(p) = kE(p)$.

a. La masse d'air $m(t)$ et le débit d(t) sont reliés par la relation $d(t) = \dfrac{dm}{dt}$: la fonction d(t) est la dérivée par rapport à t de la fonction $m(t)$.

Justifier la présence du bloc fonctionnel de transmittance $\dfrac{1}{p}$ dans le schéma de la figure 3.

b. Donner l'expression de la transmittance de la chaîne directe : $T_2(p) = \dfrac{X(p)}{E(p)}$.

c. Mettre la transmittance de la boucle fermée $T_2(p) = \dfrac{X(p)}{C(p)}$ sous la forme :

$$T_2(p) = \frac{1}{1 + \dfrac{2\alpha}{\omega_0}p + \dfrac{p^2}{\omega_0^2}}$$

Calculer ω_0 et le cœfficient k, relatif à l'électrovanne pour que le cœfficient d'amortissement α soit égal à 0,5.

Ces valeurs sont conservées dans la suite du problème.

d. Tracer l'allure du diagramme de NYQUIST de la transmittance de boucle $\underline{T}_2\,(j\omega)$ pour $\alpha = 0{,}5$. Pour cela, on déterminera :

– la partie réelle de $T_2(j\omega)$ lorsque $\omega \longrightarrow 0$

– le module de $T_2(j\omega)$ pour $\omega = 2{,}36$ rad/s

– $T_2(j\omega)$ pour $\omega = \omega_0$

– $T_2(j\omega)$ lorsque $\omega \longrightarrow \infty$

Comparer la marge de phase du système de la figure 3 à la valeur 45°.

3.4) Précision du système de la figure 3

On rappelle que l'erreur de position ε_P d'un système asservi à retour unitaire est égale à la valeur limite de l'erreur $e(t)$, pour t tendant vers l'infini, lorsque la consigne $c(t)$ est une fonction échelon :

$c(t) = c_0\, u(t)$ soit $C(p) = \dfrac{c_0}{p}$

$\varepsilon_P = \lim e(t)$ pour $t \longrightarrow \infty$ et $c(t) = c_0 u(t)$

De même l'erreur de traînage ε_T est égale à la valeur limite de $e(t)$, pour t tendant vers l'infini, lorsque la consigne $c(t)$ est une rampe :

$c(t) = c_0'\, tu(t)$ soit $C(p) = \dfrac{c_0'}{p^2}$.

a. Montrer que l'erreur de position ε_P du système précédent est nulle.

On pourra pour cela, soit raisonner sur l'équation différentielle reliant $x(t)$ et $c(t)$ qui correspond à la transmittance $T_2(p)$; soit, après avoir calculé, en notation de LAPLACE, le rapport $\dfrac{E(p)}{C(p)}$, utiliser le théorème dit de la valeur finale :

$$\lim_{t \to \infty} e(t) = \lim_{p \to 0} pE(p)$$

b. Calculer l'erreur de traînage du système précédent. On exprimera ε_T soit en fonction de c_0', α et ω_0, soit en fonction de c_0' et d'un cœfficient numérique correspondant aux applications numériques précédentes.

4) Etude de l'asservissement échantillonné réglant la position de la caisse

On désire améliorer la précision de l'asservissement en obtenant une erreur de traînage nulle. Pour cela, on introduit un correcteur dans la chaîne directe, et, compte tenu de la bande passante considérée correspondant à de faibles fréquences, on choisit un correcteur numérique K.

Notations : A une fonction $f(t)$, l'opération d'échantillonnage fait correspondre la fonction $f^*(t)$.

On note $F^*(p)$ la transformée de LAPLACE de $f^*(t)$.

On considèrera que le système fonctionne de la manière suivante qui est équivalente au fonctionnement réel :

La consigne est une fonction du temps échantillonné $c^*(t)$, dont la période d'échantillonnage est θ.

La position $x(t)$, après échantillonnage aux mêmes instants, donne $x^*(t)$.

On obtient, par différence, une erreur échantillonnée $e_1^*(t)$ qui constitue l'entrée du correcteur K (figure 4).

Le correcteur K, de transmittance $K(p)$ élabore $e_2^*(t)$ à partir de l'entrée $e_1^*(t)$, et un bloqueur d'ordre zéro, de fonction de transfert $B_0(p) = \dfrac{1 - e^{-\theta p}}{p}$ donne l'erreur corrigée $e(t)$.

Cette erreur $e(t)$ constitue l'entrée de l'électrovanne et donc du système dont la transmittance de la chaîne directe, $T_2(p)$, a été étudiée à la question 3.3.2.

On prendra $T_2 = \dfrac{9}{p(p+3)}$

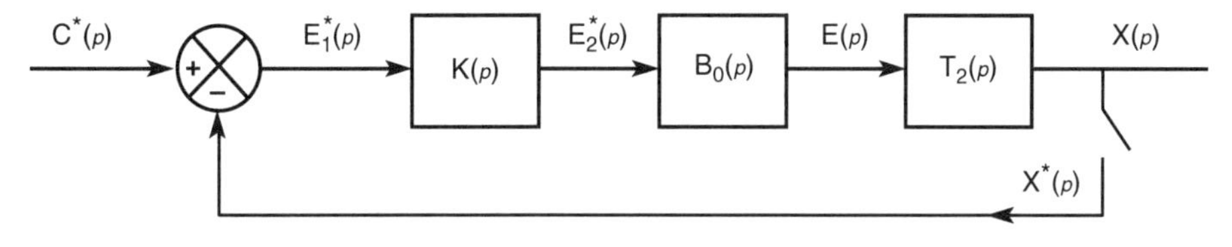

Figure 4

a. On met le schéma fonctionnel de la figure 4 sous la forme du schéma de la figure 5.

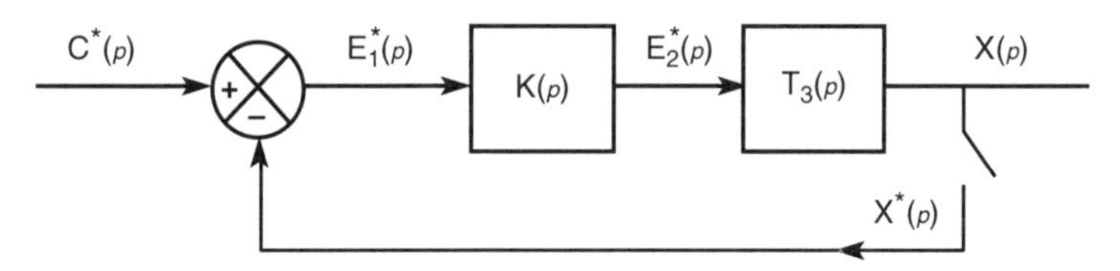

Figure 5

Etablir l'expression de la transmittance $T_3(p) = \dfrac{X(p)}{E_2^*(p)}$.

b. En réalité les grandeurs échantillonnées $c^*(t)$, $e_1^*(t)$, $e_2^*(t)$ et $x^*(t)$ sont traitées numériquement et l'on note $C(z)$, $E_1(z)$, $E_2(z)$ et $X(z)$ les transformées en z des séquences correspondantes respectives.

A l'aide du tableau de correspondance entre transformées de LAPLACE et transformées en z, établir l'expression de la transmittance en z, $T_3(z) = \dfrac{X(z)}{E_2(z)}$ (figure 6), que l'on mettra sous la forme $T_3(z) = \dfrac{A_1}{z-1} + \dfrac{A_2}{z - e^{-3\theta}}$.

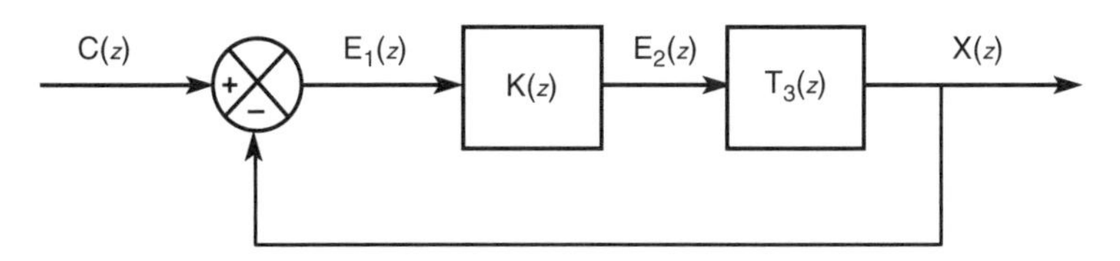

Figure 6

4.2) On admet que l'opération d'échantillonnage n'a pas modifié la stabilité du système, ni sa précision (avec $K(z) = 1$, on a toujours une erreur de position ε_P nulle et une erreur de traînage ε_T non nulle).

On utilisera les propriétés suivantes :

Un asservissement échantillonné dont la transmittance de la chaîne directe est $T(z)$, et dont la période d'échantillonnage est θ, présente les erreurs de position ε_P et de traînage ε_T données par les expressions :

$\varepsilon_P = c_0 \lim\limits_{z \to 1} \dfrac{1}{1 + T(z)}$ pour une entrée en échelon d'amplitude c_0 :

$\varepsilon_T = c'_0 \lim\limits_{z \to 1} \dfrac{\theta}{(z-1)\,T(z)}$ pour une entrée en rampe de pente c'_0.

Montrer qu'un correcteur de transmittance $K(z) = \dfrac{z-a}{z-1}$, où a est un nombre réel positif (avec $0 < a < 1$), permet d'obtenir $\varepsilon_P = 0$ et $\varepsilon_T = 0$.

4.3) Préciser l'algorithme qui permet au calculateur de réaliser le correcteur numérique de transmittance $K(z) = \dfrac{z-a}{z-1}$.

Pour cela, e_{1n} et e_{2n} représentant les échantillons des grandeurs $e_1(t)$ et $e_2(t)$ à l'instant $n\theta$:

$e_{1n} = e_1(n\theta)$, $e_{2n} = e_2(n\theta)$, exprimer e_2n en fonction de e_{2n-1}, e_{1n}, e_{1n-1},…

4.4) $\dfrac{z-a}{z-1} = a + (1-a)\dfrac{z}{z-1}$ (on prend $a = 0{,}74$).

En vous aidant du tableau de correspondance entre transformées, dites à quel type de correcteur analogique le correcteur K correspond.

4.5) Compte tenu du domaine de fréquence considéré ($f_{max} < 5$ Hz), proposer une valeur pour la période d'échantillonnage θ.

Annexe

Correspondance entre transformée de LAPLACE, $F(p)$ et transformée en z, $F(z)$:

1) La correspondance est linéaire si :

$F_1(p) \Leftrightarrow F_1(z)$

entraîne $\lambda F_1(p) + \mu F_2(p) \Leftrightarrow \lambda F_1(z) + \mu F_2(z)$.

$F_2(p) \Leftrightarrow F_2(z)$

2) La période d'échantillonnage étant θ, alors :

$$F(p) \Leftrightarrow F(z)$$

$$e^{-\theta p} F(p) \Leftrightarrow \frac{F(z)}{z}$$

$$e^{-k\theta p} \Leftrightarrow z^{-k}$$

$$\frac{1}{p} \Leftrightarrow \frac{z}{z-1}$$

$$\frac{1}{p^2} \Leftrightarrow \frac{\theta z}{(z-1)^2}$$

$$\frac{1}{p+a} \Leftrightarrow \frac{z}{z-e^{-a\theta}}$$

$$\frac{1}{(p+a)^2} \Leftrightarrow \frac{\theta z e^{-a\theta}}{(z-e^{-a\theta})^2}$$

$$\frac{a}{p(p+a)} \Leftrightarrow \frac{(1-e^{-a\theta})z}{(z-1)(z-e^{-a\theta})}$$

$$\frac{a}{p^2(p+a)} \Leftrightarrow \frac{\theta z}{(z-1)^2} - \frac{(1-e^{-a\theta})z}{a(z-1)(z-e^{-a\theta})}$$

4 Modulations d'amplitude

I. MODULATION D'AMPLITUDE AVEC PORTEUSE

1. Définition

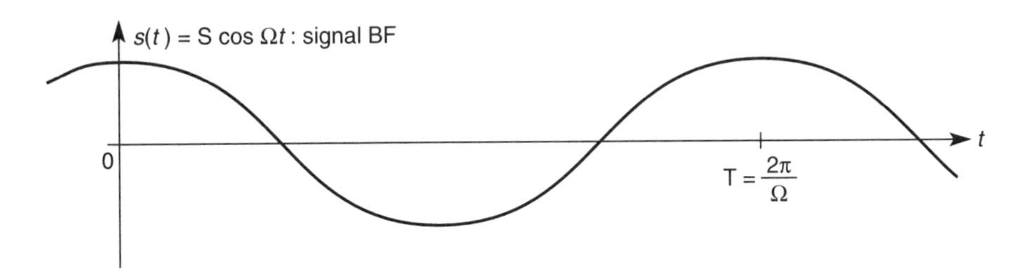

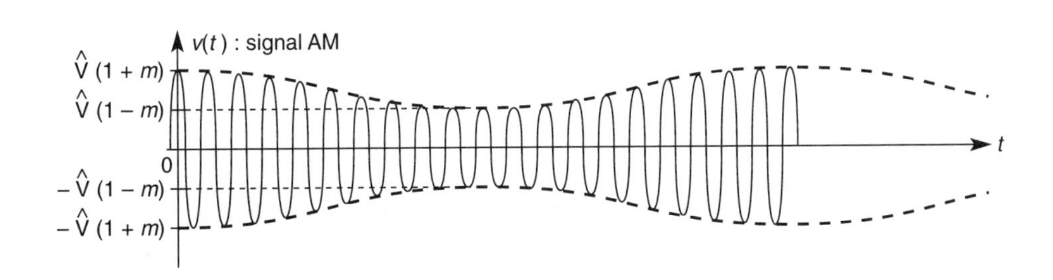

$s(t) = S \cos \Omega t$ → **Modulateur AM** → $v(t) = \hat{V}\,[1 + k\,s(t)] \cos \omega_0 t$

Signal modulant (BF) — Signal AM

Porteuse (HF) $\hat{V} \cos \omega_0 t$ avec $f_0 = \frac{\omega_0}{2\pi} >> F = \frac{\Omega}{2\pi}$

Pour $s(t)$ sinusoïdal, on définit le taux de modulation m :

$v(t) = \widehat{V}\ (1 + k\,S \cos \Omega t) \cos \omega_0 t$ on pose $m = kS$

alors : $\mathbf{v(t) = \widehat{V}\ (1 + m \cos \Omega t) \cos \omega_0 t}$

2. Spectre du signal AM

a) Cas d'un signal BF sinusoïdal

$v(t) = \widehat{V}\,(1 + m \cos \Omega t) \cos \omega_0 t$

$v(t) = \widehat{V} \cos \omega_0 t + \dfrac{m\widehat{V}}{2} \cos (\omega_0 - \Omega)t + \dfrac{m\widehat{V}}{2} \cos (\omega_0 - \Omega)t$

On obtient le spectre de raies suivant :

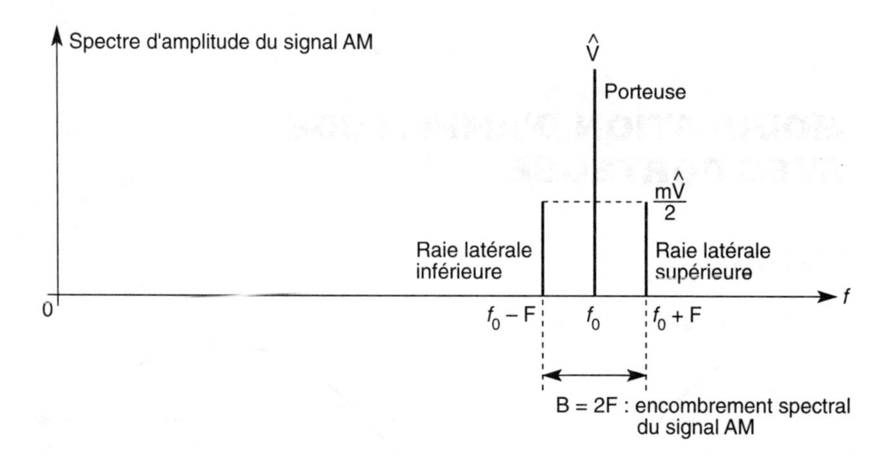

b) Cas d'un signal BF à spectre continu

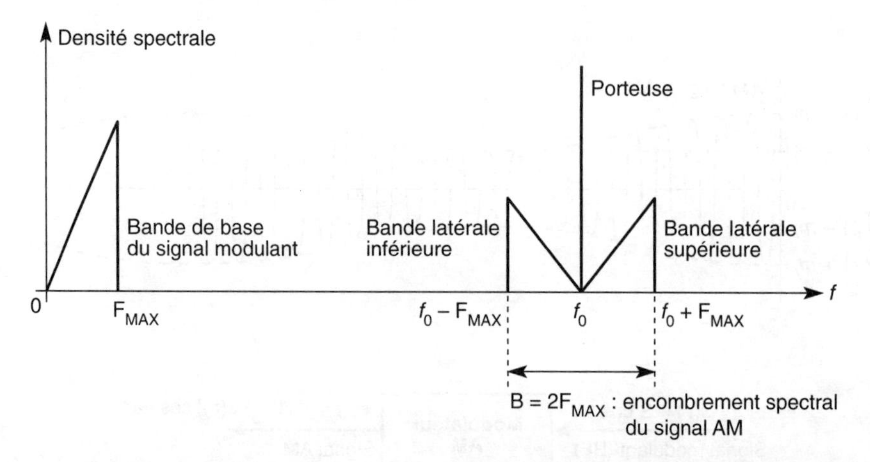

La modulation a permis de déplacer le spectre du signal BF autour de la fréquence de la porteuse pour l'adapter au milieu et aux dispositifs de transmission.

3. Puissance transportée par un signal AM

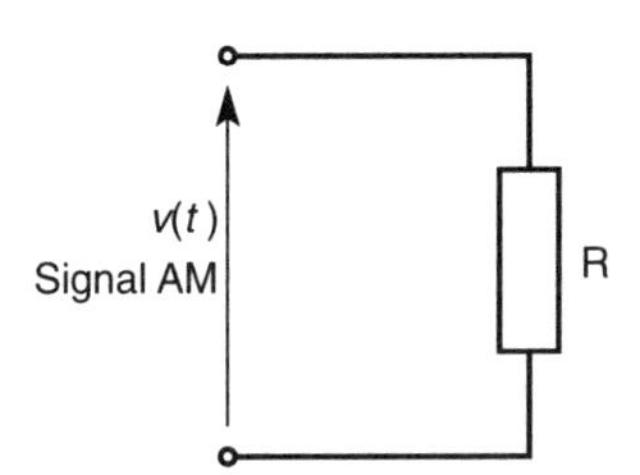

Soit P la puissance moyenne dissipée dans la résistance R :

$$P = \frac{\overline{v^2(t)}}{R} = \frac{\hat{V}^2}{2R} + \left(\frac{m\hat{V}}{2}\right)^2 \frac{1}{2R} + \left(\frac{m\hat{V}}{2}\right)^2 \frac{1}{2R}$$

Alors : $\mathbf{P = \frac{\hat{V}^2}{2R}\left(1 + \frac{m^2}{2}\right)}$

Dans le cas habituel ou l'indice de modulation $m < 1$, la majeure partie de la puissance est utilisée par la porteuse.

4. Démodulation par détection d'enveloppe

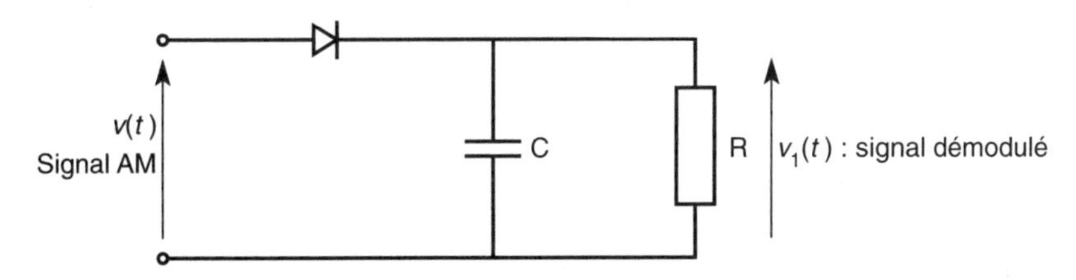

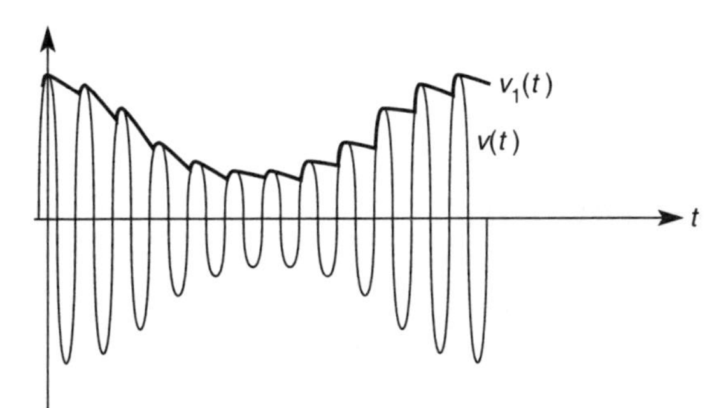

Conditions nécessaires pour une démodulation convenable :

– $m < 1$

– $f_0 >> F$ (pratiquement 2 décades)

En radiodiffusion AM on choisit :

– $f_0 = 455$ kHz (fréquence intermédiaire) – $m \approx 70$ %.

– $F_{MAX} = 5$ kHz.

– Pour suivre les variations de la BF (enveloppe de $v(t)$), la constante de temps RC doit être petite par rapport à $T = \frac{2\pi}{\Omega}$.

– Pour filtrer la HF, RC doit être grand par rapport à $T_0 = \frac{2\pi}{\omega_0}$.

II. MODULATION D'AMPLITUDE À PORTEUSE SUPPRIMÉE

1. Définition

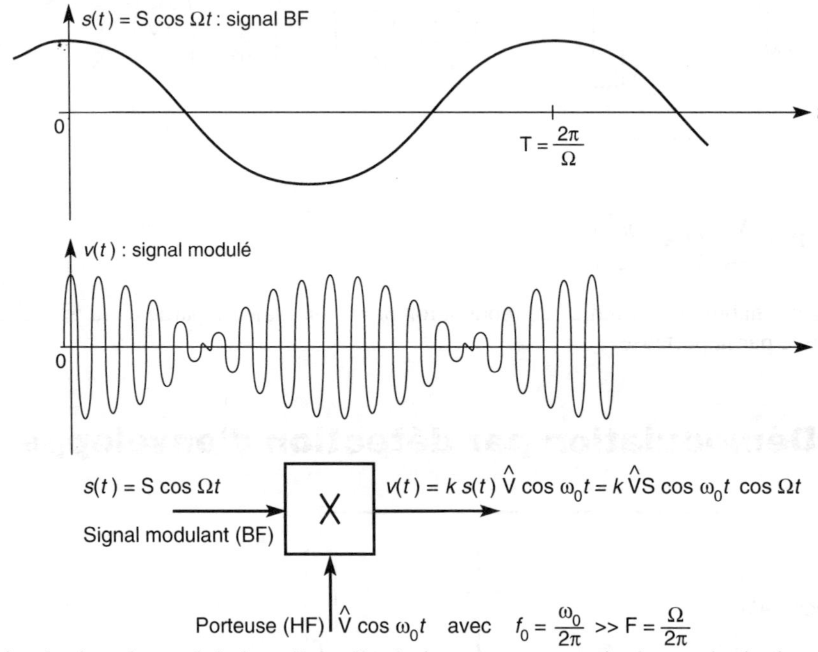

L'opération de modulation d'amplitude à porteuse supprimée est équivalente à une multiplication entre le signal BF et la porteuse.

La puissance fournie par l'émetteur est utilisée uniquement pour transmettre le signal contenant l'information.

2. Spectre du signal modulé

a) Cas d'un signal BF sinusoïdal

$$v(t) = k\,\hat{V}\,S \cos \omega_0 t \cos \Omega t = k\,\frac{\widehat{VS}}{2}\,[\cos(\omega_0 - \Omega)t + \cos(\omega_0 + \Omega)t]$$

On en déduit le spectre de raies suivant :

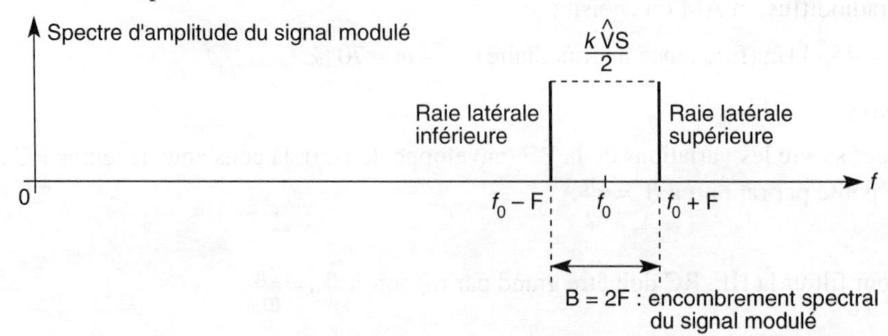

b) Cas d'un signal BF à spectre continu

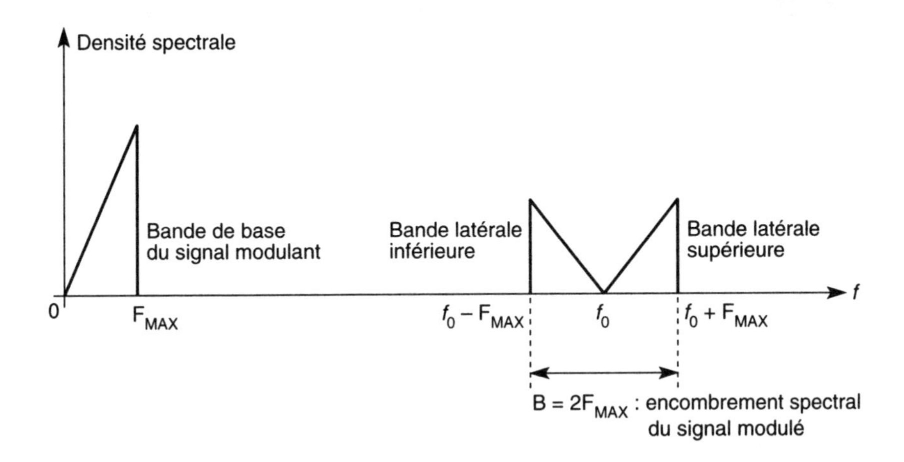

3. Démodulation par détection synchrone

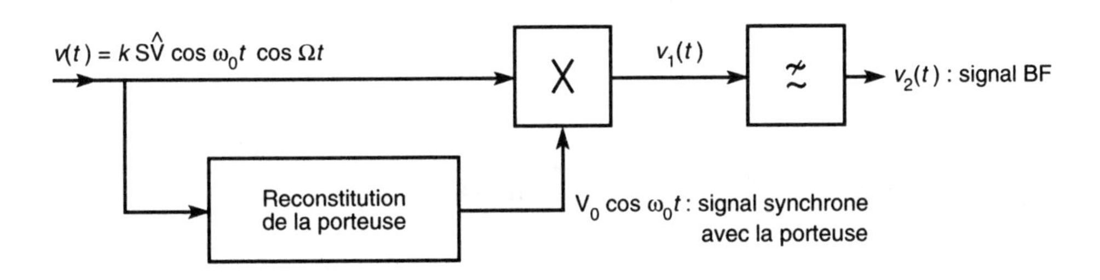

A la sortie du multiplieur, de constante k_1, on obtient :

$$v_1(t) = k_1\,k\,S\,\hat{V}\,V_0\cos^2\omega_0 t\cos\Omega t$$

$$v_1(t) = \frac{k_1\,k\,S\hat{V}V_0}{2}\,(1 + \cos 2\,\omega_0 t)\cos\Omega t$$

Soit 3 composantes sinusoïdales :

$$v_1(t) = \frac{k_1\,k\,S\hat{V}V_0}{2}\cos\Omega t + \frac{k_1\,k\,S\hat{V}V_0}{4}\underbrace{[\cos(2\omega_0 - \Omega)t + \cos(2\omega_0 + \Omega)t]}_{\text{composantes HF}}$$

Le filtre passe-bas élimine les composantes HF, d'où :

$$v_2(t) = K\,S\cos\Omega t = K\,s(t) \quad \text{avec} \quad \frac{k_1\,k\,S\hat{V}V_0}{2} = K$$

image du signal BF ($v_2(t)$)

III. MODULATION D'AMPLITUDE À BANDE LATÉRALE UNIQUE : BLU

1. Définition

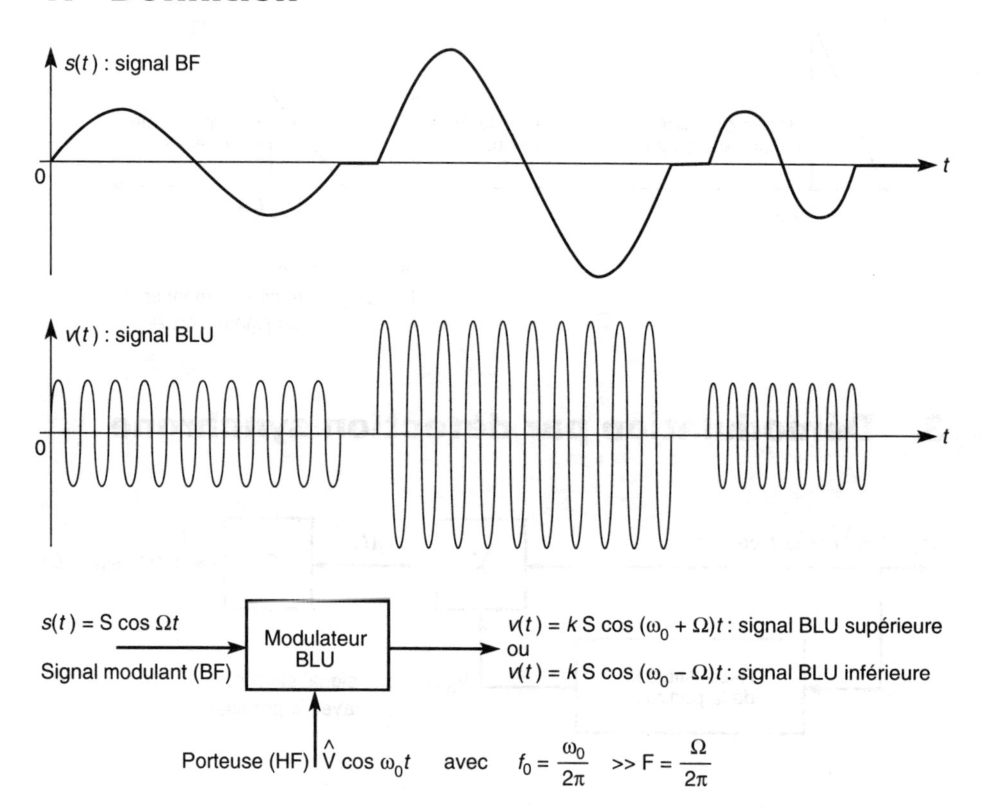

La BLU est utilisée par exemple :

– dans les radiocommunications marines

– dans la constitution de multiplex analogique par répartition de fréquence pour la téléphonie.

2. Spectre d'un signal BLU

a) Cas d'un signal BF sinusoïdal

On obtient un spectre ne contenant qu'une raie :

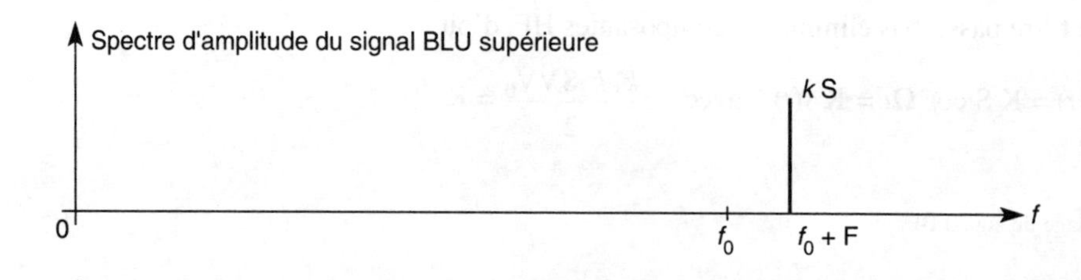

b) Cas d'un signal BF à spectre continu

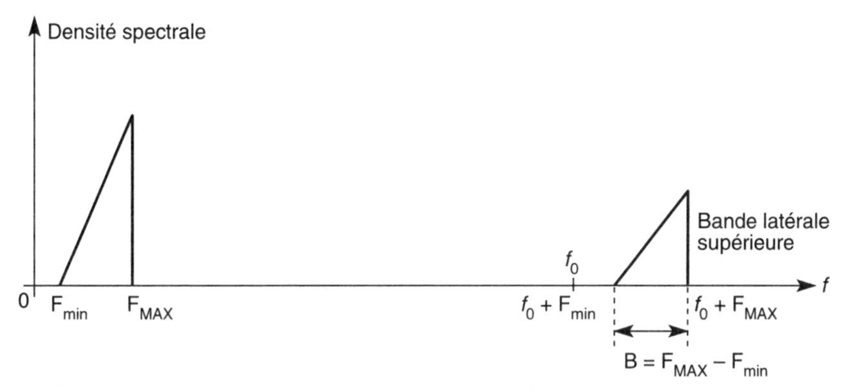

La bande passante nécessaire pour transmettre le signal BLU a pratiquement été divisée par 2 par rapport aux autres modulations d'amplitude.

La puissance de l'émetteur est utilisée uniquement pour transmettre l'information.

3. Production d'un signal BLU par filtrage

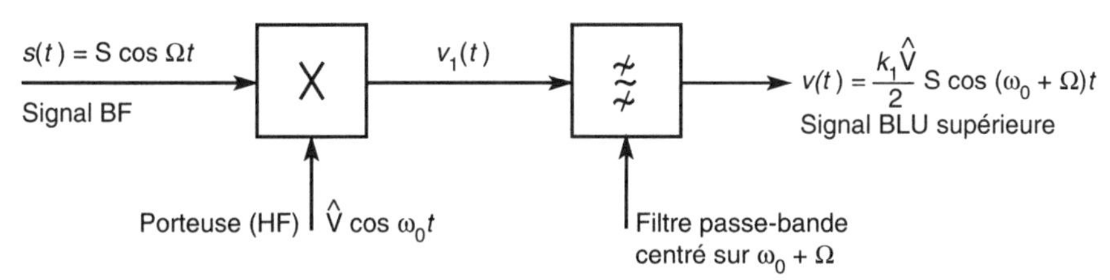

A la sortie du multiplieur, de constante k_1, on obtient :

$$v_1(t) = k_1 \ \hat{V} S \cos \omega_0 t \cos \Omega t = \frac{k_1\hat{V}}{2} S[\cos(\omega_0 - \Omega)t + \cos(\omega_0 + \Omega)t]$$

A la sortie du filtre passe-bande on obtient :

$$v(t) = \frac{k_1\hat{V}}{2} S \cos(\omega_0 + \Omega)t.$$

Pour pouvoir réaliser un filtrage passe-bande efficace il faut :

– que le signal BF ne contienne pas de composante trop basses fréquences : en téléphonie, on limite le spectre du signal vocal à 300 Hz côté basses fréquences

– que le filtre ait un coefficient de qualité élevé : utilisation de filtre céramique.

4. Démodulation d'un signal BLU

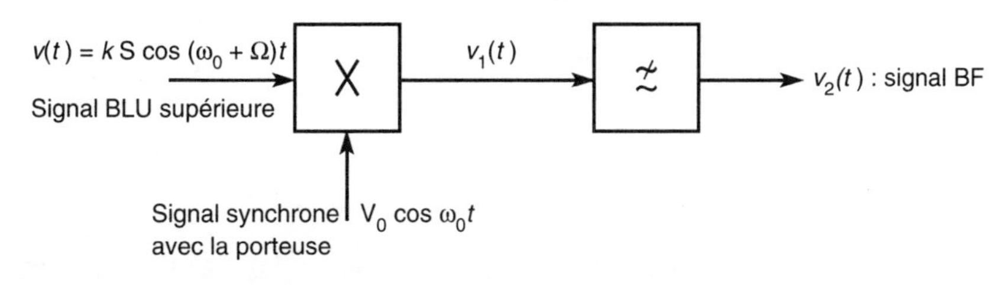

A la sortie du multiplieur, de constante k_1, on obtient :

$$v_1(t) = k_1 k\, V_0\, S \cos \omega_0 t \cos (\omega_0 + \Omega)t$$

$$v_1(t) = \frac{k_1 k V_0 S}{2} [\cos \Omega t + \cos (2\, \omega_0 + \Omega)t]$$

↑ composante HF (désigne le terme $\cos (2\, \omega_0 + \Omega)t$)

Le filtre passe-bas élimine la composante HF, d'où :

$$v_2(t) = KS \cos \Omega t = K\, s(t) \quad \text{avec} \quad K = \frac{k_1 k V_0}{2}$$

↑ image du signal BF (désigne $v_2(t)$)

En pratique, pour obtenir un signal synchrone avec la porteuse, la BLU est souvent associée avec l'émission d'une fréquence pilote égale ou multiple de celle de la porteuse.

Exercices résolus

401 Modulation d'amplitude par un signal "dent de scie"

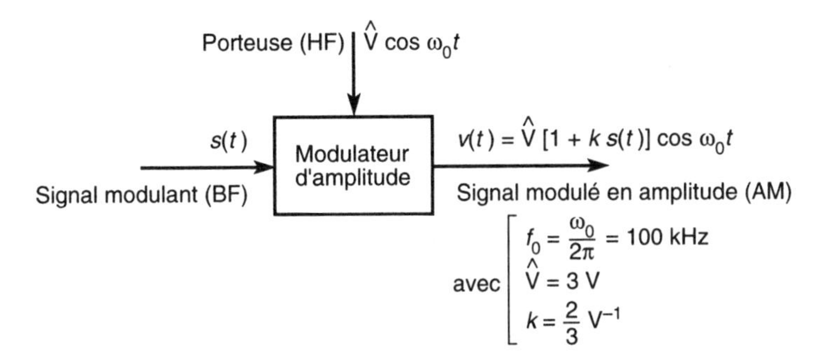

Le signal BF, $s(t)$, à transmettre est une dent de scie de fréquence F = 1 kHz.

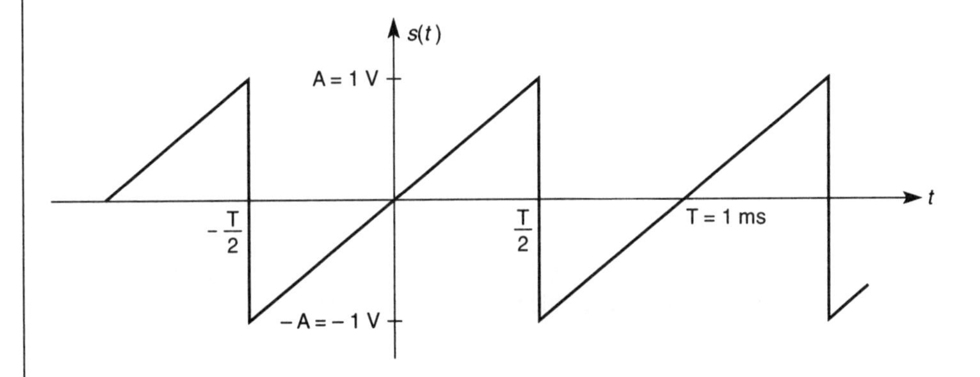

1) Représenter l'allure du signal modulé en amplitude $v(t)$.

2) Spectre d'amplitude du signal modulé.

a. Justifier le fait que la décomposition en série de Fourier de $s(t)$ s'exprime de la façon suivante :

$$s(t) = \sum_{n=1}^{+\infty} b_n \sin(n\Omega t)$$

b. Montrer que le cœfficient b_n, du terme de rang n, est donné par : $b_n = \frac{2A}{n\pi}(-1)^{n+1}$

c. Pour limiter la bande passante des circuits de transmission, on transmet uniquement les harmoniques de $s(t)$ dont l'amplitude est supérieure ou égale au cinquième de celle du fondamental. Tous les autres harmoniques sont supprimés à l'émission.

Déterminer alors le nombre d'harmonique nécessaire pour décrire le signal $s(t)$.

Donner alors l'expression approchée de $s(t)$.

d. En utilisant l'expression précédente de $s(t)$, représenter le spectre en amplitude du signal modulé $v(t)$.

e. Quelle est la bande de fréquence, B, occupée par le signal modulé en amplitude $v(t)$?

3) On considère la puissance moyenne, P, que dissiperait $v(t)$ aux bornes d'une résistance R.

a. On n'applique par de signal modulant à l'entrée du modulateur. Calculer alors la puissance P_0 transportée par $v(t)$.

b. On applique le signal modulant, calculer la puissance P transportée par $v(t)$ en utilisant la décomposition spectrale précédente.

c. En déduire la valeur du rapport $\frac{P_0}{P}$, conclusion.

1) On obtient pour les valeurs maximales de $v(t)$:

$\widehat{V}[1 + kA] = 5\ V$ et $\widehat{V}[1 - kA] = 1\ V$

et pour les valeurs minimales :

$-\widehat{V}[1 + kA] = -5\ V$ et $-\widehat{V}[1 - kA] = -1\ V$

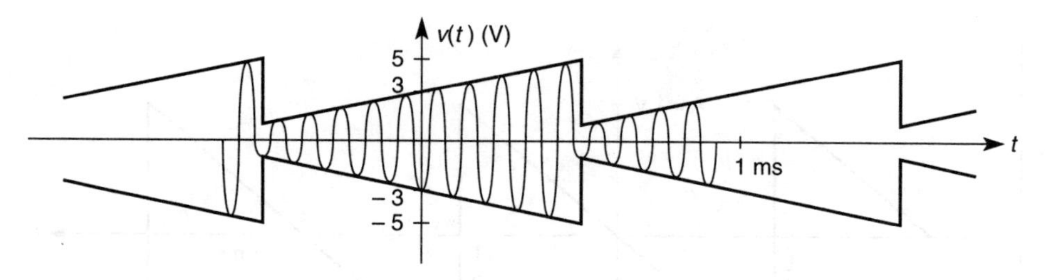

2) a. $s(t)$ est un signal périodique, de valeur moyenne nulle et impaire donc son développement en série de Fourier ne contient que des termes en sinus.

Soit : $s(t) = \sum_{n=1}^{+\infty} b_n \sin(n\Omega t)$

b. Par définition : $b_n = \frac{2}{T}\int_{-\frac{T}{2}}^{\frac{T}{2}} s(t)\sin(n\Omega t)dt$

D'autre par $s(t)\sin(n\Omega t)$ est une fonction paire alors : $b_n = \frac{4}{T}\int_{0}^{\frac{T}{2}} s(t)\sin(n\Omega t)dt$

Pour $0 \le t < \frac{T}{2}$ nous avons : $s(t) = \frac{2A}{T}t$.

$$b_n = \frac{8A}{T^2}\int_0^{\frac{T}{2}} t\sin(n\Omega t)\,dt.$$

On effectue une intégration par partie :

$u = t \qquad u' = 1$

$v' = \sin(n\Omega t) \qquad v = -\frac{1}{n\Omega}\cos(n\Omega t)$

$$\text{Alors : } b_n = \frac{8A}{T^2}\left[\frac{-t}{n\Omega}\cos(n\Omega t)\right]_0^{\frac{T}{2}} + \frac{8A}{n\Omega T}\int_0^{\frac{T}{2}}\cos(n\Omega t)\,dt$$

$$b_n = \frac{8A}{n\Omega T^2}\times\left(\frac{-T}{2}\right)\cos\left(n\Omega\frac{T}{2}\right) + \frac{8A}{n\Omega T}\times\underbrace{\left[\frac{\sin(n\Omega t)}{n\Omega}\right]_0^{\frac{T}{2}}}_{=0}$$

Soit : $b_n = \dfrac{-2A}{n\pi}\cos(n\pi)$ car $\Omega = \dfrac{2\pi}{T}$.

Nous avons aussi : $\cos(n\pi) = (-1)^n$

D'où : $\boldsymbol{b_n = \dfrac{2A}{n\pi}(-1)^{n+1}}$

c. Amplitude du fondamental : $|b_1| = \dfrac{2A}{\pi}$

Amplitude de l'harmonique n : $|b_n| = \dfrac{2A}{n\pi}$

$\dfrac{|b_n|}{|b_1|} \geq \dfrac{1}{5}$ alors $\dfrac{1}{n} \geq \dfrac{1}{5}$ donc $n \leq 5$

Cela signifie que l'on ne conserve que les harmoniques de rang inférieur ou égal à 5 pour décrire le signal $s(t)$.

Soit : $\boldsymbol{s(t) \approx \dfrac{2A}{\pi}\sum_{n=1}^{5}\dfrac{(-1)^{n+1}}{n}\sin(n\Omega t)}$

d. On obtient pour $v(t)$ l'expression suivante :

$$v(t) = \hat{V}\left[1 + k\times\frac{2A}{\pi}\sum_{n=1}^{5}\frac{(-1)^{n+1}}{n}\sin(n\Omega t)\right]\cos\omega_0 t$$

$$v(t) = \hat{V}\cos\omega_0 t + \hat{V}\,k\,\frac{A}{\pi}\sum_{n=1}^{5}\frac{(-1)^{n+1}}{n}\left[\sin(\omega_0 + n\Omega)t - \sin(\omega_0 - n\Omega)t\right]$$

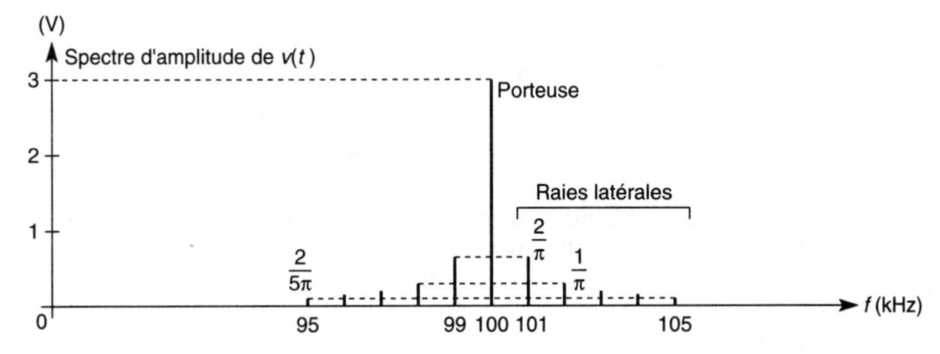

e. La bande de fréquence occupée par le signal $v(t)$ est :

B = 10 kHz

3) a. P_0 représente la puissance fournie par la porteuse alors :

$$\mathbf{P_0 = \frac{1}{T_0}\int_0^{T_0} \frac{(\hat{V}\cos\omega_0 t)^2}{R}\,dt = \frac{\hat{V}^2}{2R}.}$$

b. La puissance P est égale à la somme des puissances associées à chacune des raies.

$$P = \frac{\hat{V}^2}{2R} + \left(\frac{\hat{V}kA}{\pi}\right)^2 \times \frac{1}{R}\sum_{n=1}^{5}\frac{1}{n^2}$$

$$P = \frac{\hat{V}^2}{2R}\left[1 + 2\left(\frac{kA}{\pi}\right)^2\left(1 + \frac{1}{2^2} + \frac{1}{3^2} + \frac{1}{4^2} + \frac{1}{5^2}\right)\right]$$

$$\mathbf{P \approx \frac{\hat{V}^2}{2R}\left[1 + 2\left(\frac{kA}{\pi}\right)^2 \times 1{,}46\right]}$$

c) On en déduit : $\frac{P_0}{P} \approx \frac{1}{1 + 2\left(\frac{kA}{\pi}\right)^2 \times 1{,}46}$

soit : $\mathbf{\frac{P_0}{P} \approx 88\ \%.}$

On en conclut que 88 % de la puissance est utilisée pour transmettre la porteuse et que le signal contenant l'information n'utilise qu'environ 12 % de la puissance totale.

402 Transmission d'un signal modulé en amplitude

Un signal modulé en amplitude est amplifié à l'émission et à la réception par des amplificateurs à circuits accordés dont le schéma équivalent est représenté ci-dessous :

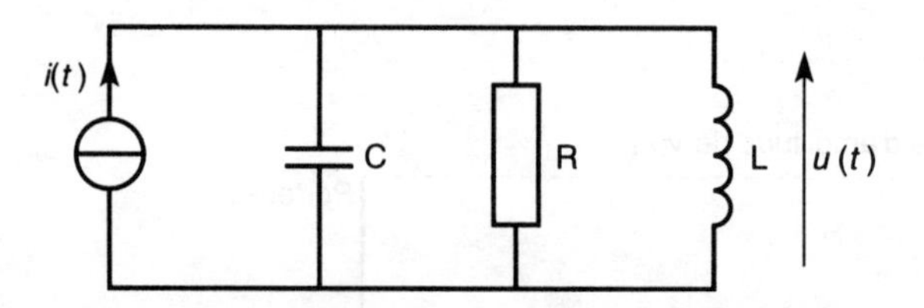

1) a. On s'intéresse au régime sinusoïdal permanent, calculer l'impédance $\underline{Z}$ du dipôle R, L, C parallèle et la mettre sous la forme suivante :

$$\underline{Z} = \frac{R}{1 + jQ\left(\frac{\omega}{\omega_0} - \frac{\omega_0}{\omega}\right)}$$

Exprimer Q et ω_0 en fonction de R, L et C.

b. On se place dans le cas où la pulsation ω est voisine de ω_0

On pose $\omega = \omega_0 + \Delta\omega$ avec $|\Delta\omega| << \omega_0$.

Montrer que $\underline{Z}$ peut se mettre sous la forme approchée suivante :

$$\underline{Z} \approx \frac{R}{1 + 2jQ\dfrac{\Delta\omega}{\omega_0}}$$

2) Le générateur délivre un courant sinusoïdal modulé en amplitude :

$i(t) = I\,(1 + m\cos\Omega t)\cos\omega_0 t$ avec $\omega_0 >> \Omega$

a. Montrer que le générateur $i(t)$ est équivalent à la mise en parallèle de trois générateurs de courant sinusoïdaux $i_1(t)$, $i_2(t)$ et $i_3(t)$ dont on précisera les amplitudes et les fréquences.

b. Déterminer l'expression de la tension $u(t)$ et la mettre sous la forme suivante :

$u(t) \approx U\,[1 + m'\cos(\Omega t - \varphi)]\cos\omega_0 t$

Exprimer l'amplitude U.

Montrer que le nouveau taux de modulation $m' = \dfrac{m}{\sqrt{1 + \left(\dfrac{2Q\Omega}{\omega_0}\right)^2}}$ et que le déphasage est donné par $\tan\varphi = \dfrac{2Q\Omega}{\omega_0}$.

On rappelle : $\cos p + \cos q = 2\cos\left(\dfrac{p+q}{2}\right) \times \cos\left(\dfrac{p-q}{2}\right)$.

3. Dans le cas ou le signal modulant n'est pas sinusoïdal mais occupe une bande de fréquence limitée par F_{MAX}, on souhaite obtenir un déphasage φ qui varie linéairement par rapport à la fréquence $F = \dfrac{\Omega}{2\pi}$, ceci pour éviter toute distorsion de l'information basse-fréquence soit $\varphi = \Omega\tau$.

a. Quelle est la signification de τ ?

b. Pour déterminer l'écart du déphasage par rapport à la relation linéaire, mettre φ sous la forme suivante en utilisant un développement limité au 3ème ordre : $\varphi \approx \Omega\tau\,(1 - \varepsilon)$

On rappelle qu'au 3ème ordre : $\arctan\theta \approx \theta - \dfrac{\theta^3}{3}$.

Donner l'expression de τ et ε en fonction de Q, ω_0 et Ω.

c. Calculer la valeur maximale de Q, Q_{MAX} correspondant à F_{MAX}, qui provoque un écart de 10 % par rapport au déphasage linéaire.

AN : $f_0 = 100$ kHz $\qquad F_{MAX} = 5$ kHz

d. En déduire la valeur de la bande passante minimale, B_{min} du circuit R, L, C.

1) a. $\underline{Z}$ est l'association de R, L, C en parallèle, on peut écrire pour l'admittance :

$$\underline{Y} = \frac{1}{\underline{Z}} = j\omega C + \frac{1}{R} + \frac{1}{j\omega L} = \frac{j\omega RC + 1 + \dfrac{R}{j\omega L}}{R}$$

soit : $\underline{Z} = \dfrac{R}{1 + j\left(RC\omega - \dfrac{R}{L\omega}\right)} = \dfrac{R}{1 + j\left(\dfrac{Q\omega}{\omega_0} - \dfrac{Q\omega_0}{\omega}\right)}$

Par identification on obtient : $RC = \dfrac{Q}{\omega_0}$ (1) et $\dfrac{R}{L} = Q\,\omega_0$ (2)

(1) × (2) donne : $Q^2 = R^2\dfrac{C}{L}$ donc $\mathbf{Q = R\sqrt{\dfrac{C}{L}}}$.

$\dfrac{(2)}{(1)}$ donne : $\omega_0^2 = \dfrac{1}{LC}$ donc $\boldsymbol{\omega_0 = \dfrac{1}{\sqrt{LC}}}$.

b. Au voisinage de ω_0 on a $\omega = \omega_0 + \Delta\omega$ alors :

$$\underline{Z}(j\omega) = \frac{R}{1 + jQ\dfrac{\omega^2 - \omega_0^2}{\omega\omega_0}} = \frac{R}{1 + jQ\dfrac{(\omega - \omega_0)(\omega + \omega_0)}{\omega\omega_0}}$$

D'où : $$\underline{Z}\,[j(\omega_0 + \Delta\omega)] = \frac{R}{1 + jQ\dfrac{\Delta\omega(2\,\omega_0 + \Delta\omega)}{\omega_0(\omega_0 + \Delta\omega)}} = \frac{R}{1 + 2\,jQ\dfrac{\Delta\omega}{\omega_0}\left(\dfrac{1 + \dfrac{\Delta\omega}{2\,\omega_0}}{1 + \dfrac{\Delta\omega}{\omega_0}}\right)}$$

Or nous avons $|\Delta\omega| << \omega_0$ donc $1 + \dfrac{\Delta\omega}{2\,\omega_0} \approx 1$ et $1 + \dfrac{\Delta\omega}{\omega_0} \approx 1$.

Soit : $\underline{Z} \approx \dfrac{\mathbf{R}}{\mathbf{1 + 2\,j\,Q\dfrac{\Delta\omega}{\omega_0}}}$.

2) a. Pour $i(t)$ nous pouvons écrire :

$i(t) = I\cos\omega_0 t + \dfrac{mI}{2}\cos(\omega_0 - \Omega)t + \dfrac{mI}{2}\cos(\omega_0 + \Omega)t.$

On obtient trois sources de courant telles que :

$\boldsymbol{i_1(t) = \dfrac{mI}{2}\cos(\omega_0 - \Omega)t}$

$\boldsymbol{i_2(t) = I\cos\omega_0 t}$

$\boldsymbol{i_3(t) = \dfrac{mI}{2}\cos(\omega_0 + \Omega)t}$

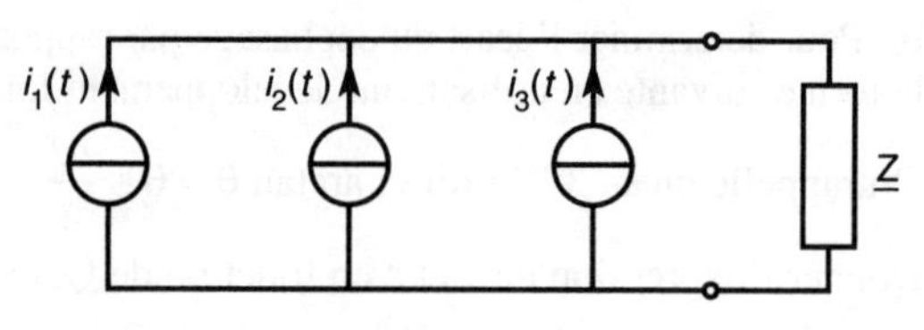

b. Pour obtenir la tension $u(t)$
on applique la méthode de superposition :

$u(t) = u_1(t) + u_2(t) + u_3(t)$

$$\begin{cases} u_1(t) = |\underline{Z}\,[j(\omega_0 - \Omega)]|\,\dfrac{mI}{2}\cos[(\omega_0 - \Omega)t + \arg(\underline{Z}\,[j(\omega_0 - \Omega)])] \\ u_2(t) = |\underline{Z}\,[(j\omega_0)|\,I\cos[\omega_0 t + \arg(\underline{Z}(j\omega_0))] \\ u_3(t) = |\underline{Z}\,[j(\omega_0 + \Omega)]|\,\dfrac{mI}{2}\cos[(\omega_0 + \Omega)t + \arg(\underline{Z}\,[j(\omega_0 + \Omega)])] \end{cases}$$

On utilise l'expression approchée de $\underline{Z}$:

$$\begin{cases} u_1(t) \approx \dfrac{R}{\sqrt{1+\left(\dfrac{2Q\Omega}{\omega_0}\right)^2}}\, m\,\dfrac{I}{2}\cos\left[(\omega_0+\Omega)t+\varphi_1\right] \\ \text{avec } \varphi_1 = \arctan\left(\dfrac{2Q\Omega}{\omega_0}\right) \end{cases}$$

$u_2(t) = RI\cos\omega_0 t$

$$\begin{cases} u_3(t) \approx \dfrac{R}{\sqrt{1+\left(\dfrac{2Q\Omega}{\omega_0}\right)^2}}\, m\,\dfrac{I}{2}\cos\left[(\omega_0+\Omega)t+\varphi_3\right] \\ \text{avec } \varphi_3 = -\arctan\left(\dfrac{2Q\Omega}{\omega_0}\right) \end{cases}$$

On en déduit : $u(t) \approx RI\cos\omega_0 t + \dfrac{m\dfrac{RI}{2}}{\sqrt{1+\left(\dfrac{2Q\Omega}{\omega_0}\right)^2}}\left[\cos[(\omega_0-\Omega)t+\varphi]+\cos[(\omega_0+\Omega)t-\varphi]\right]$

avec $\varphi = \varphi_1 = \arctan\left(\dfrac{2Q\Omega}{\omega_0}\right)$

D'autre par nous avons :

$\cos[(\omega_0-\Omega)t+\varphi]+\cos[(\omega_0+\Omega)t-\varphi] = 2\cos\omega_0 t\cos(\Omega t-\varphi)$ alors :

$$\boldsymbol{u(t) \approx RI\left[1+\dfrac{m}{\sqrt{1+\left(\dfrac{2Q\Omega}{\omega_0}\right)^2}}\cos(\Omega t-\varphi)\right]\cos\omega_0 t}$$

En identifiant, on en déduit :

U = RI $\qquad \boldsymbol{m' = \dfrac{m}{\sqrt{1+\left(\dfrac{2Q\Omega}{\omega_0}\right)^2}}} \qquad \boldsymbol{\tan\varphi = \dfrac{2Q\Omega}{\omega_0}}$.

3) a. Lorsque $\varphi = \Omega\tau$ nous pouvons écrire :

$u(t) \approx RI\left[1+m'\cos[\Omega(t-\tau)]\right]\cos\omega_0 t$

donc τ correspond à un retard pour le signal modulant.

b. Nous avons $\tan\varphi = \dfrac{2Q\Omega}{\omega_0}$ alors $\varphi = \arctan\left(\dfrac{2Q\Omega}{\omega_0}\right)$

Soit : $\varphi \approx \left(\dfrac{2Q\Omega}{\omega_0}\right) - \dfrac{1}{3}\left(\dfrac{2Q\Omega}{\omega_0}\right)^3$

$$\boldsymbol{\varphi \approx \left(\dfrac{2Q\Omega}{\omega_0}\right)\left[1-\dfrac{1}{3}\left(\dfrac{2Q\Omega}{\omega_0}\right)^2\right]}$$

En identifiant on obtient :

$$\tau = \frac{\mathbf{2Q}}{\omega_0} \qquad \varepsilon = \frac{\mathbf{1}}{\mathbf{3}}\left(\frac{2Q\Omega}{\omega_0}\right)^2$$

c. $\varepsilon = 10\ \% = 0{,}1 = \frac{1}{3}\left(\frac{2Q\Omega}{\omega_0}\right)^2$ soit $Q \approx 0{,}27\ \frac{\omega_0}{\Omega}$

Pour $F = \frac{\Omega}{2\pi} = F_{MAX}$ on obtient : $\mathbf{Q_{MAX} \approx 0{,}27 \times \frac{f_0}{F_{MAX}}}$

A.N. $Q_{MAX} \approx 5{,}4$.

d. Par définition, la bande passante d'un circuit R, L, C parallèle est donnée par : $B = \frac{f_0}{Q}$.

D'où $B_{min} = \frac{f_0}{Q_{MAX}}$ soit $\mathbf{B_{min} \approx 18{,}5\ kHz.}$

403 Modulation AM à transistor

Le schéma ci-dessous représente un modulateur d'amplitude utilisé pour les "petites puissances".

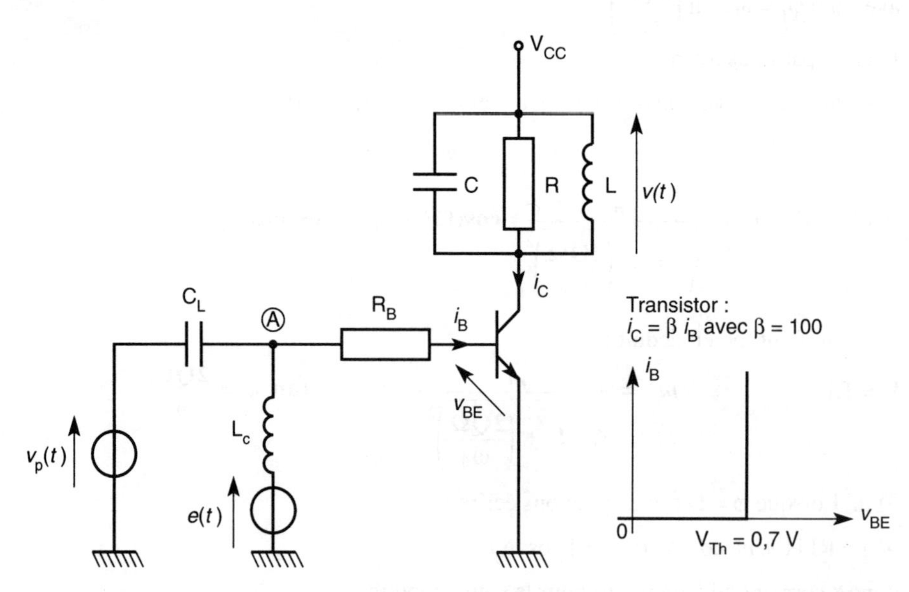

La porteuse est une tension sinusoïdale : $v_p(t) = V_p \cos \omega_0 t$ (HF). $e(t)$ représente un signal basse fréquence (BF).

Le condensateur de liaison C_L est un court-circuit pour la HF et un circuit ouvert pour la BF.

L'inductance de choc, L_c, est un circuit ouvert pour la HF et un court-circuit pour la BF.

Le transistor fonctionne en régime linéaire.

1) On suppose $e(t) = - \mathrm{E}$ constant avec $\mathrm{E} > 0$.

a. Donner l'expression de $v_A(t)$.

b. Soit $t \in \left] -\frac{T_0}{2}, \frac{T_0}{2} \right[$ avec $T_0 = \frac{2\pi}{\omega_0}$, on appelle $-t_1$ l'instant d'ouverture et t_1 l'instant de fermeture de la jonction base – émetteur.

Montrer que t_1 est donné par : $\cos \omega_0 t_1 = \frac{E + V_{Th}}{V_p}$.

Calculer la valeur de $\omega_0 t_1$ lorsque $E = 1$ V et $V_p = 3{,}4$ V.

c. $i_c(t)$ est composé de calottes de sinusoïde, montrer que :

$i_c(t) = \mathrm{I}\,[\cos \omega_0 t - \cos \omega_0 t_1]$ lorsque le transistor conduit. Exprimer I en fonction de β, V_p et R_B.

d. Pour $T_0 = 1$ µs, représenter graphiquement $i_c(t)$ avec $R_B = 1{,}7$ kΩ et les valeurs numériques précédentes.

2) $i_c(t)$ est un courant périodique composé de calottes de sinusoïde de durée $2t_1$.

a. Montrer que l'amplitude du fondamental de $i_c(t)$ est donné par :

$$\hat{I}_1 = \frac{I}{\pi}\left[\omega_0 t_1 - \frac{1}{2}\sin(2\,\omega_0 t_1)\right]$$

b. Le circuit R, L, C est accordé sur le fondamental ω_0, on néglige les autres harmoniques.

Donner l'expression de $v(t)$.

3) a. On pose $\omega_0 t_1 = \frac{\pi}{2} - \varepsilon$, à l'aide d'un développement limité montrer que si $V_p >> E + V_{Th}$ alors : $\varepsilon \approx \frac{E + V_{Th}}{V_p}$.

On rappelle que $\sin \theta \approx \theta$ pour $\theta << 1$.

b. Dans l'hypothèse ou $\varepsilon << 1$, montrer que la tension $v(t)$ peut s'écrire :

$$v(t) \approx \frac{RI}{2}\left(1 - \frac{4\varepsilon}{\pi}\right)\cos \omega_0 t$$

c. La tension $e(t)$ n'est plus constante et s'exprime de la façon suivante :

$e(t) = -E + V_m \cos \Omega t$ avec $\Omega << \omega_0$ et $V_m << V_p$.

(↑ signal BF, sous $V_m \cos \Omega t$)

Montrer que $v(t)$ peut s'écrire sous la forme d'un signal AM :

$v(t) \approx \hat{V}\,(1 + m \cos \Omega t) \cos \omega_0 t$.

Exprimer $\hat{V}$ et le taux de modulation m en fonction de R, R_B, β, V_p et V_m.

1) a. Le condensateur de liaison C_L et la self de choc L_c permettent d'obtenir en Ⓐ la somme des deux tensions.

Soit : $v_A(t) = v_p(t) + e(t)$

b. Le transistor conduit lorsque $v_A(t) \geq V_{Th}$ alors :

$V_p \cos \omega_0 t - E \geq V_{Th}$ donc $\cos \omega_0 t \geq \frac{V_{Th} + E}{V_p}$.

L'instant t_1 est défini par l'égalité soit :

$\mathbf{\cos \omega_0 t_1 = \dfrac{V_{Th} + E}{V_p}}$. A.N. $\cos \omega_0 t_1 = \dfrac{1}{2}$ $\quad \mathbf{\omega_0 t_1 = \dfrac{\pi}{3}}$

c. Lorsque le transistor conduit nous pouvons écrire :

$$i_B(t) = \frac{v_A(t) - V_{Th}}{R_B} = \frac{V_p \cos \omega_0 t - (E + V_{Th})}{R_B}$$

On remplace $E + V_{Th}$ par $V_p \cos \omega_0 t_1$ alors :

$$i_B(t) = \frac{V_p}{R_B} (\cos \omega_0 t - \cos \omega_0 t_1)$$

Le transistor fonctionne en régime linéaire donc $i_c = \beta\, i_b$.

On en déduit : $\mathbf{i_c(t) = \dfrac{\beta V_p}{R_B} (\cos \omega_0 t - \cos \omega_0 t_1)}$

En identifiant on obtient : $\mathbf{I = \dfrac{\beta V_p}{R_B}}$

d.

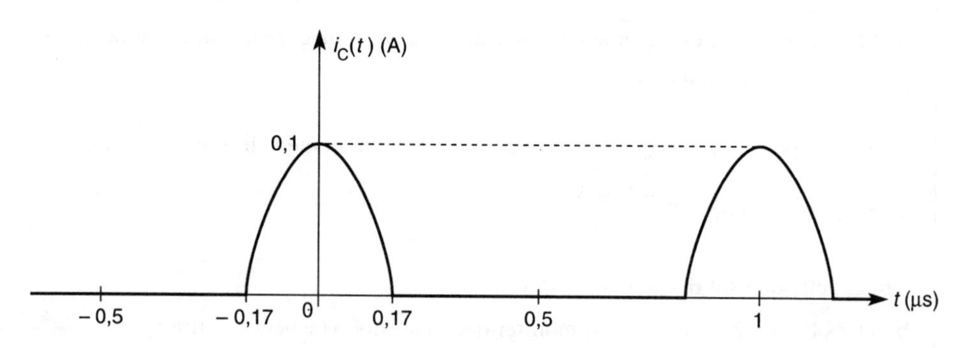

On a : $\begin{cases} i_{c_{MAX}} = I\,(1 - \cos \omega_0\, t_1) = \dfrac{I}{2} = 0{,}1 \text{ A} \\ \omega_0 t_1 = \dfrac{\pi}{3} \quad \text{alors} \quad t_1 = \dfrac{T_0}{6} \approx 0{,}17 \ \mu\text{s} \end{cases}$

2) a. $i_c(t)$ est périodique et paire donc :

$$i_c(t) = \overline{i_c(t)} + \hat{I}_1 \cos \omega_0 t + \hat{I}_2 \cos 2\omega_0 t + \ldots$$

Par définition on a : $\hat{I}_1 = \dfrac{2}{T_0} \displaystyle\int_{-\frac{T_0}{2}}^{\frac{T_0}{2}} i_c(t) \cos \omega_0 t \, dt$

Soit : $\hat{I}_1 = \dfrac{4}{T_0} \displaystyle\int_0^{t_1} I\,(\cos \omega_0 t - \cos \omega_0 t_1) \cos \omega_0 t \, dt$

$$\hat{I}_1 = \frac{4I}{T_0}\int_0^{t_1} \frac{1 + \cos 2\,\omega_0 t_1}{2}\,dt - \frac{4I}{T_0}\cos 2\,\omega_0 t_1 \left[\frac{\sin \omega_0 t}{\omega_0}\right]_0^{t_1}$$

$$\hat{I}_1 = \frac{2I}{T_0}\left[t + \frac{\sin 2\,\omega_0 t}{2\,\omega_0}\right]_0^{t_1} - \frac{2I}{\pi}\cos \omega_0 t_1 \sin \omega_0 t_1$$

$$\hat{I}_1 = \frac{I}{\pi}\left[\omega_0 t_1 + \frac{1}{2}\sin 2\,\omega_0 t_1\right] - \frac{I}{\pi}\sin 2\,\omega_0 t_1$$

$$\boldsymbol{\hat{I}_1 = \frac{I}{\pi}\left[\omega_0 t_1 - \frac{1}{2}\sin 2\,\omega_0 t_1\right]}$$

b. Le circuit sélectif ne conserve que le fondamental et à la pulsation ω_0 l'impédance du circuit R, L, C est égale à R donc : $v(t) = R\,\hat{I}_1 \cos \omega_0 t$

soit : $\boldsymbol{v(t) = \frac{RI}{\pi}\left[\omega_0 t_1 - \frac{1}{2}\sin 2\,\omega_0 t_1\right]\cos \omega_0 t}$

3) a. Nous avons : $\cos \omega_0 t_1 = \dfrac{E + V_{Th}}{V_p}$

soit : $\cos\left(\dfrac{\pi}{2} - \varepsilon\right) = \sin \varepsilon = \dfrac{E + V_{Th}}{V_p}$

si $V_p >> E + V_{Th}$ alors $\dfrac{E + V_{Th}}{V_p} << 1$ on en déduit :

$\sin \varepsilon \approx \varepsilon$ donc $\boldsymbol{\varepsilon \approx \dfrac{E + V_{Th}}{V_p}}$

b. On remplace $\omega_0 t_1$ par $\dfrac{\pi}{2} - \varepsilon$ dans l'expression de $v(t)$:

$$v(t) = \frac{RI}{\pi}\left[\frac{\pi}{2} - \varepsilon - \frac{1}{2}\sin(\pi - 2\varepsilon)\right]\cos \omega_0 t_1$$

$$v(t) = \frac{RI}{\pi}\left[\frac{\pi}{2} - \varepsilon - \frac{1}{2}\sin 2\varepsilon\right]\cos \omega_0 t_1$$

Or $\varepsilon << 1$ donc $\sin 2\varepsilon \approx 2\varepsilon$, on en déduit :

$v(t) \approx \dfrac{RI}{\pi}\left[\dfrac{\pi}{2} - 2\varepsilon\right]\cos \omega_0 t$ soit : $\boldsymbol{v(t) \approx \dfrac{RI}{2}\left[1 - \dfrac{4\varepsilon}{\pi}\right]\cos \omega_0 t}$

c. Nous avons $\varepsilon \approx \dfrac{E + V_{Th}}{V_p}$ lorsque $e(t)$ est constante.

Pour $e(t) = -E + V_m \cos \Omega t$ nous pouvons écrire :

$$\varepsilon(t) \approx \frac{E - V_m \cos \Omega t + V_{Th}}{V_p}$$

Avec $V_m \ll V_p$ nous avons $\varepsilon(t)$ toujours petit devant 1.

On en déduit pour la tension de sortie :

$$v(t) \approx \frac{RI}{2}\left[1 - \underbrace{\frac{4(E + V_{Th})}{\pi V_p}}_{} + \frac{4V_m}{\pi V_p}\cos \Omega t\right]\cos \omega_0 t$$

négligeable devant 1 car $V_p \gg E + V_{Th}$

$$\text{soit : } \boldsymbol{v(t) \approx \left(\beta \frac{V_p}{2} \times \frac{R}{R_B}\right)\left[1 + \frac{4V_m}{\pi V_p}\cos \Omega t\right]\cos \omega_0 t}$$

$$\text{Alors : } \boldsymbol{\widehat{V} = \beta \frac{V_p}{2} \times \frac{R}{R_B}} \qquad \boldsymbol{m = \frac{4V_m}{\pi V_p}}$$

404 Modulateur à découpage

1) Amplificateur différentiel

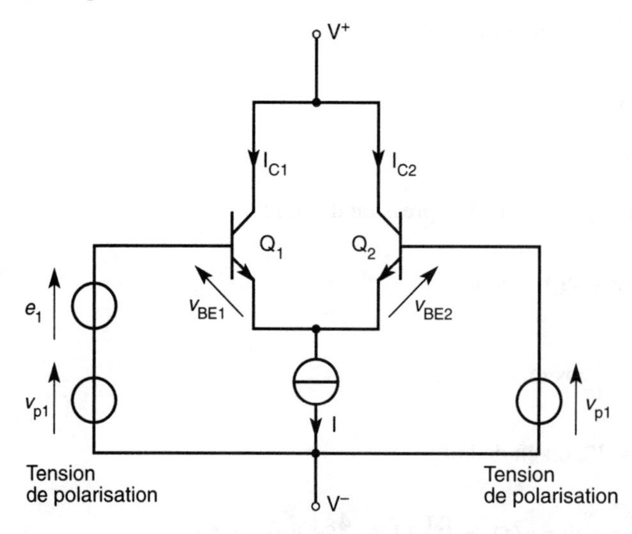

Les deux transistors sont identiques car ils sont réalisés sur le même circuit intégré. La loi de variation du courant collecteur est donnée par :

$$I_c = I_0 \exp\left(\frac{v_{BE}}{V_T}\right)$$

avec $V_T \approx 25$ mV

a. Montrer que les courants I_{c_1} et I_{c_2} s'expriment de la façon suivante :

$$I_{c1} = \frac{I}{1 + \exp\left(\frac{-e_1}{V_T}\right)} \quad \text{et} \quad I_{c2} = \frac{I}{1 + \exp\left(\frac{e_1}{V_T}\right)}$$

b. Calculer la valeur de e_1 telle que $I_{c_1} = 0{,}95$ I, que vaut alors I_{c_2} ?

c. Représenter sur le même graphique $I_{c_1}(e_1)$ et $I_{c_2}(e_1)$.

2) Circuit modulateur

On utilise trois amplificateurs de différence pour réaliser le modulateur.

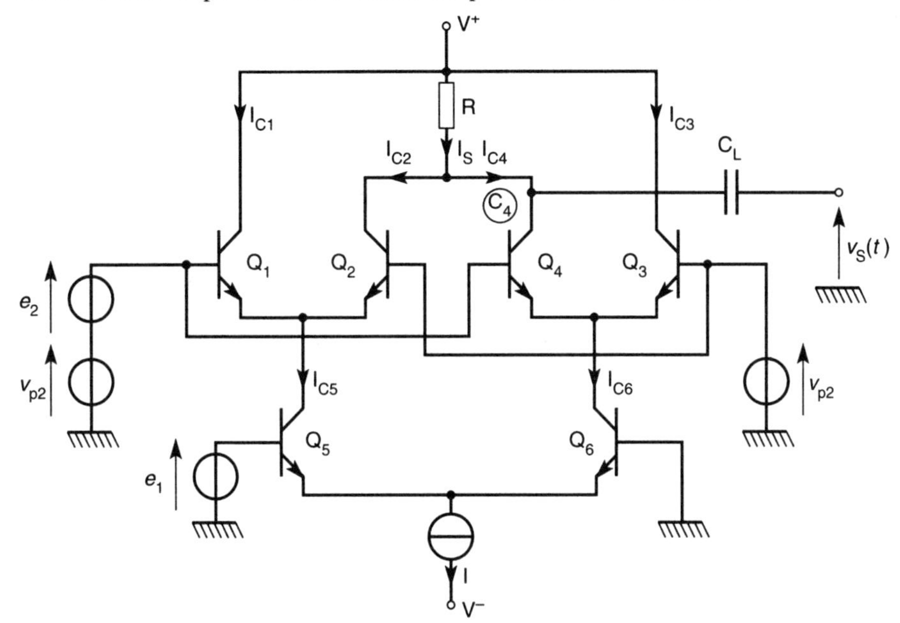

a. Déterminer l'expression $I_s = I_{c_2} + I_{c_4}$ en fonction de $\frac{e_1}{V_T}$; $\frac{e_2}{V_T}$ et I.

b. On se place dans le cas où le circuit fonctionne en grands signaux pour le signal $e_2(t)$.

Montrer que l'on obtient pour les deux cas suivants :

– $e_2(t) > 0$ et $|e_2(t)| >> V_T$ alors $I_s \approx \dfrac{I}{1 + \exp\left(\dfrac{e_1}{V_T}\right)}$

– $e_2(t) < 0$ et $|e_2(t)| >> V_T$ alors $I_s \approx \dfrac{I}{1 + \exp\left(\dfrac{-e_1}{V_T}\right)}$

c. On se place dans le cas où le circuit fonctionne en petits-signaux pour le signal $e_1(t)$ soit $|e_1(t)| << V_T$.

A l'aide de développements limités et des résultats de la question précédente, déterminer dans les deux cas une expression approchée de I_s.

On rappelle que : $e^x \approx 1 + x$ et $(1 + x)^n \approx 1 + nx$ pour $x << 1$.

d. Le condensateur de liaison, C_L, est un court-circuit pour la composante variable de $I_s(t)$.

Montrer que la tension de sortie, $v_s(t)$, peut s'exprimer sous la forme suivante :

$v_s(t) \approx \text{signe}\,[e_2(t)] \times \dfrac{RI}{4V_T} \times e_1(t)$

avec $\begin{cases} \text{signe}(x) = 1 \text{ lorsque } x > 0 \\ \text{signe}(x) = -1 \text{ lorsque } x < 0 \end{cases}$

3) Le signal $e_2(t)$ représente la porteuse : $e_2(t) = V_2 \cos \omega_0 t$ avec $V_2 >> V_T$ et $f_0 = \frac{\omega_0}{2\pi} = 100$ kHz.

Le signal $e_1(t)$ représente l'information basse-fréquence :

$e_1(t) = V_1 \cos \Omega t$ avec $F = \frac{2\pi}{\Omega} = 10$ kHz.

a. Représenter graphiquement signe $[e_2(t)]$ en fonction du temps.

b. Donner l'expression du développement en série de Fourier de signe $[e_2(t)]$

c. Représenter graphiquement l'allure de $v_s(t)$ avec $\frac{RI}{4V_T} = 10$ et $V_1 = 20$ mV.

d. Montrer que $v_s(t)$ s'exprime sous la forme d'une somme de fonctions sinusoïdales.

e. Représenter graphiquement le spectre de $v_s(t)$, on se limitera aux six premières raies.

1) a. Les deux transistors étant identiques, nous pouvons écrire :

$$I_{c_1} = I_0 \exp\left(\frac{v_{BE_1}}{V_T}\right) \text{ et } I_{c_2} = I_0 \exp\left(\frac{v_{BE_2}}{V_T}\right)$$

D'après la loi des nœuds : $I = I_{c_1} + I_{c_2}$.

D'après la loi des mailles : $v_{BE_1} - v_{BE_2} = e_1$.

En calculant le rapport $\frac{I_{c1}}{I_{c2}}$ on obtient :

$$\frac{I_{c1}}{I_{c2}} = \exp\left[\frac{v_{BE_1} - v_{BE_2}}{V_T}\right] = \exp\left(\frac{e_1}{V_T}\right)$$

Or $I_{c_2} = I - I_{c_1}$ donc $I_{c_1} = (I - I_{c_1}) \exp\left(\frac{e_1}{V_T}\right)$

$$I_{c1}\left[1 + \exp\left(\frac{e_1}{V_T}\right)\right] = I \exp\left(\frac{e_1}{V_T}\right)$$

$$I_{c1} = I \frac{\exp\left(\frac{e_1}{V_T}\right)}{1 + \exp\left(\frac{e_1}{V_T}\right)} \quad \text{soit} \quad \mathbf{I_{c1} = \frac{I}{1 + \exp\left(\frac{-e_1}{V_T}\right)}}$$

Pour I_{c_2} nous avons : $I_{c_2} = I_{c_1} \exp\left(\frac{-e_1}{V_T}\right)$

Alors : $\mathbf{I_{c_2} = \dfrac{I}{1 + \exp\left(\dfrac{e_1}{V_T}\right)}}$

b. $I_{c_1} = 0{,}95\, I = \dfrac{I}{1 + \exp\left(\dfrac{-e_1}{V_T}\right)}$ d'où : $1 + \exp\left(\dfrac{-e_1}{V_T}\right) = \dfrac{1}{0{,}95}$

$$\exp\left(\frac{-e_1}{V_T}\right) = \frac{1}{0{,}95} - 1 = \frac{-0{,}05}{0{,}95}$$

$\exp\left(\dfrac{e_1}{V_T}\right) = \dfrac{95}{5} = 19$ donc $\mathbf{e_1 = V_T \ln 19 \approx 74\ mV}$

Nous avons $I = I_{c_1} + I_{c_2}$ alors $\mathbf{I_{c_2} = 0{,}05\ I}$

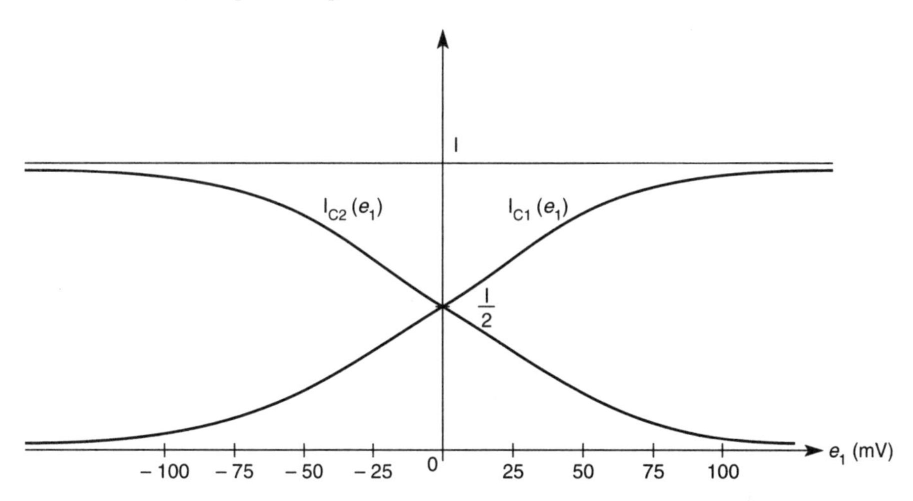

2) a. D'après les résultats de la première question, nous pouvons écrire pour chaque étage :

étage 1 : $I_{c_1} = \dfrac{I_{c5}}{1 + \exp\left(\dfrac{-e_2}{V_T}\right)}$ et $I_{c_2} = \dfrac{I_{c5}}{1 + \exp\left(\dfrac{e_2}{V_T}\right)}$

étage 2 : $I_{c_3} = \dfrac{I_{c6}}{1 + \exp\left(\dfrac{e_2}{V_T}\right)}$ et $I_{c_4} = \dfrac{I_{c6}}{1 + \exp\left(\dfrac{-e_2}{V_T}\right)}$

étage 3 : $I_{c_5} = \dfrac{I}{1 + \exp\left(\dfrac{-e_1}{V_T}\right)}$ et $I_{c_6} = \dfrac{I}{1 + \exp\left(\dfrac{e_1}{V_T}\right)}$

Nous avons : $I_s = I_{c_2} + I_{c_4} = \dfrac{I_{c5}}{1 + \exp\left(\dfrac{e_2}{V_T}\right)} + \dfrac{I_{c6}}{1 + \exp\left(\dfrac{-e_2}{V_T}\right)}$

On remplace I_{c_5} et I_{c_6} par leur expression :

Soit : $\mathbf{I_s} = \dfrac{\mathbf{I}}{\left[1+\exp\left(\dfrac{-e_1}{V_T}\right)\right]\left[1+\exp\left(\dfrac{e_2}{V_T}\right)\right]} + \dfrac{\mathbf{I}}{\left[1+\exp\left(\dfrac{e_1}{V_T}\right)\right]\left[1+\exp\left(\dfrac{-e_2}{V_T}\right)\right]}$

b. Fonctionnement en grand-signaux pour $e_2(t)$ alors

Pour $e_2(t) > 0$ et $|e_2(t)| >> V_T$ alors : $\begin{cases} \dfrac{1}{1 + \exp\left(\dfrac{e_2}{V_T}\right)} \to 0 \\ \dfrac{1}{1 + \exp\left(\dfrac{-e_2}{V_T}\right)} \to 1 \end{cases}$

On en déduit : $\mathbf{I_s} \approx \dfrac{\mathbf{I}}{1 + \exp\left(\dfrac{e_1}{V_T}\right)}$

Pour $e_2(t) < 0$ et $|e_2(t)| >> V_T$ alors : $\begin{cases} \dfrac{1}{1 + \exp\left(\dfrac{e_2}{V_T}\right)} \to 1 \\ \dfrac{1}{1 + \exp\left(\dfrac{-e_2}{V_T}\right)} \to 0 \end{cases}$

On en déduit : $\mathbf{I_s} \approx \dfrac{\mathbf{I}}{1 + \exp\left(\dfrac{-e_1}{V_T}\right)}$

c. Fonctionnement en petits-signaux pour $e_1(t)$, nous avons donc $\dfrac{|e_1(t)|}{V_T} << 1$.

On se place dans le premier cas soit $e_2(t) > 0$ alors :

$$I_s \approx \frac{I}{1 + \exp\left(\dfrac{e_1}{V_T}\right)}$$

Comme $\dfrac{|e_1(t)|}{V_T} << 1$ on fait un développement limité au premier ordre pour l'exponentielle soit : $\exp\left(\dfrac{e_1}{V_T}\right) \approx 1 + \dfrac{e_1}{V_T}$.

Alors : $I_s \approx \dfrac{I}{2 + \dfrac{e_1}{V_T}} = \dfrac{I}{2\left(1 + \dfrac{e_1}{2V_T}\right)}$

On peut faire à nouveau un développement limité au premier ordre car $\dfrac{|e_1|}{2\,V_T} << 1$ soit :

$$\mathbf{I_s \approx \frac{I}{2}\left(1 - \frac{e_1(t)}{2\,V_T}\right)} \text{ pour } e_2(t) > 0.$$

On se place dans le deuxième cas soit $e_2(t) < 0$ alors :

$$I_s \approx \frac{I}{1 + \exp\left(\dfrac{-e_1}{V_T}\right)}$$

On peut à nouveau faire deux développements limités alors :

$$I_s \approx \frac{I}{1 + 1 - \dfrac{e_1}{V_T}} = \frac{I}{2\left(1 - \dfrac{e_1}{2\,V_T}\right)}$$

soit : $\mathbf{I_s \approx \dfrac{I}{2}\left(1 + \dfrac{e_1(t)}{2\,V_T}\right)}$ pour $e_2(t) < 0$.

d. La tension collecteur de Q_4, v_{c_4}, par rapport à la masse est égale à : $v_{c_4} = -RI_S + V^+$

soit : $\begin{cases} v_{c4} = \left(V^+ - \dfrac{RI}{2}\right) + \dfrac{RI}{4V_T}\, e_1(t) \text{ pour } e_2(t) > 0 \\ v_{c4} = \left(V^+ - \dfrac{RI}{2}\right) - \dfrac{RI}{4V_T}\, e_1(t) \text{ pour } e_2(t) < 0 \end{cases}$

composante continue — composante variable

Le condensateur de liaison, C_L, bloque la composante continue donc en utilisant la fonction signe (x) on peut écrire :

$$\mathbf{v_x(t) = signe\,[e_2(t)] \times \frac{RI}{4V_T}\, e_1(t)}$$

3) a. La porteuse est définie par $e_2(t) = V_2 \cos \omega_0 t$, on obtient pour signe $[e_2(t)]$ le graphique suivant :

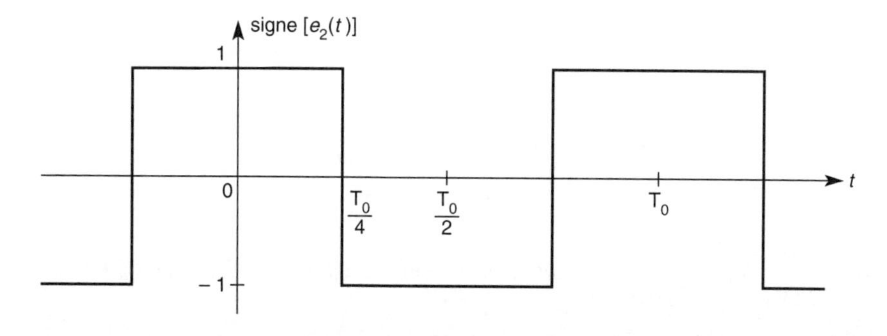

b. Signe $[e_2(t)]$ est une fonction périodique paire dont les alternances positives sont identiques au signe près aux alternances négatives. Le développement en série de Fourier de signe $[e_2(t)]$ ne contient que des termes en cos et des harmoniques de rang impair.

$$\text{signe}\,[e_2(t)] = \sum_{n=0}^{+\infty} a_{2n+1} \cos(2n+1)\,\omega_0 t$$

$$\text{avec } a_{2n+1} = \frac{8}{T_0}\int_0^{\frac{T_0}{4}} \text{signe}\,[e_2(t)] \cos[(2n+1)\,\omega_0 t]\,dt$$

$$a_{2n+1} = \frac{8}{T_0} \times \left[\frac{\sin(2n+1)\,\omega_0 t}{(2n+1)\,\omega_0}\right]_0^{\frac{T_0}{4}}$$

$$a_{2n+1} = \frac{4}{\pi(2n+1)} \sin\left[(2n+1)\frac{\pi}{2}\right]$$

$$\text{soit : } a_{2n+1} = \frac{4}{\pi(2n+1)}(-1)^n$$

Alors : $$\textbf{signe}\,[e_2(t)] = \frac{4}{\pi}\sum_{n=0}^{+\infty}\frac{(-1)^n}{2n+1}\cos(2n+1)\,\omega_0 t$$

c. Le signal BF, $e_1(t)$, est donc découpé par la HF.

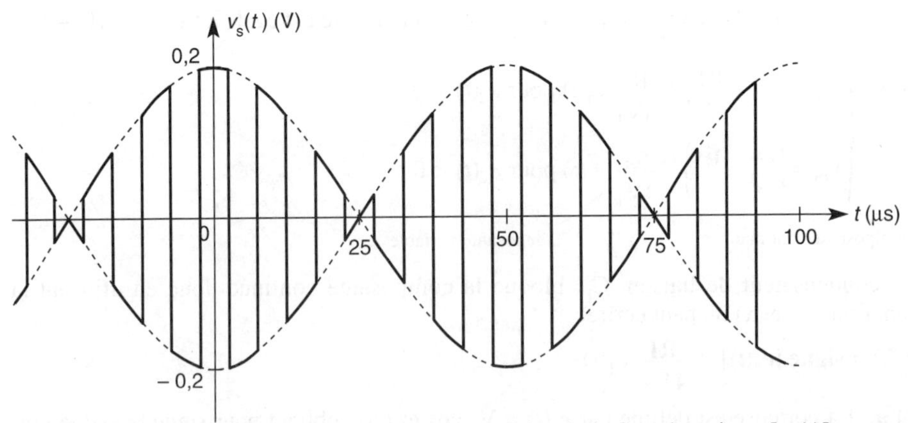

d. En utilisant le développement en série de Fourier de la fonction signe $[e_2(t)]$, on peut écrire :

$$v_s(t) = \frac{4}{\pi}\left[\sum_{n=0}^{+\infty}\frac{(-1)^n}{2n+1}\cos(2n+1)\,\omega_0 t\right] \times \frac{RI}{4V_T} \times V_1 \cos \Omega t$$

$$\text{soit : } v_s(t) = \frac{RI}{\pi V_T} V_1 \times \sum_{n=0}^{+\infty}\left[\frac{(-1)^n}{2n+1}\cos(2n+1)\,\omega_0 t \times \cos \Omega t\right]$$

$$v_s(t) = \frac{RI}{2\pi V_T} V_1 \times \sum_{n=0}^{+\infty}\frac{(-1)^n}{2n+1}\left[\cos[(2n+1)\,\omega_0 - \Omega]t + \cos[(2n+1)\,\omega_0 + \Omega]t\right]$$

En développant les premiers termes de la somme on obtient :

$$v_s(t) = \frac{\mathrm{RI}}{2\pi \mathrm{V_T}} \mathrm{V_1} \left[(\cos(\omega_0 - \Omega]t + \cos(\omega_0 + \Omega)t) - \frac{1}{3}(\cos(3\omega_0 - \Omega]t + \cos(3\omega_0 - \Omega)t) \ldots \right]$$

e. Avec les valeurs numériques précédentes on obtient :

$$\widehat{\mathrm{V}}_s = \frac{\mathrm{RI}}{2\pi \mathrm{V_T}} \times \mathrm{V_1} \approx 130 \text{ mV}$$

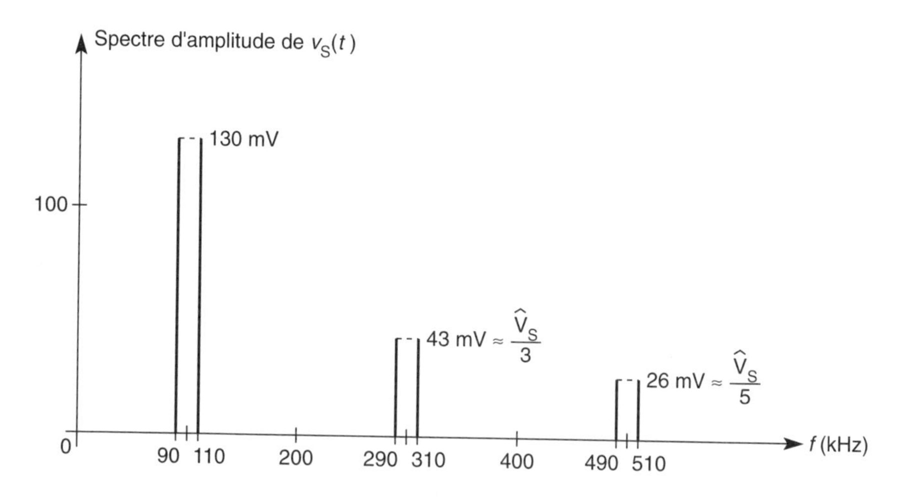

405 Démodulation d'amplitude par détection d'enveloppe

Pour réaliser la détection d'enveloppe, on utilise le circuit suivant :

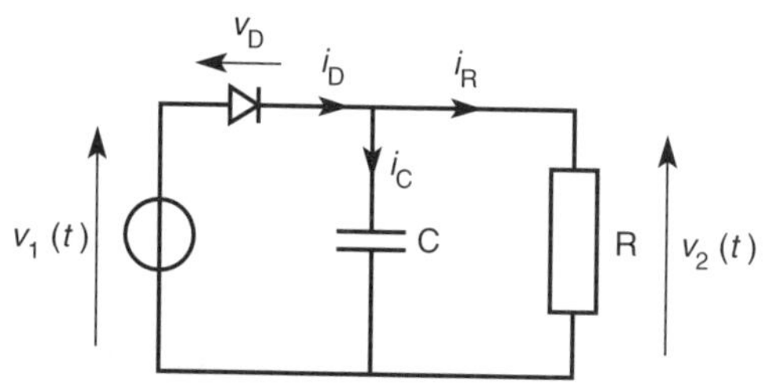

On adopte pour la diode le modèle avec seuil :

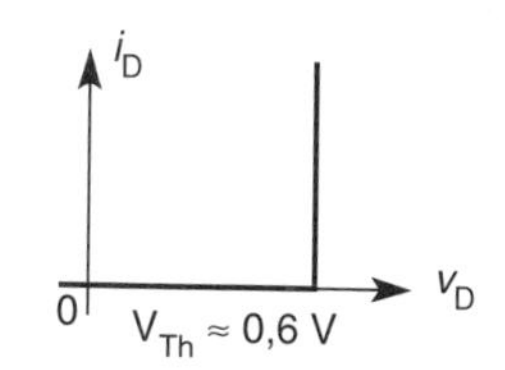

1) La tension d'entrée $v_1(t)$ est sinusoïdale : $v_1(t) = \widehat{\mathrm{V}}_1 \cos \omega_0 t$ avec $\widehat{\mathrm{V}}_1 = 10$ V et $f_0 = \dfrac{\omega_0}{2\pi} = 455$ kHz.

La constante de temps RC est grande devant la période $\mathrm{T_0} = \dfrac{2\pi}{\omega_0}$, on pourra considérer $v_2(t)$ comme constante soit $v_2(t) = \mathrm{V_2} = $ cte.

Calculer la valeur de $\mathrm{V_2}$.

2) La tension $v_1(t)$ est modulée en amplitude :

$$v_1(t) = \underbrace{\widehat{\mathrm{V}}_1(1 + m \cos \Omega t)}_{} \cos \omega_0 t \quad \text{avec} \quad \Omega \ll \omega_0.$$

$v_a(t)$: enveloppe de $v_1(t)$ avec $\mathrm{F} = \dfrac{\Omega}{2\pi} = 5$ kHz.

a. On suppose que la constante de temps RC est petite devant la période $T = \frac{2\pi}{\Omega}$.
Déterminer l'expression de $v_2(t)$.

b. Représenter l'allure de $v_1(t)$ et $v_2(t)$ pour $m = 50\ \%$.

c. Lorsque la diode est passante, donner l'expression de $i_D(t)$ en fonction de R, C et $v_2(t)$.

d. A l'aide de l'expression de $v_2(t)$ montrer que $i_D(t)$ peut se mettre sous la forme suivante lorsque la diode est passante.

$$i_D(t) = \frac{V_2}{R}\left[1 + m\sqrt{1 + (RC\Omega)^2}\cos(\Omega t + \varphi)\right]$$

Déterminer l'expression de $\tan\varphi$ en fonction de R, C et Ω.

e. Pour qu'il n'y ait pas de distorsion lors de la démodulation, le courant $i_D(t)$ doit toujours être positif lorsque la diode est passante.

En déduire une condition sur la constante de temps RC en fonction du taux de modulation m et de $F = \frac{\Omega}{2\pi}$, fréquence de la BF.

f. On choisit un taux de modulation $m = 70\ \%$ et $RC > 10\ T_0$ pour éliminer la HF. Donner les valeurs possibles de RC, conclusion.

1) Le condensateur se charge à la valeur $\hat{V}_1 - V_{Th}$, comme RC est grande devant T_0 alors la décharge du condensateur lorsque la diode est bloquée est négligeable.

Soit : $\mathbf{V_2 = \hat{V}_1 - V_{Th} \approx 9{,}4\ V}$

2) a. La constante de temps RC est petite devant T, la période du signal BF, alors $v_2(t)$ suit les variations de l'enveloppe de $v_1(t)$.

On peut écrire : $\boldsymbol{v_2(t) \approx (\hat{V}_1 - V_{Th})(1 + m\cos\Omega t)}$

b.

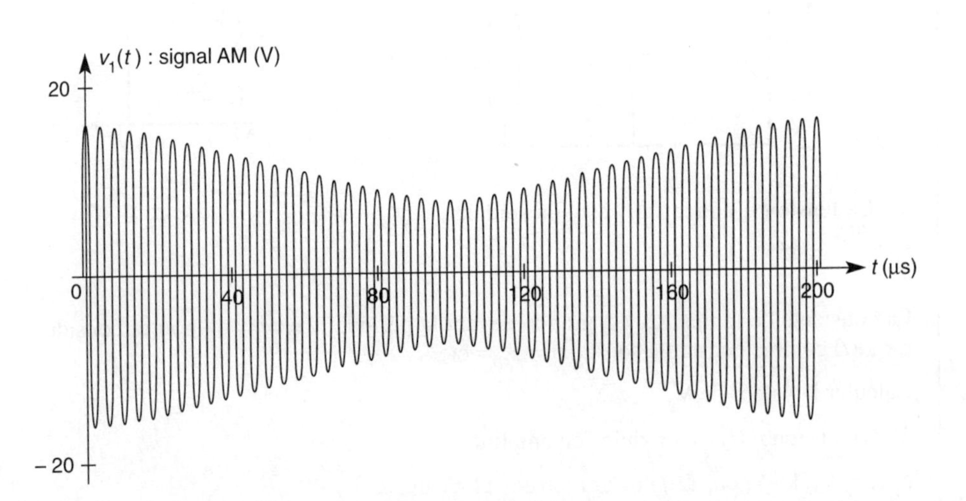

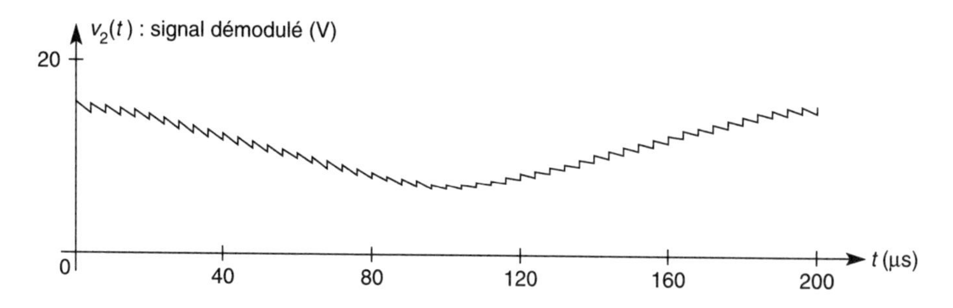

On retrouve en sortie l'enveloppe du signal AM avec un décalage de 0,6 V dû au seuil de la diode.

c. D'après la loi des nœuds, nous pouvons écrire lorsque la diode est passante : $i_D(t) = i_c(t) + i_R(t)$

Or : $i_c(t) = C\dfrac{dv_2}{dt}$ et $i_R(t) = \dfrac{v_2(t)}{R}$.

On en déduit : $\boldsymbol{i_D(t) = C\dfrac{dv_2}{dt} + \dfrac{v_2(t)}{R}}$.

d. D'après la question précédente $v_2(t) = V_2\,(1 + m\cos\Omega t)$:

d'où : $i_D(t) = -\,C\,V_2\,m\,\Omega\sin\Omega t + \dfrac{V_2}{R}\,(1 + m\cos\Omega t)$

$$i_D(t) = \frac{V_2}{R}\,[1 + m\cos\Omega t - RC\,\Omega\,m\sin\Omega t]$$

Pour déterminer φ on développe l'expression de $i_D(t)$ donnée dans l'énoncé alors :

$$i_D(t) = \frac{V_2}{R}\,[1 + m\sqrt{1 + (RC\Omega)^2}\cos\Omega t\cos\varphi - m\sqrt{1 + (RC\Omega)^2}\sin\Omega t\sin\varphi]$$

On identifie donc : $\begin{cases}\sqrt{1 + (RC\Omega)^2}\cos\varphi = 1\\ \sqrt{1 + (RC\Omega)^2}\sin\varphi = RC\Omega\end{cases}$

soit : $\boldsymbol{\tan\varphi = RC\Omega}$

e. Lorsque la diode est passante, la valeur minimale du courant $i_D(t)$ est obtenue lorsque $\cos(\Omega t + \varphi) = -1$

Soit : $i_{Dmin} = \dfrac{V_2}{R}\,[1 - m\sqrt{1 + (RC\Omega)^2}]$

Pour qu'il n'y ait pas de distorsion au moment de la démodulation, il faut $i_{Dmin} > 0$ soit :
$1 - m\sqrt{1 + (RC\Omega)^2} > 0$

$\sqrt{1 + (RC\Omega)^2} < \dfrac{1}{m}$ $\qquad 1 + (RC\Omega)^2 < \dfrac{1}{m^2}$

$$(RC\Omega)^2 < \frac{1-m^2}{m^2} \qquad \text{alors} \qquad \mathbf{RC} < \frac{\sqrt{1-m^2}}{m\ 2\pi F}$$

f. On a pour la HF, $f_0 = 455$ kHz, alors $T_0 = 2{,}2$ µs.

Donc RC > 10 T_0 = 22 µs.

On a pour la BF, F = 5 kHz, alors T = 200 µs et $m = 0{,}7$, on en déduit : RC < 32 µs.

Soit : **22 µs < RC < 32 µs**

On remarque que la plage de réglage de la constante de temps RC est assez petite et on peut prévoir que ce type de démodulateur ne fonctionnera pas correctement si la fréquence de la porteuse et celle de la BF sont trop proches l'une de l'autre.

406 Démodulation d'amplitude non cohérente

Soit une tension $v_1(t)$ modulée en amplitude :

$$v_1(t) = \underbrace{V_1(1 + m\cos\Omega t)}_{a(t)\,:\ \text{amplitude variable de } v_1(t)} \cos\omega_0 t \qquad V_1 = 2\text{ V}$$

avec pour la fréquence de la porteuse $f_0 = \frac{\omega_0}{2\pi} = 10$ kHz et pour la fréquence du signal modulant $F = \frac{\Omega}{2\pi} = 1$ kHz.

Les fréquences F et f_0 étant trop proches l'une de l'autre, on ne peut pas utiliser une détection d'enveloppe. On se propose d'effectuer la démodulation par un redressement bialternance suivi d'un filtrage passe-bas.

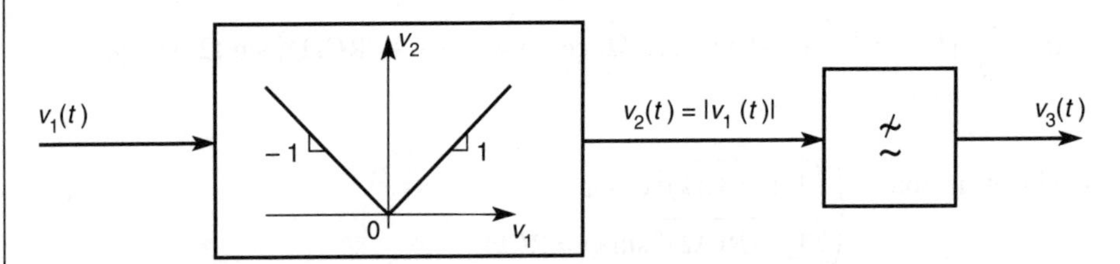

1) a. Déterminer la condition sur le taux de modulation, m, pour que $a(t)$ soit toujours positif, cette condition est satisfaite pour la suite du problème.

b. On s'intéresse à la fonction $|\cos\omega_0 t|$.

Représenter son allure et indiquer la valeur de sa période.

c. Calculer la valeur moyenne de $|\cos\omega_0 t|$.

d. $|\cos\omega_0 t|$ est une fonction périodique, calculer a_1 l'amplitude de son fondamental. Montrer que si on limite le développement en série de Fourier de $|\cos\omega_0 t|$ à sa valeur moyenne et son fondamental, on obtient :

$$|\cos\omega_0 t| \approx \frac{2}{\pi}\left(1 + \frac{2}{3}\cos 2\,\omega_0 t\right)$$

2) On s'intéresse à la tension de sortie du redresseur bialternance, l'entrée étant le signal modulé en amplitude $v_1(t)$.

a. Montrer que $v_2(t)$ peut se mettre sous la forme d'une somme de tensions sinusoïdales.

b. Représenter le spectre d'amplitude de $v_2(t)$ avec $m = 0,5$.

c. On suppose le filtre passe-bas idéal, donner la condition sur sa fréquence de coupure, f_c, pour obtenir en sortie un signal proportionnel à $a(t)$.

3) Redresseur sans seuil

On considère le schéma suivant :

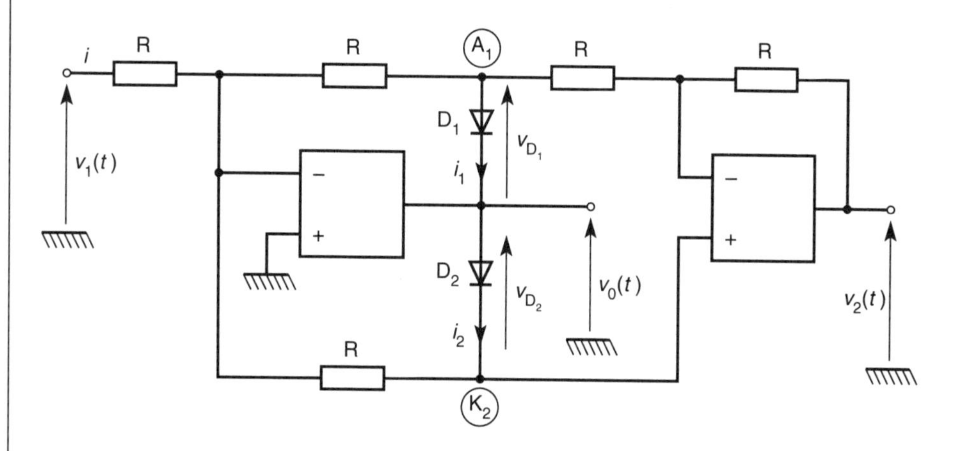

Les A.O. fonctionnent en régime linéaire.

Dans un premier temps on néglige la tension de seuil des diodes.

a. Pour $v_1(t) > 0$:

– Indiquer l'état des diodes D_1 et D_2 (passante ou bloquée).

– Calculer les courants et les tensions : i_1, v_{D1}, i_2 ,et v_{D2}, on vérifiera la cohérence avec l'état des diodes.

– Exprimer $v_2(t)$ en fonction de $v_1(t)$.

b. Pour $v_1(t) < 0$: mêmes questions qu'au *a*.

c. Les diodes D_1 et D_2 possèdent une tension de seuil : $V_{Th} \approx 0,6$ V.

On se place dans le cas ou D_1 est passante et D_2 bloquée : $v_1 > 0$.

Pour le premier A.O., on tient compte de son amplification finie, notée A_0, avec $A_0 = 10^5 >> 1$.

On suppose le deuxième A.O. idéal.

Représenter le schéma équivalent du circuit.

Montrer que le courant dans D_1 est donné par :

$$i_1 \approx \frac{2}{R}\left(v_1 - \frac{V_{Th}}{A_0}\right)$$

En déduire la valeur de la tension de seuil de ce redresseur.

1) a. Pour obtenir $a(t) > 0$, il faut que $1 + m \cos \Omega t > 0$ alors $m < 1$. Donc le taux de modulation, m, doit être inférieur à 100 %.

b.

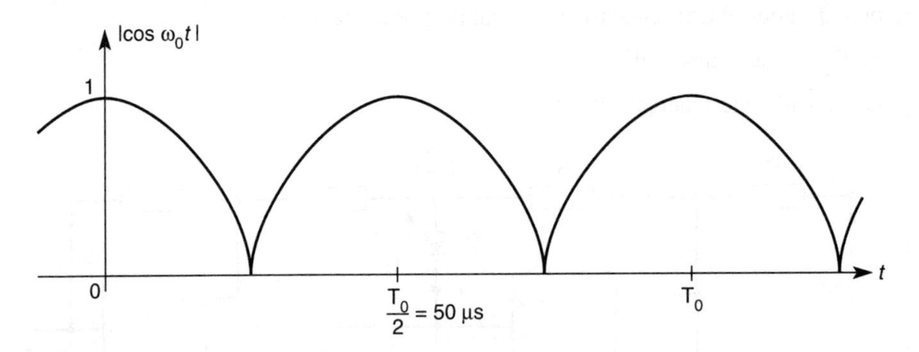

La période de $|\cos \omega_0 t|$ est égale à $\frac{T_0}{2} = 50\ \mu$ s.

c. $$\overline{|\cos \omega_0 t|} = \frac{2}{T_0}\int_{-\frac{T_0}{4}}^{\frac{T_0}{4}} |\cos \omega_0 t|\, dt = \frac{4}{T_0}\int_0^{\frac{T_0}{4}} \cos \omega_0 t\, dt$$

$$\overline{|\cos \omega_0 t|} = \frac{4}{T_0}\left[\frac{1}{\omega_0}\sin \omega_0 t\right]_0^{\frac{T_0}{4}} = \frac{4}{\omega_0 T_0}\sin\left(\omega_0 \frac{T_0}{4}\right)$$

$$\overline{|\cos \omega_0 t|} = \frac{4}{2\pi}\sin\frac{\pi}{2}$$

Soit : $\mathbf{\overline{|\cos \omega_0 t|} = \frac{2}{\pi}}$

d. On appelle a_1 l'amplitude du fondamental de $|\cos \omega_0 t|$:

$$a_1 = \frac{4}{T_0}\int_{-\frac{T_0}{4}}^{\frac{T_0}{4}} |\cos \omega_0 t| \cos 2\,\omega_0 t\, dt$$

On peut réduire le domaine d'intégration à $\left[0, \frac{T_0}{4}\right]$ et multiplier par deux le résultat de l'intégrale car la fonction $\cos \omega_0 t \times \cos 2\omega_0 t$ est paire.

Alors : $$a_1 = \frac{8}{T_0}\int_0^{\frac{T_0}{4}} \cos \omega_0 t \times \cos 2\,\omega_0 t\, dt$$

D'autre part : $\cos \omega_0 t \times \cos 2\omega_0 t = \frac{1}{2}[\cos 3\omega_0 t + \cos \omega_0 t]$

$$a_1 = \frac{4}{T_0}\int_0^{\frac{T_0}{4}} \cos \omega_0 t\, dt + \frac{4}{T_0}\int_0^{\frac{T_0}{4}} \cos 3\omega_0 t\, dt$$

$$a_1 = \frac{4}{T_0}\left[\frac{1}{\omega_0}\sin\omega_0 t\right]_0^{\frac{T_0}{4}} + \frac{4}{T_0}\left[\frac{1}{3\omega_0}\sin 3\omega_0 t\right]_0^{\frac{T_0}{4}}$$

$$a_1 = \frac{4}{T_0\,\omega_0}\sin\left(\omega_0\frac{T_0}{4}\right) + \frac{4}{3T_0\,\omega_0}\sin\left(3\omega_0\frac{T_0}{4}\right)$$

Or $\omega_0 T_0 = 2\pi$ d'où :

$$a_1 = \frac{2}{\pi}\sin\frac{\pi}{2} + \frac{2}{3\pi}\sin\left(\frac{3\pi}{2}\right) = \frac{2}{\pi}\left(1 - \frac{1}{3}\right)$$

Soit : $\boldsymbol{a_1 = \frac{4}{3\pi}}$

Le signal $|\cos\omega_0 t|$ étant pair, son développement en série de Fourier ne contient que des termes en cosinus ajoutés à sa valeur moyenne.

En limitant le développement en série de Fourier de $|\cos\omega_0 t|$ à sa valeur moyenne et son fondamental, on obtient bien l'expression demandée :

$$|\cos\omega_0 t| \approx \frac{2}{\pi}\left(1 + \frac{2}{3}\cos 2\,\omega_0 t\right)$$

2) a. Le signal $v_1(t)$ est modulé en amplitude :

$v_1(t) = V_1(1 + m\cos\Omega t)\cos\omega_0 t$

Nous avons $m < 1$, alors $V_1(1 + m\cos\Omega t) > 0$:

Donc : $v_2(t) = |v_1(t)| = V_1(1 + m\cos\Omega t)\,|\cos\omega_0 t|$

On remplace $|\cos\omega_0 t|$ par son expression approchée :

$$v_2(t) \approx V_1(1 + m\cos\Omega t)\,\frac{2}{\pi}\left(1 + \frac{2}{3}\cos 2\omega_0 t\right)$$

$$v_2(t) \approx \frac{2V_1}{\pi}\left(1 + m\cos\Omega t + \frac{2}{3}\cos 2\omega_0 t + \frac{2m}{3}\cos\Omega t\cos 2\omega_0 t\right)$$

Soit : $\boldsymbol{v_2(t) \approx \frac{2V_1}{\pi}\left[1 + m\cos\Omega t + \frac{2}{3}\cos 2\omega_0 t + \frac{m}{3}\cos(2\omega_0 - \Omega)t + \frac{m}{3}\cos(2\omega_0 + \Omega)t\right]}$

b.

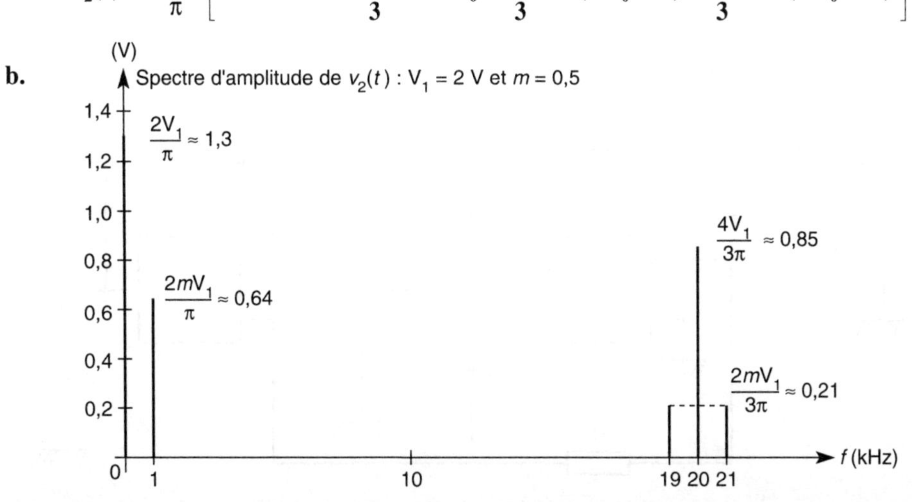

c. Pour obtenir un signal proportionnel à l'amplitude de $v_1(t)$ il faut éliminer les 3 raies centrées sur $2\,f_0 = 20$ kHz et conserver les 2 raies basses-fréquences.

Alors on choisit : **$1\text{ kHz} = F < f_c < 2\,f_0 - F = 19\text{ kHz}$**

3) a. Nous avons $i(t) = \dfrac{v_1(t)}{R}$ et $v_1(t) > 0$ alors $i(t) > 0$.

On suppose donc : D_1 passante et D_2 bloquée.

Les diodes étant supposées idéales alors : $v_{D_1} = 0$ V et $i_2 = 0$ A. On obtient alors le schéma équivalent suivant :

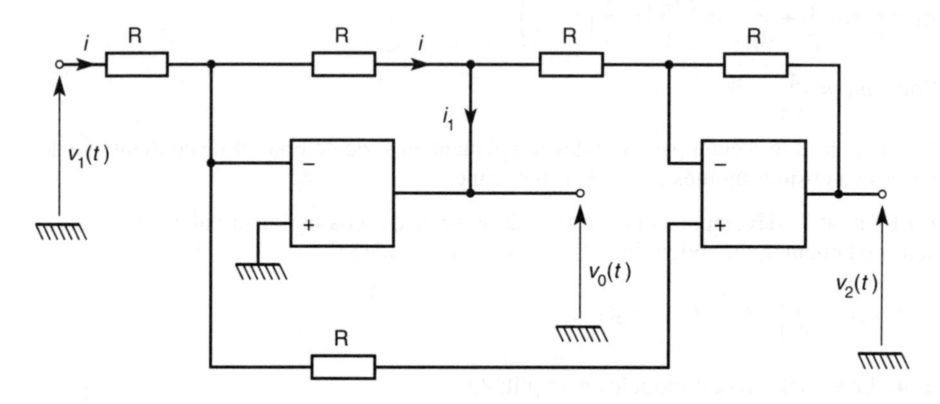

Le premier A.O. fonctionne en inverseur alors : $v_0(t) = -\,v_1(t)$.

Le deuxième A.O. fonctionne aussi en inverseur alors : $v_2(t) = -\,v_0(t)$.

Donc : **$v_2(t) = v_1(t)$ pour $v_1(t) > 0$.**

Nous avons : $v_{D_2}(t) = v_0(t) = -\,v_1(t) < 0$ donc D_2 est bien bloquée.

Pour le courant dans D_1 nous pouvons écrire :

$i_1(t) = i(t) - \dfrac{v_0(t)}{R} = \dfrac{2\,v_1(t)}{R} > 0$ donc D_2 est bien passante.

b. Pour $v_1(t) < 0$, nous avons $i(t) = \dfrac{v_1(t)}{R} < 0$, on suppose D_1 bloquée et D_2 passante.

Alors : $i_1 = 0$A et $v_{D_2} = 0$ V.

On obtient le schéma équivalent suivant :

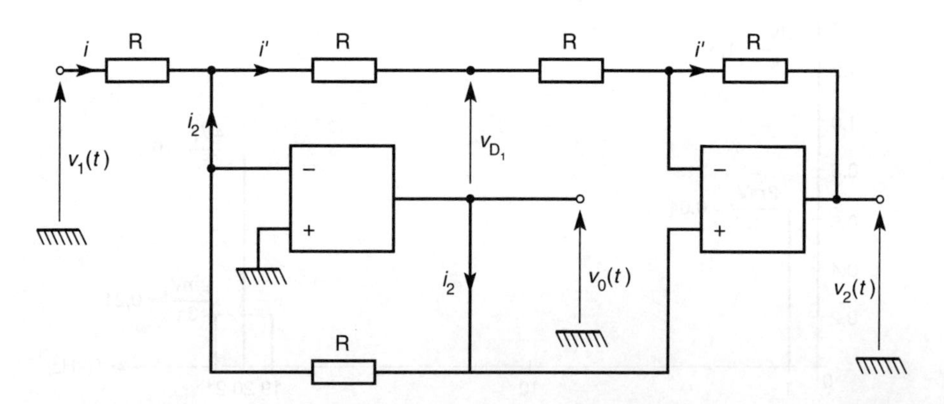

Nous avons : $i_2(t) = \dfrac{v_0(t)}{\text{R}}$ car $v_+ = v_- = 0$ V pour le premier A.O.

En écrivant la loi des nœuds à l'entrée ⊖ du premier A.O. on obtient :

$i(t) + i_2(t) = i'(t)$ or $i'(t) = -\dfrac{v_0(t)}{2\text{R}}$ car $v_+ = v_- = v_0$ pour le deuxième A.O.

On en déduit : $\dfrac{v_1(t)}{\text{R}} + \dfrac{v_0(t)}{\text{R}} = \dfrac{-v_0(t)}{2\text{R}}$

soit : $v_1(t) = \dfrac{-3}{2}v_0(t)$ (1)

Or, nous pouvons écrire pour le deuxième A.O. :

$i'(t) = \dfrac{v_0(t) - v_2(t)}{\text{R}} = \dfrac{-v_0(t)}{2\text{R}}$

Alors : $v_2(t) = \dfrac{3}{2}v_0(t)$ (2)

D'après les relations (1) et (2) on obtient :

$\boldsymbol{v_2(t) = -v_1(t)}$ **pour** $\boldsymbol{v_1(t) < 0}$

Le courant dans la diode D_2 est donné par :

$i_2(t) = \dfrac{v_0(t)}{\text{R}} = -\dfrac{2}{3}\dfrac{v_1(t)}{\text{R}} > 0$ donc D_2 est bien passante.

La tension aux bornes de la diode D_1 est égale à :

$v_{D_1} = \dfrac{v_0(t)}{2} - v_0(t) = -\dfrac{v_0(t)}{2} = \dfrac{v_1(t)}{3} < 0$ donc D_1 est bien bloquée.

c. Pour $v_1(t) > 0$, on suppose D_1 passante et D_2 bloquée.

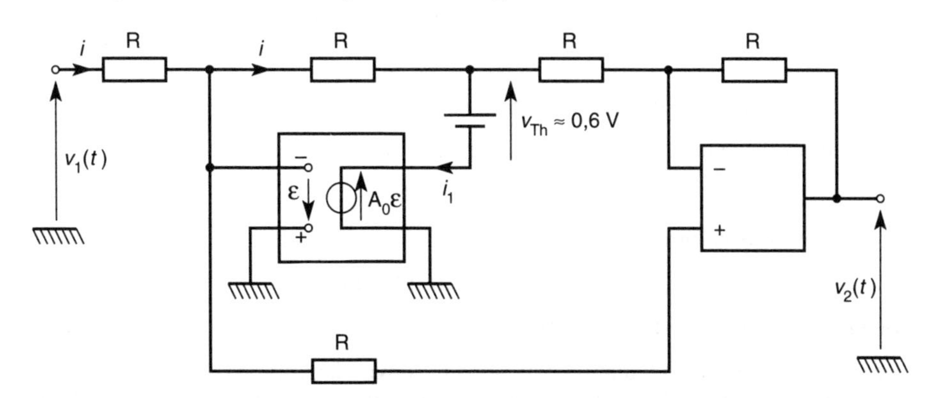

Nous avons : $i_1 = \dfrac{-\varepsilon - v_{A_1}}{\text{R}} + \dfrac{-\varepsilon - v_{A_1}}{\text{R}}$ avec $i = \dfrac{-\varepsilon - v_{A_1}}{\text{R}}$ alors : $i_1 = 2i$

Nous pouvons aussi écrire : $i = \dfrac{v_1 - v_{A_1}}{2\text{R}}$ alors $i_1 = \dfrac{1}{\text{R}}(v_1 - v_{A_1})$.

D'autre part : $v_{A_1} = V_{Th} + A_0\varepsilon$ et $\varepsilon = -\frac{1}{2}(v_1 + v_{A_1})$

d'où : $v_{A_1} = V_{Th} - \frac{A_0}{2}(v_1 + v_{A_1})$

$$v_{A_1}\left(1 + \frac{A_0}{2}\right) = V_{Th} - \frac{A_0}{2}v_1.$$

Comme $A_0 >> 1$ alors on néglige 1 devant $\frac{A_0}{2}$: $v_{A_1} \approx \frac{2V_{Th}}{A_0} - v_1$.

On en déduit : $i_1 \approx \frac{1}{R}\left(v_1 - \frac{2V_{Th}}{A_0} + v_1\right)$ soit : $\boldsymbol{i_1 \approx \frac{2}{R}\left(v_1 - \frac{V_{Th}}{A_0}\right)}$

La diode D_1 est passante donc on a $i_1 > 0$, on en déduit une condition sur la tension d'entrée v_1 :

$$\boldsymbol{v_1 > \frac{V_{Th}}{A_0} \approx 6\ \mu V}$$

La diode D_1 étant dans la boucle de rétroaction du premier A.O., la tension de seuil de ce redresseur est égale à $\frac{V_{Th}}{A_0} \approx 6\ \mu V$ (c'est-à-dire en pratique négligeable).

407 Principe de la démodulation cohérente (Texte d'examen)

Une information $s(t)$ est transmise en modulation d'amplitude par une porteuse à la fréquence f_0 de 1 MHz. Le signal modulé est du type :

$$e(t) = E\,[1 + ks(t)]\sin\omega_0 t$$

alors qu'en l'absence de modulation, la porteuse est du type :

$$e_p(t) = E\sin\omega_0 t$$

k étant une constante dépendant du modulateur.

Dans le cas d'une information sinusoïdale basse fréquence du type :

$$s(t) = S\cos\Omega t$$

$e(t)$ se met sous la forme :

$$e(t) = E\,[1 + m\cos\Omega t]\sin\omega_0 t$$

où m est le taux de modulation, soit $m = kS$.

Le problème de la démodulation consiste à retrouver, à partir de l'onde modulée, l'information d'origine. On peut envisager en particulier deux types de démodulation (ou détection) :

– la détection d'enveloppe ou détection apériodique, où le signal modulé est redressé puis filtré

– la détection cohérente ou synchrone, objet du problème.

Le problème comporte trois parties, indépendantes les unes des autres.

1) Principe de la démodulation cohérente

1.1) Le circuit multiplieur représenté figure 1 délivre une tension de sortie $u = K_1 e.e_0$, K_1 étant un coefficient positif.

Vis-à-vis de la sortie, il se comporte comme un générateur de tension, d'impédance interne nulle.

Les signaux $e(t)$ et $e_0(t)$ sont respectivement l'onde modulée en amplitude, soit $e(t) = E\,(1 + m \cos \Omega t) \sin \omega_0 t$ et un signal d'amplitude constante et de même pulsation que la porteuse, soit $e_0(t) = E_0 \sin \omega_0 t$.

Exprimer le signal de sortie $u(t)$ et montrer que son spectre comporte 5 composantes que l'on précisera.

1.2) Comment peut-on faire pour ne conserver que l'information basse fréquence et une image de l'amplitude de la porteuse ?

1.3) Quelle peut être l'utilité de conserver une image de l'amplitude de la porteuse ?

2) Filtre passe-bas (F1)

On fait suivre le multiplieur précédent d'un filtre passe-bas dont le schéma est donné figure 2.

2.1) L'amplificateur opérationnel étant considéré comme parfait, calculer, en régime sinusoïdal permanent, l'expression de la transmittance du circuit et montrer qu'elle peut se mettre sous la forme :

$$\underline{T}(j\omega) = \frac{\underline{V}}{\underline{U}} = \frac{-1}{1 + 2\,jk\,\dfrac{\omega}{\omega_c} + (j^2)\,\dfrac{\omega^2}{\omega_c^2}}$$

Déterminer les valeurs de ω_c et k en fonction des éléments du montage.

2.2) Représenter le diagramme de Bode du filtre (amplitude et phase) pour $k = \frac{1}{\sqrt{2}}$.

2.3) On s'impose une valeur de $k = \frac{1}{\sqrt{2}}$ et une atténuation de 80 dB à la fréquence de 2 MHz.

– Justifiez le choix de cette fréquence.

– On choisit C = 1000 pF. Calculer n, ω_c, R.

2.4) Représenter les signaux $e(t)$ et $v(t)$ pour des taux de modulation m inférieurs et supérieurs à 1.

Comparer les signaux obtenus à la sortie du filtre avec ceux que l'on obtiendrait dans le cas d'une détection d'enveloppe. Que peut-on conclure ?

3) Reconstitution de la porteuse

Le signal reçu à l'entrée du récepteur est modulé en amplitude. Il ne peut donc pas constituer le signal $e_0(t)$ à l'entrée du multiplieur de la figure 1. Pour reconstituer la porteuse à partir du signal $e(t)$, on utilise une boucle à verrouillage de phase (figure 3) comprenant :

– un multiplieur X2, identique à celui de la figure 1,

– un filtre passe-bas F2 dont la transmittance est égale à 1 pour tous les signaux de fréquence très inférieure à f_0,

– un oscillateur contrôlé en tension, OCT, délivrant un signal sinusoïdal d'amplitude constante E_s et de pulsation ω_s proportionnelle à la tension de sortie du filtre F2 :

$\omega_s = \omega_0 + K_0\, v_c$

d'où $v_s(t) = E_s \cos(\omega_0 t + \varphi_s)$, E_s étant une constante

avec $\dfrac{d\varphi_s}{dt} = K_0\, v_c$ K_0 étant positif.

La boucle est dite "verrouillée" quand la fréquence du signal incident est égale à celle du signal de sortie de l'oscillateur contrôlé.

3.1) Pour des tensions $v_e(t) = E \sin(\omega_0 t + \varphi_e)$ et $v_s(t) = E_s \cos(\omega_0 t + \varphi_s)$ et si $\left|\dfrac{d\varphi_e}{dt}\right|$ et $\left|\dfrac{d\varphi_s}{dt}\right|$ restent très inférieurs à ω_0, montrer que la valeur de la tension de sortie du filtre F2 est : $v_c = K_d \sin(\varphi_e - \varphi_s)$

Donner la valeur de K_d.

Quand la boucle est verrouillée qu'en déduisez-vous quant à la différence de phase des signaux d'entrée et de sortie ?

Montrer que, pour un régime proche du verrouillage, on peut admettre que :

$v_c \approx K_d(\varphi_e - \varphi_s)$.

3.2) Le signal $v_e(t)$ est maintenant un signal modulé en amplitude du type :

$v_e(t) = e(t) = E(1 + m \cos \Omega t) \sin \omega_0 t$

Exprimer la tension de commande de l'oscillateur contrôlé en tension en admettant l'approximation du paragraphe précédent (régime proche du verrouillage) et en déduire l'équation différentielle donnant $\varphi_s(t)$.

Résoudre cette équation différentielle et en déduire que φ_s tend vers 0 rapidement.

En déduire que le signal de sortie de l'oscillateur contrôlé se fixe rapidement à la valeur $v_s(t) = E_s \cos \omega_0 t$, qu'il y ait ou non une modulation d'amplitude sur la porteuse.

3.3) On fait suivre l'oscillateur contrôlé d'un quadripôle introduisant un déphasage φ et une atténuation A à la fréquence f_0 (F3).

Quelle doit être la valeur de φ pour obtenir le signal $e_0(t)$ de la première partie ?

L'atténuation introduite par le quadripôle a-t-elle une importance ?

Quelle serait la valeur du signal de sortie $v(t)$ si φ avait une valeur quelconque ?

Formulaire

$2 \cos a \cos b = \cos(a + b) + \cos(a - b)$

$2 \sin a \cos b = \sin(a + b) + \sin(a - b)$

$2 \sin^2 a = 1 - \cos 2a$

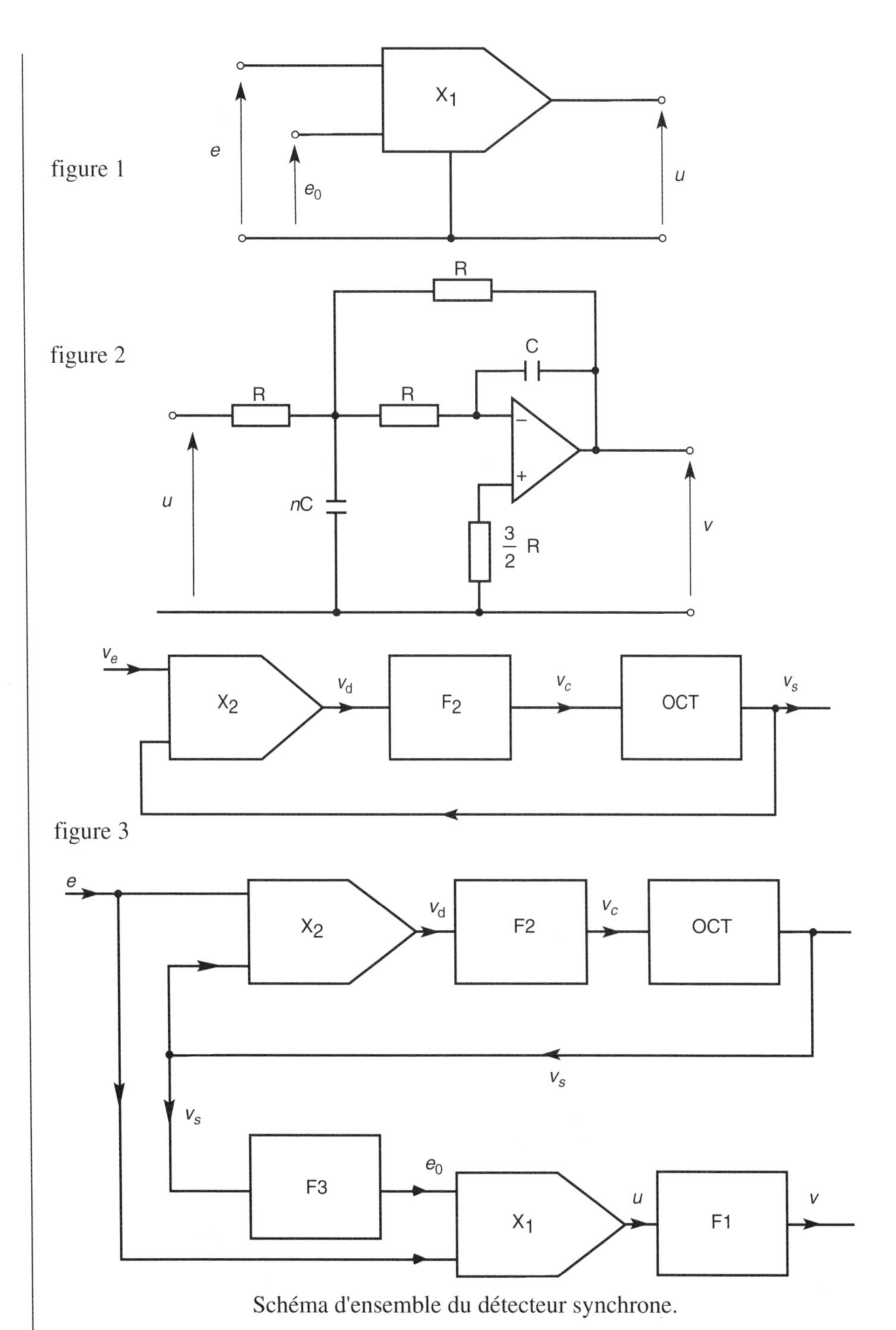

Schéma d'ensemble du détecteur synchrone.

1.1) A la sortie du multiplieur nous avons :

$u(t) = \mathrm{K_1E}\,(1 + m \cos \Omega t) \sin \omega_0 t \times \mathrm{E_0} \sin \omega_0 t$

$u(t) = \mathrm{K_1EE_0}\,(1 + m \cos \Omega t)\,\dfrac{1}{2}\,(1 - \cos 2\,\omega_0 t)$

soit :

$$u(t)=\frac{K_1EE_0}{2}\left[1+m\cos\Omega t-\cos 2\omega_0 t-\frac{m}{2}\cos(2\omega_0-\Omega)t-\frac{m}{2}\cos(2\omega_0-\Omega)t\right]$$

On obtient le spectre suivant qui contient cinq raies :

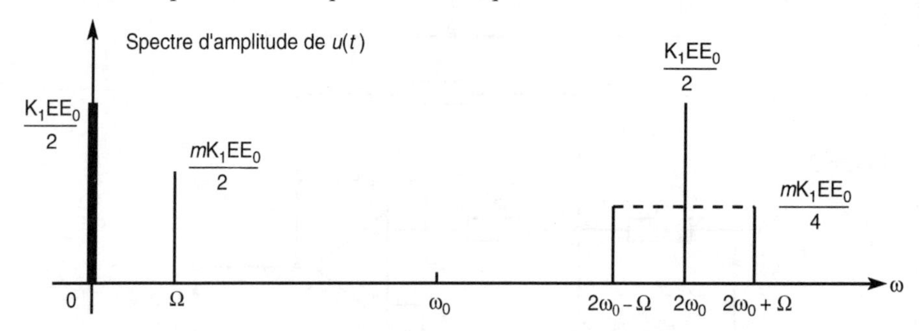

1.2) Pour conserver l'information basse fréquence, c'est-à-dire la raie à Ω, et l'image de l'amplitude de la porteuse qui correspond à la composante continue de $u(t)$, il faut réaliser un filtrage passe-bas de $u(t)$ pour éliminer les composantes hautes fréquences.

Soit ω_c pulsation de coupure du filtre passe-bas, elle doit satisfaire les inégalités suivantes :

$$\Omega << \omega_c << 2\omega_0 - \Omega$$

1.3) L'image de l'amplitude de la porteuse (composante continue de $u(t)$) permet de réaliser un contrôle automatique de gain au niveau du récepteur.

1.4) Pour un coefficient d'amortissement $k=\frac{1}{\sqrt{2}}$ on obtient un filtre passe-bas du second ordre de type Butterworth alors : $\left|T\left(j\frac{\omega}{\omega_c}\right)\right|=\frac{1}{\sqrt{1+\left(\frac{\omega}{\omega_c}\right)^4}}$

On obtient le diagramme de Bode suivant :

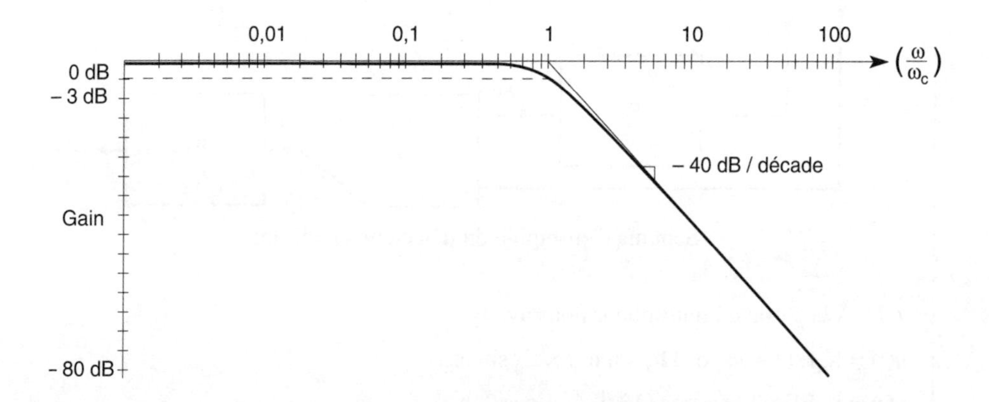

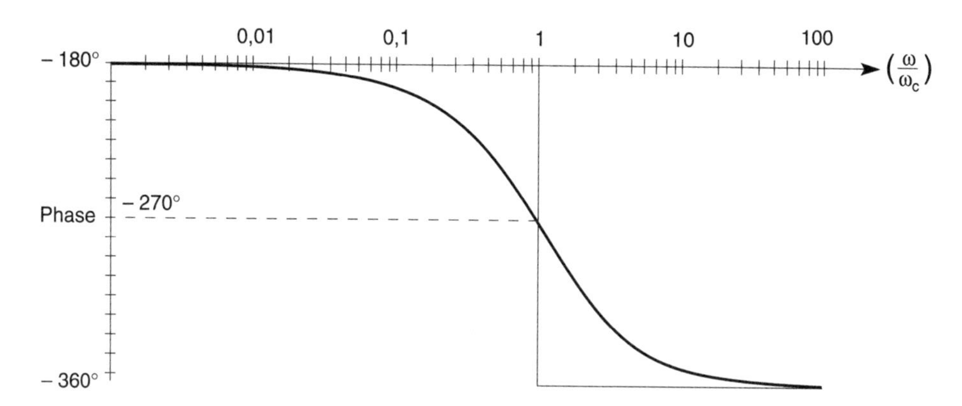

2.1) On appelle $\underline{V}_1$ la tension complexe aux bornes du condensateur de capacité nC par rapport à la tension de référence du circuit.

L'A.O. fonctionne en régime linéaire et nous avons d'autre part : $\underline{V}_+ = \underline{V}_- = 0$ car la résistance $\frac{3}{2}$ R n'intervient que pour compenser l'offset dû aux courants de polarisation.

D'après la loi des nœuds, nous pouvons écrire :

$$\frac{\underline{V}_1 - \underline{U}}{R} + \underline{V}_1 j\omega\, nC + \frac{\underline{V}_1}{R} + \frac{\underline{V}_1 - \underline{V}}{R} = 0$$

Alors : $\underline{V}_1 (3 + j\omega\, nRC) = \underline{U} + \underline{V}$.

D'autre part nous avons un intégrateur inverseur entre $\underline{V}$ et $\underline{V}_1$ d'où :

$$\underline{V} = \frac{-1}{j\omega RC} \underline{V}_1$$

On en déduit : $[-j\omega\, RC\, (3 + j\omega\, nRC) - 1]\, \underline{V} = \underline{U}$

Alors : $\mathbf{T}(j\omega) = \dfrac{\mathbf{-1}}{\mathbf{1 + 3\, j\omega RC + (j\omega RC)^2\, n}}$

Par identification, on obtient $\boldsymbol{\omega_c = \dfrac{1}{RC\sqrt{n}}}$ **et** $\boldsymbol{k = \dfrac{3}{2\sqrt{n}}}$

2.3) La fréquence de la porteuse est à $f_0 = 1$ MHz ; il faut donc éliminer les signaux dont les fréquences sont proches de $2f_0$ soit 2 MHz. Une atténuation de 80 dB à 2 MHz correspond à un filtrage efficace.

$k = \dfrac{1}{\sqrt{2}} = \dfrac{3}{2\sqrt{n}}$ donc $\boldsymbol{n = \dfrac{9}{2}}$

Une atténuation de 80 dB correspond à deux décades pour les pulsations alors :

$\omega_c = (2\pi \times 2\ 10^6) \times \dfrac{1}{100}$ soit : $\boldsymbol{\omega_c = 1{,}26 10^5}$ **rad/s**

$\omega_c = \dfrac{1}{RC\sqrt{n}}$ alors $\mathbf{R \approx 3{,}74\ k\Omega}$

2.4)

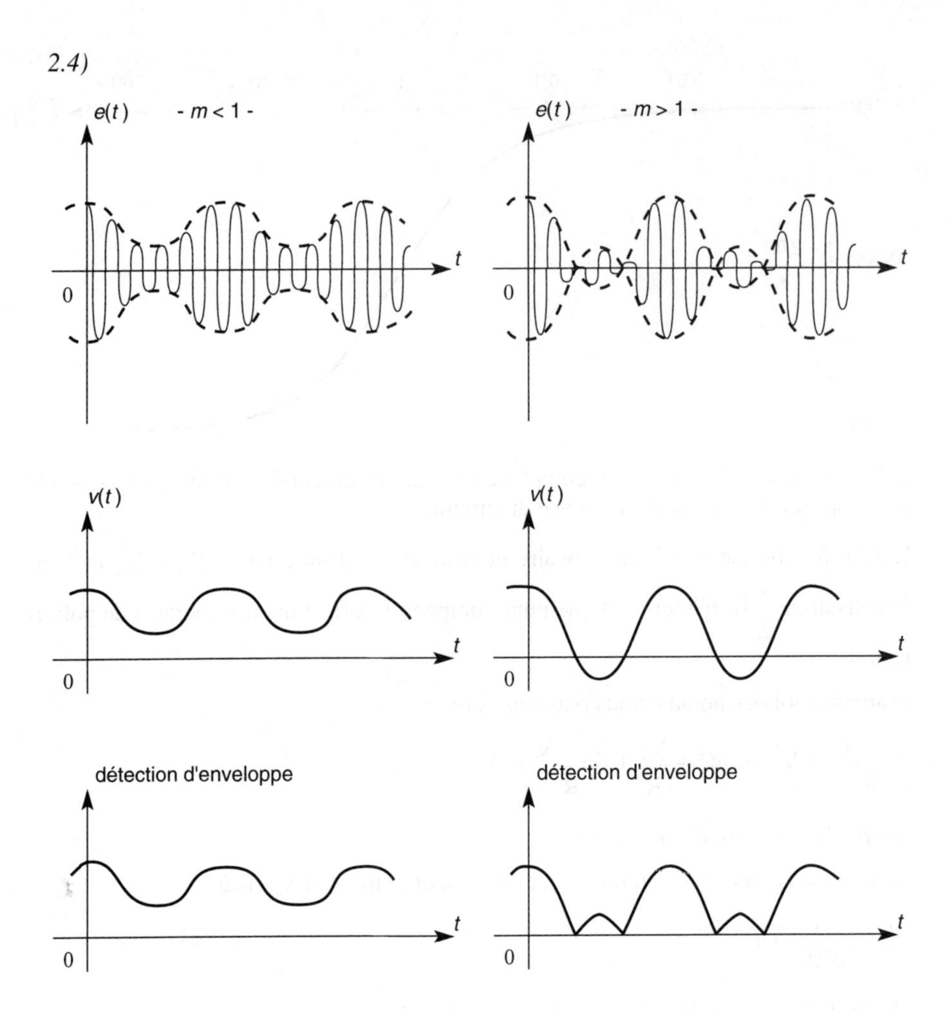

La démodulation cohérente fonctionne quelque soit la valeur du taux de modulation alors que pour la détection d'enveloppe il faut $m < 1$ pour une démodulation correcte.

3.1) Nous avons à la sortie du multiplieur X2 :

$v_d = K_1\, EE_s \sin(\omega_0 t + \varphi_e) \cos(\omega_0 t + \varphi_s)$

$$v_d = \frac{K_1 EE_s}{2} \left[\sin(2\omega_0 t + \varphi_e + \varphi_s) + \sin(\varphi_e - \varphi_s)\right]$$

Le premier terme a une pulsation instantanée : $2\omega_0 + \dfrac{d\varphi_e}{dt} + \dfrac{d\varphi_s}{dt}$, voisine de $2\omega_0$ car $\left|\dfrac{d\varphi_e}{dt}\right| \ll \omega_0$ et $\left|\dfrac{d\varphi_s}{dt}\right| \ll \omega_0$.

Donc il sera éliminé par le filtre passe-bas F2.

Le deuxième terme a une pulsation instantanée : $\left|\dfrac{d(\varphi_e - \varphi_s)}{dt}\right|$, inférieure à ω_0, donc il sera transmis par F2.

Alors : $v_c(t) = \frac{\mathbf{K_1EE_s}}{\mathbf{2}}\ \mathbf{\sin[\varphi_e(t) - \varphi_s(t)]}$ **et** $\mathbf{K_d} = \frac{\mathbf{K_1EE_s}}{\mathbf{2}}$

Lorsque la boucle est verrouillée, en régime permanent, les signaux $v_e(t)$ et $v_s(t)$ sont à la même fréquence.

Pulsation d'entrée : $\omega_e = \omega_0$.

Pulsation de sortie : $\omega_s = \omega_0 + K_0 v_c$.

Alors la tension de commande, v_c, de l'OCT est nulle.

D'où : $K_d \sin(\varphi_e - \varphi_s) = 0$ soit $\varphi_e = \varphi_s$.

Les signaux d'entrée et de sortie sont en quadrature.

Pour un régime proche de verrouillage, on a $(\varphi_e - \varphi_s) << 1$.

En faisant un développement limité au premier ordre de $\sin(\varphi_e - \varphi_s)$ on obtient : $\mathbf{v_c \approx K_d(\varphi_e - \varphi_s)}$.

3.2) $v_d = K_1 E (1 + m \cos \Omega t) \sin \omega_0 t \times E_s \cos(\omega_0 t + \varphi_s)$

$$v_d = \frac{K_1EE_s}{2}(1 + m\cos\Omega t)\,[\cos(2\omega_0 t + \varphi_s) - \sin\varphi_s]$$

terme haute fréquence

On obtient à la sortie du filtre passe-bas :

$v_c = -K_d(1 + m\cos\Omega t)\sin\varphi_s$

Pour un régime proche du verrouillage, $\sin\varphi_s \approx \varphi_s$, alors :

$\mathbf{v_c(t) = -K_d(1 + m\cos\Omega t)\,\varphi_s(t)}$

Nous avons d'autre part : $K_0 v_c = \frac{d\varphi_s}{dt}$.

On obtient l'équation différentielle suivante :

$$\mathbf{\frac{d\varphi_s}{dt} = -K_0 K_d (1 + m\cos\Omega t)\,\varphi_s(t)}$$

On sépare les variables : $\frac{d\varphi_s}{\varphi_s} = -K_0 K_d (1 + m\cos\Omega t)\,dt$

soit : $\ln\left[\frac{\varphi_s(t)}{\varphi_{s0}}\right] = -K_0 K_d\left(t + \frac{m}{\Omega}\sin\Omega t\right)$

d'où : $\mathbf{\varphi_s(t) = \varphi_{s0}\, e^{-K_0K_d t} \times e^{-\frac{m K_0 K_d}{\Omega}\sin\Omega t}}$

On obtient pour le régime permanent : $\lim_{t \to 0} \varphi_s(t) = 0$ à cause du terme $e^{-K_0K_d t}$.

Donc le signal de sortie se fixe à la valeur $v_s(t) = E_s \cos\omega_0 t$, avec ou sans modulation d'amplitude, et au bout de quelques constante de temps : τ avec $\tau = \frac{1}{K_0K_d}$.

3.3) Pour reconstituer un signal synchrone et en phase avec la porteuse, $e_0(t) = E_0 \sin \omega_0 t$, il faut introduire un déphasage $\varphi = \frac{-\pi}{2}$ car $\cos\left(\omega_0 t - \frac{\pi}{2}\right) = \sin \omega_0 t$.
Tant que l'atténuation introduite par le quadripôle n'est pas trop grande, le signal ne doit pas être noyé dans le bruit, alors celle-ci n'a pas d'importance. Car le signal restera toujours synchrone et en phase avec la porteuse.

Pour φ quelconque, nous pouvons écrire :

$e_0(t) = E_0 \cos(\omega_0 t + \varphi)$ et $e(t) = E(1 + m \cos \Omega t) \sin \omega_0 t$

$u(t) = K_1 E_0 E \cos(\omega_0 t + \varphi)(1 + m \cos \Omega t) \sin \omega_0 t$

$u(t) = \frac{1}{2} K_1 E_0 E (1 + m \cos \Omega t)[\sin(2\omega_0 t + \varphi) - \sin \varphi]$

A la sortie du filtre passe-bas on obtient :

$\boldsymbol{v(t) = \frac{-1}{2} K_1 E_0 E \sin \varphi (1 + m \cos \Omega t).}$

Donc l'amplitude du signal démodulé vaut : $\frac{1}{2} K_1 E_0 E \sin \varphi$.

Elle est nulle pour $\varphi = 0$ et maximale pour $\varphi = \frac{-\pi}{2}$.

Exercices à résoudre

408 Etude d'un modulateur BLU par déphasage

On considère le dispositif suivant :

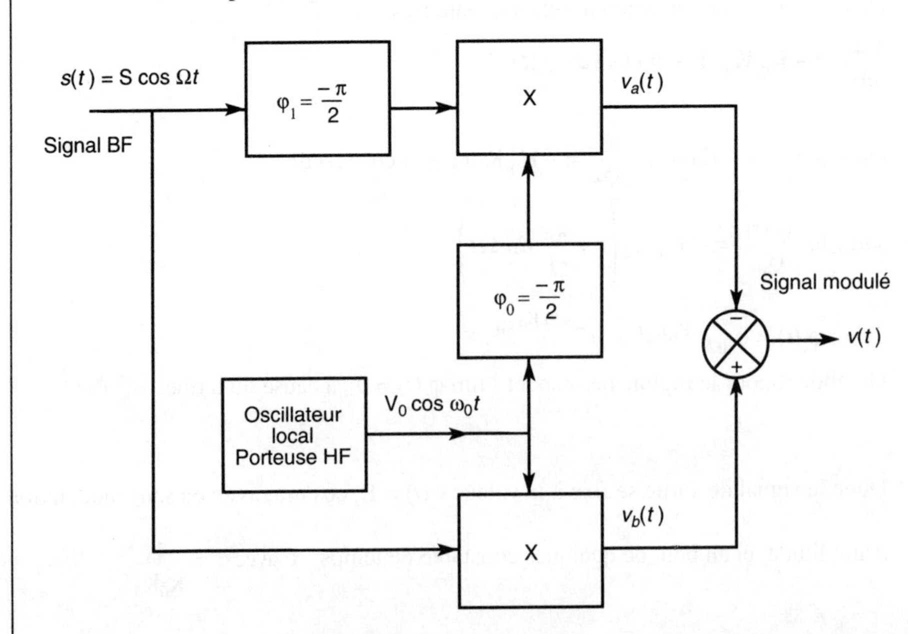

Les deux multiplieurs sont identiques et ils délivrent une tension Kv_1v_2 lorsque les signaux d'entrée sont v_1 et v_2 avec $K = 0{,}1\ V^{-1}$.

Les deux déphaseurs ont on gain unité et produisent un déphasage égal à $\frac{-\pi}{2}$.

1) a.

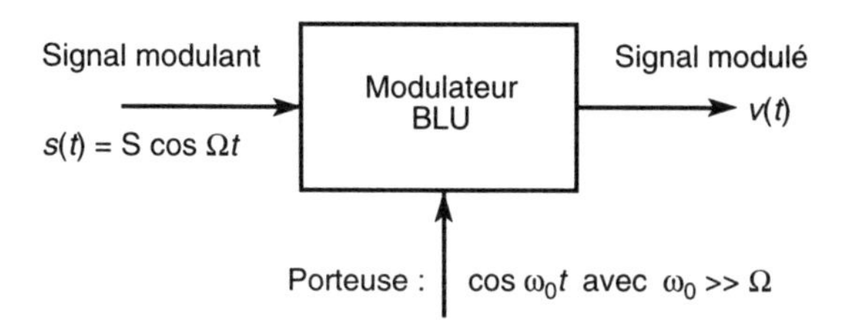

On appelle, k, le coefficient du modulateur BLU, donner l'expression du signal modulé, $v(t)$, lorsque l'on garde la raie latérale supérieure.

b. A partir du dispositif précédent, déterminer l'expression de $v(t)$ et en déduire le coefficient k du modulateur BLU.

2) Une difficulté d'un tel dispositif est que le premier déphaseur doit fonctionner dans toute la bande de fréquence du signal BF. On suppose qu'il peut y avoir un écart de phase $\Delta\varphi$ par rapport à $\frac{-\pi}{2}$ soit : $\varphi_1 = \frac{-\pi}{2} + \Delta\varphi$.

a. Déterminer l'expression de $v(t)$ et la mettre sous la forme suivante :

$$v(t) = K\ V_0 S \left[\cos\left(\frac{\Delta\varphi}{2}\right)\cos\left[(\omega_0 + \Omega)t + \frac{\Delta\varphi}{2}\right] - \sin\left(\frac{\Delta\varphi}{2}\right)\sin\left[(\omega_0 - \Omega)t - \frac{\Delta\varphi}{2}\right]\right]$$

b. Représenter le spectre d'amplitude de $v(t)$ pour :

$V_0 = 10\ V \quad S = 1\ V \quad \Delta\varphi = 10° \quad f_0 = \frac{\omega_0}{2\pi} = 1\ MHz$ et $F = \frac{\Omega}{2\pi} = 1\ kHz$.

c. On souhaite un rapport des amplitudes $\frac{A_{BLU+}}{A_{BLU-}}$ au moins égal à 20, en déduire la valeur maximale de l'écart de phase tolérable $\Delta\varphi$ pour le circuit déphaseur BF.

3) Pour le circuit déphaseur de la HF, on utilise le schéma suivant :

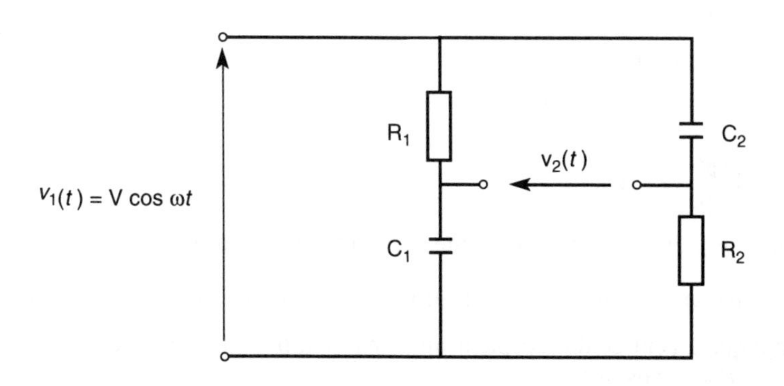

a. On se place en régime sinusoïdal permanent, calculer la fonction de transfert : $\dfrac{\underline{V}_2(j\omega)}{\underline{V}_1(j\omega)}$.

b. On choisit $R_1 = R_2 = R$ et $C_1 = C_2 = C$, montrer que la transmittance isochrone $\dfrac{\underline{V}_2(j\omega)}{\underline{V}_1(j\omega)}$ correspond à un passe-tout du premier ordre.

c. Déterminer l'expression de la fréquence, f_0, pour laquelle $v_2(t) = V \sin \omega_0 t$ lorsque $v_1(t) = V \cos \omega_0 t$

d. Calculer la valeur de la résistance R pour C = 100 pF et f_0 = 1 MHz.

409 Démodulation par boucle de Costas

Une boucle de Costas réalise une démodulation synchrone pour des signaux modulés en amplitude à porteuse supprimée. Le schéma de principe est le suivant :

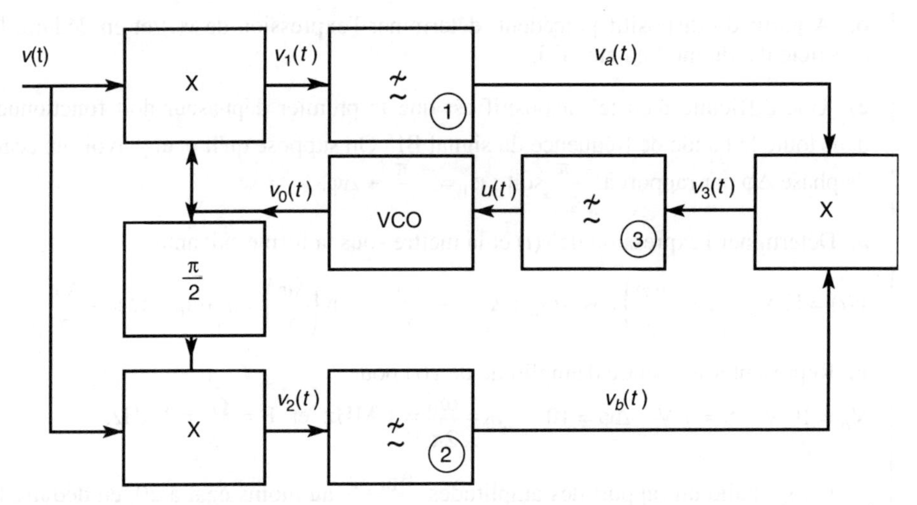

– Les trois multiplieurs sont identiques et délivrent une tension $k\, e_1\, e_2$ lorsque les signaux d'entrée sont e_1 et e_2.

– Le VCO fournit une tension sinusoïdale dont la fréquence est donnée par :

$f(t) = f_0 + K_0\, u(t)$

↑ tension de commande du VCO

d'où = $v_0(t) = V_0 \cos [\omega_0 t + \varphi(t)]$ avec $\dfrac{d\varphi(t)}{dt} = 2\pi K_0\, u(t)$.

On suppose $\left|\dfrac{d\varphi(t)}{dt}\right| << \omega_0$.

– Le déphaseur a une amplification unité et produit un déphasage égal à $\dfrac{\pi}{2}$.

– Les filtres passe-bas ont une amplification égale à un pour $f < f_0$ et nulle pour $f > f_0$.

1) On applique à l'entrée du récepteur un signal non modulé correspondant à la porteuse soit : $v(t) = V \cos \omega_0 t$.

a. Montrer que la tension de commande du VCO est donnée par :

$$u(t) = -\left(\frac{k}{2}\right)^3 (VV_0)^2 \sin [2\varphi(t)]$$

b. On suppose la boucle proche du verrouillage alors $|\varphi(t)| << \frac{\pi}{2}$. Alors l'aide d'un développement limité, établir l'équation différentielle du premier ordre régissant $\varphi(t)$.

c. La condition initiale est donné par $\varphi(0) = \varphi_0$ avec $|\varphi_0| << \frac{\pi}{2}$. Résoudre l'équation différentielle et donner l'expression de la constante de temps τ qui intervient dans la loi de variation de $\varphi(t)$.

d. On se place en régime permanent, déterminer des expressions de $\varphi(t)$, $v_0(t)$, $v_a(t)$, $v_b(t)$ et $u(t)$. Que peut-on en conclure pour $v_0(t)$ par rapport à la porteuse ?

2) On applique à l'entrée un signal modulé en amplitude à porteuse supprimée :

$$v(t) = V(t) \cos \omega_0 t = \underbrace{E \cos \Omega t}_{\text{signal BF}} \cos \omega_0 t \quad \text{avec} \quad \Omega << \omega_0 \quad \text{et} \quad \frac{d\varphi(t)}{dt} << \Omega.$$

a. Exprimer, $u(t)$, la tension de commande du VCO sachant que le filtre ③ à une fréquence de coupure inférieure à Ω.

b. On suppose toujours la boucle proche du verrouillage, établir l'équation différentielle régissant $\varphi(t)$.

c. On a toujours pour la condition initiale :

$\varphi(0) = \varphi_0$ avec $|\varphi_0| << \frac{\pi}{2}$.

Résoudre l'équation différentielle et donner l'expression de $\varphi(t)$.

d. Calculer la limite de $\varphi(t)$ lorsque $t \longrightarrow +\infty$.

e. On se place en régime permanent, déterminer les expressions de $v_0(t)$, $v_a(t)$, $v_b(t)$ et $u(t)$.

Que peut-on en conclure pour $v_0(t)$ par rapport à la porteuse ?

f. Indiquer la tension intervenant dans la boucle de Costas qui fournit une image du signal BF.

410 Effet d'un brouilleur sinusoïdal en modulation d'amplitude

Un modulateur d'amplitude fournit le signal suivant : $v(t) = V [1 + k\, s(t)] \cos \omega_0 t$.

$s(t)$ représente le signal BF tel que $s(t) = S \cos \Omega t$ avec $\Omega << \omega_0$.

1) a. Exprimer le taux de modulation m.

b. Déterminer l'expression de la puissance moyenne P_m que fournirait la tension $v(t)$ appliquée aux bornes d'une résistance R.

c. Indiquer la largeur de la bande de fréquence occupée par le signal modulé en amplitude.

2) Le signal reçu à l'entrée du démodulateur est constitué par $v(t) + b(t)$. Le signal $b(t)$ correspond à une brouilleur sinusoïdal tel que $b(t) = B \cos \omega_b t$.

a. Exprimer la puissance moyenne P_b que fournirait $b(t)$ appliquée aux bornes d'une résistance R.

b. En déduire le rapport signal sur bruit à l'entrée du démodulateur : $\frac{P_m}{P_b}$.

3) Pour démoduler, on utilise une démodulation synchrone.

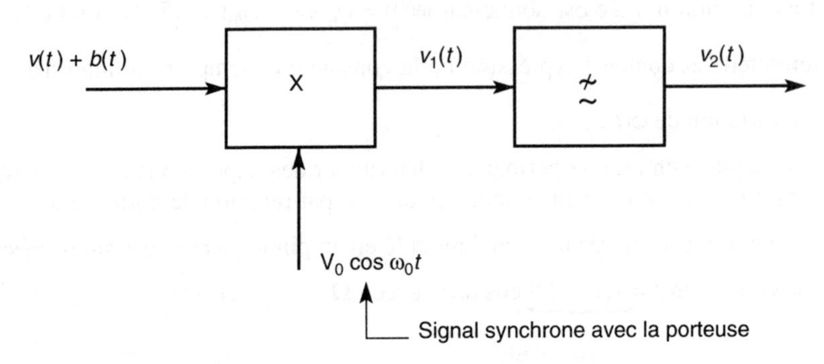

– Le filtre passe-bas est supposé idéal et sa fréquence de coupure f_c est telle que :

$$F = \frac{\Omega}{2\pi} < f_c < f_0 = \frac{\omega_0}{2\pi}.$$

D'autre part la fréquence du brouilleur $f_b = \frac{\omega_b}{2\pi}$ est telle que : $|f_0 - f_b| < F$.

– Le multiplieur fournit une tension $K\, e_1 e_2$ lorsque les signaux d'entrée sont e_1 et e_2.

a. Déterminer l'expression du signal démodulé $v_2(t)$ et représenter son spectre d'amplitude.

b. Donner l'expression de la puissance moyenne P_{BF} correspondant à la partie utile du signal démodulé.

c. Donner l'expression de la puissance moyenne P_{bd} correspondant à l'effet du brouilleur sur le signal démodulé.

d. Montrer alors que le facteur d'amélioration défini par : $A = \frac{(P_{BF}/P_{bd})}{(P_m/P_b)} = \frac{2\,m^2}{m^2 + 2}$.

Calculer la valeur de A pour $m = 0{,}5$, $m = 1$ et $m = 2$, conclusion.

5

Modulation de fréquence

I. DÉFINITIONS

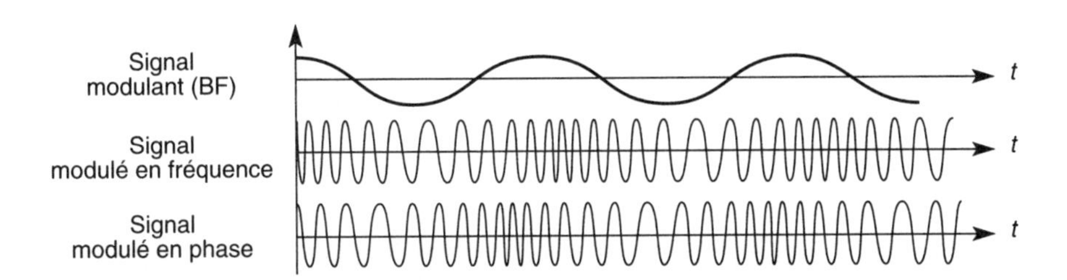

1. Modulation de phase (Phase Modulation PM)

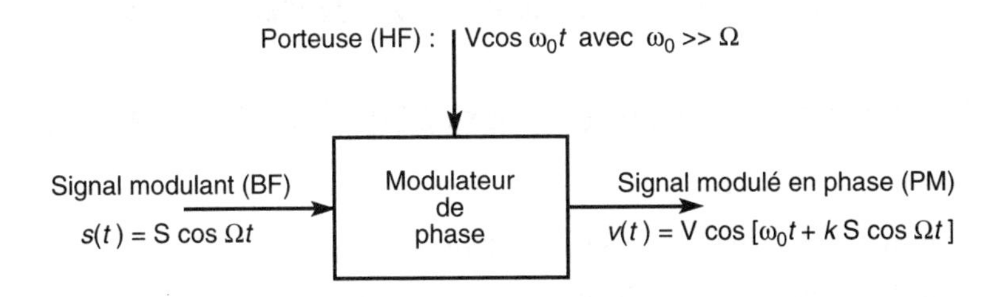

Phase instantanée : $\varphi(t) = \omega_0 t + k \text{ S} \cos \Omega t$.

Excursion de phase : $\Delta\varphi = k \text{ S}$ alors $\varphi(t) = \omega_0 t + \Delta\varphi \cos \Omega t$.

Fréquence instantanée : $f(t) = \dfrac{1}{2\pi}\dfrac{\mathrm{d}\varphi}{\mathrm{d}t}$.

soit : $f(t) = f_0 - \dfrac{\Delta\varphi}{2\pi} \times \Omega \sin \Omega t = f_0 - F \times \Delta\varphi \sin \Omega t$.

Excursion de fréquence : $f(t) = f_0 - \Delta f \sin \Omega t$ soit $\Delta f = F \times \Delta\varphi$.

Indice de modulation : $m = \dfrac{\Delta f}{F} = \Delta\varphi$.

Alors : $v(t) = V\cos \varphi(t) = V \cos [\omega_0 t + m \cos \Omega t]$

2. Modulation de fréquence (Fréquency Modulation FM)

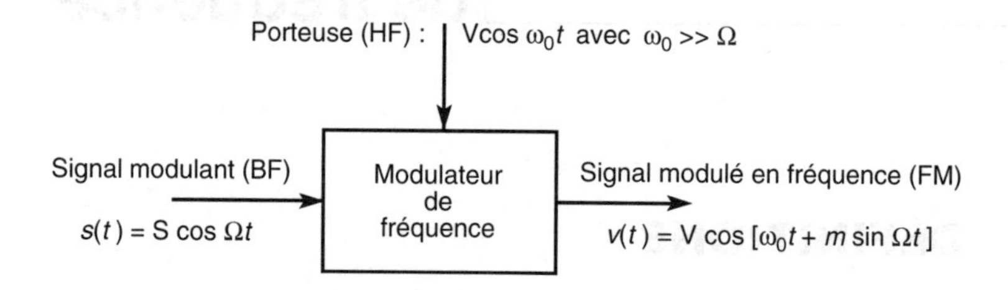

Fréquence instantanée : $f(t) = f_0 + k\,S \cos \Omega t$

Excursion de fréquence $= \Delta f = k\,S$ alors $f(t) = f_0 + \Delta f \cos \Omega t$

Indice de modulation : $m = \dfrac{\Delta f}{F}$

Phase instantanée : $\varphi(t) = \displaystyle\int_0^t 2\pi\, f(x)\, dx = \omega_0 t + \frac{2\pi\, k\, S}{\Omega} \sin \Omega t$

$$\varphi(t) = \omega_0 t + m \sin \Omega t$$

II. SPECTRE D'UN SIGNAL FM À SIGNAL MODULANT SINUSOÏDAL

1. Décomposition spectrale du signal FM

$v(t) = V \cos [\omega_0 t + m \sin \Omega t]$

$v(t) = V \cos \omega_0 t \cos [m \sin \Omega t] - V \sin \omega_0 t \sin [m \sin \Omega t]$

Pour obtenir le spectre d'amplitude du signal FM, on utilise les fonctions de Bessel de première espèce qui ont les propriétés suivantes :

$$\cos [m \sin \theta] = J_0(m) + 2 \sum_{n=1}^{+\infty} J_{2n}(m) \cos (2n\,\theta)$$

$$\sin [m \sin \theta] = 2 \sum_{n=0}^{+\infty} J_{2n+1}(m) \sin [(2n+1)\,\theta]$$

$$J_0^2(m) + 2 \sum_{n=1}^{+\infty} [J_n(m)]^2 = 1$$

On en déduit :

$v(t) = VJ_0(m) \cos \omega_0 t + V J_1(m) [- \cos (\omega_0 - \Omega)t + \cos (\omega_0 + \Omega)t]$

$+ VJ_2(m) [\cos (\omega_0 - 2\Omega)t + \cos (\omega_0 + 2\,\Omega)t] + \ldots$

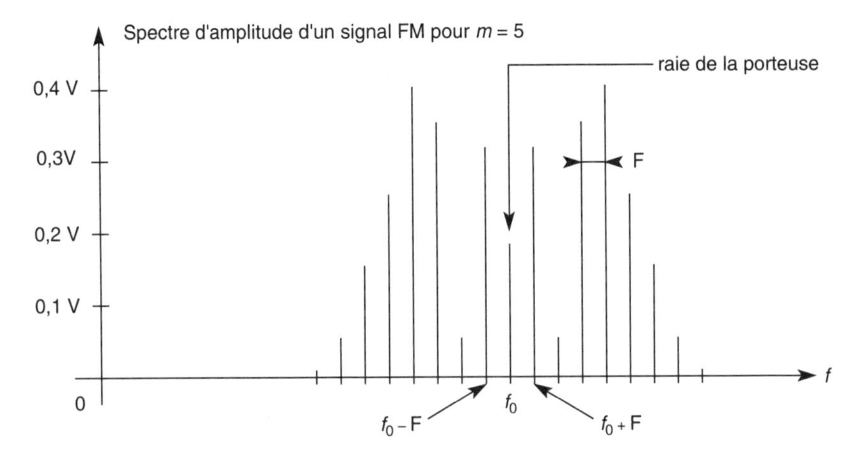

Remarque : le spectre d'amplitude du signal PM à modulation sinusoïdale est identique au spectre FM ayant le même indice de modulation.

Table des fonctions de Bessel de première espèce

m	J_0	J_1	J_2	J_3	J_4	J_5	J_6	J_7	J_8	J_9	J_{10}	J_{11}	J_{12}	J_{13}	J_{14}	J_{15}	J_{16}	J_{17}
0.00	1.000																	
0.10	0.9975	0.0499	0.0013	0.0001														
0.20	0.9900	0.0995	0.0050	0.0002	0.0001													
0.25	0.9845	0.1241	0.0078	0.0003	0.0001													
0.30	0.9776	0.1484	0.0111	0.0006	0.0001													
0.40	0.9604	0.1961	0.0197	0.0013	0.0001													
0.50	0.9385	0.2423	0.0306	0.0026	0.0002													
0.60	0.9120	0.2867	0.0437	0.0044	0.0004	0.0001												
0.70	0.8812	0.3290	0.0588	0.0069	0.0006	0.0001												
0.80	0.8463	0.3689	0.0758	0.0103	0.0011	0.0001												
0.90	0.8075	0.4060	0.0946	0.0144	0.0017	0.0002												
1.00	0.7652	0.4400	0.1150	0.0195	0.0025	0.0003	0.0001											
1.25	0.6459	0.5107	0.1711	0.0369	0.0059	0.0008	0.0001											
1.50	0.5119	0.5579	0.2321	0.0610	0.0118	0.0018	0.0003											
1.75	0.3690	0.5802	0.2940	0.0919	0.0209	0.0038	0.0006	0.0001										
2.00	0.2239	0.5767	0.3529	0.1289	0.0340	0.0070	0.0012	0.0002										
2.50	-.0484	0.4971	0.4461	0.2166	0.0738	0.0195	0.0043	0.0008	0.0002									
3.00	-.2601	0.3391	0.4861	0.3091	0.1320	0.0430	0.0114	0.0026	0.0005	0.0001								
3.50	-.3801	0.1374	0.4586	0.3868	0.2044	0.0805	0.0255	0.0068	0.0016	0.0004	0.0001							
4.00	-.3972	-.0661	0.3642	0.4302	0.2812	0.1320	0.0491	0.0152	0.0040	0.0010	0.0002							
4.50	-.3206	-.2311	0.2179	0.4247	0.3484	0.1947	0.0843	0.0301	0.0092	0.0025	0.0006	0.0002						
5.00	-.1776	-.3276	0.0466	0.3649	0.3913	0.2612	0.1311	0.0534	0.0184	0.0055	0.0015	0.0004	0.0001					
5.50	-.0069	-.3415	-.1174	0.2562	0.3967	0.3209	0.1868	0.0866	0.0337	0.0113	0.0034	0.0009	0.0002					
6.00	0.1507	-.2767	-.2429	0.1148	0.3577	0.3621	0.2458	0.1296	0.0565	0.0212	0.0070	0.0021	0.0006	0.0002				
6.50	0.2601	-.1539	-.3074	-.0354	0.2748	0.3736	0.2999	0.1802	0.0881	0.0366	0.0133	0.0043	0.0013	0.0004	0.0001			
7.00	0.3001	-.0047	-.3014	-.1676	0.1578	0.3479	0.3392	0.2336	0.1280	0.0589	0.0236	0.0084	0.0027	0.0008	0.0002			
7.50	0.2664	0.1353	-.2303	-.2580	0.0239	0.2835	0.3542	0.2832	0.1744	0.0889	0.0390	0.0151	0.0053	0.0017	0.0005	0.0002		
8.00	0.1714	0.2345	-.1131	-.2912	-.1053	0.1858	0.3376	0.3206	0.2235	0.1263	0.0608	0.0256	0.0097	0.0033	0.0011	0.0003	0.0001	
8.50	0.0417	0.2729	0.0222	-.2627	-.2078	0.0672	0.2867	0.3376	0.2694	0.1694	0.0896	0.0410	0.0167	0.0062	0.0021	0.0007	0.0002	
9.00	-.0906	0.2451	0.1447	-.1810	-.2655	0.0552	0.2043	0.3275	0.3051	0.2149	0.1247	0.0622	0.0274	0.0108	0.0039	0.0013	0.0004	0.0001
9.50	-.1944	0.1609	0.2275	-.0656	-.2692	-.1614	0.0992	0.2868	0.3234	0.2578	0.1651	0.0897	0.0427	0.0182	0.0070	0.0025	0.0008	0.0003
10.0	-.2454	0.0438	0.2549	0.0584	-.2196	-.2339	-.0145	0.2167	0.3179	0.2919	0.2075	0.1231	0.0634	0.0290	0.0120	0.0045	0.0016	0.0005
10.5	-.2369	-.0791	0.2215	0.1633	-.1286	-.2612	-.1202	0.1237	0.2850	0.3108	0.2477	0.1611	0.0898	0.0442	0.0195	0.0079	0.0029	0.0010
11.0	-.1709	-.1770	0.1384	0.2267	-.0156	-.2390	-.2019	0.0184	0.2249	0.3087	0.2804	0.2010	0.1216	0.0643	0.0304	0.0130	0.0051	0.0019
11.5	-.0687	-.2301	0.0258	0.2361	0.0953	-.1720	-.2460	0.0851	0.1421	0.2823	0.2996	0.2390	0.1576	0.0898	0.0454	0.0207	0.0087	0.0033
12.0	0.0490	-.2244	-.0871	0.1928	0.1802	-.0746	-.2445	-.1711	0.0448	0.2306	0.3005	0.2705	0.1953	0.1202	0.0651	0.0316	0.0140	0.0057
12.5	0.1537	-.1608	-.1711	0.1106	0.2256	0.0334	-.1988	-.2257	0.0547	0.1560	0.2790	0.2899	0.2314	0.1543	0.0896	0.0464	0.0218	0.0094

2. Encombrement spectral : règle de Carson

La bande passante, B, nécessaire pour transmettre un signal FM, d'excursion de fréquence Δf et modulé par un signal sinusoïdal de fréquence F, est donnée par la formule suivante :

$$\mathbf{B} \approx 2\,(\Delta f + \mathrm{F}) = 2\mathrm{F}\,(1 + m)$$

3. Puissance d'un signal FM

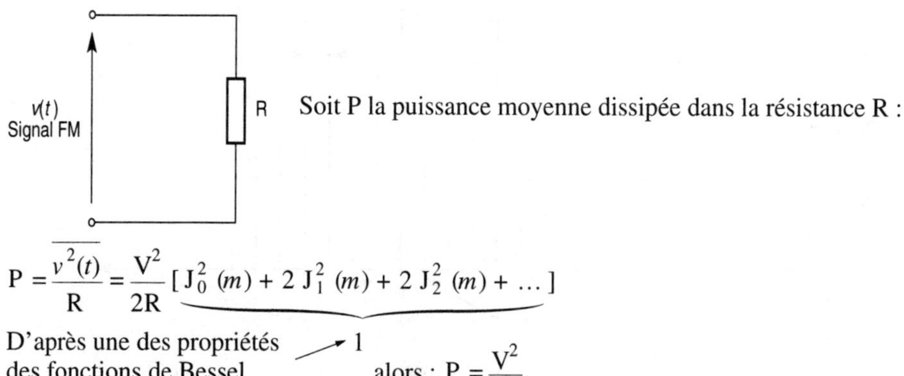

Soit P la puissance moyenne dissipée dans la résistance R :

$$\mathrm{P} = \frac{\overline{v^2(t)}}{\mathrm{R}} = \frac{\mathrm{V}^2}{2\mathrm{R}}\,\underbrace{[\,\mathrm{J}_0^2\,(m) + 2\,\mathrm{J}_1^2\,(m) + 2\,\mathrm{J}_2^2\,(m) + \ldots\,]}_{\to 1}$$

D'après une des propriétés des fonctions de Bessel $\to 1$ alors : $\mathrm{P} = \frac{\mathrm{V}^2}{2\mathrm{R}}$.

Conclusion : la puissance moyenne transportée par un signal FM est constante, elle ne dépend pas de l'indice de modulation m.

III. DÉMODULATION DU SIGNAL FM

En radiodiffusion, on procède à un changement fréquence pour obtenir un signal FM à la fréquence intermédiaire f_I = 10,7 MHz.

1. Démodulation FM par dérivation

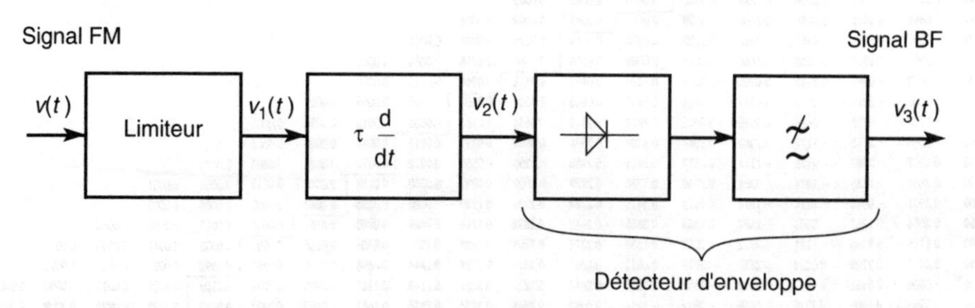

– Limiteur : élimine les fluctuations de l'amplitude en produisant un signal d'amplitude constante.

$v_1(t) = \mathrm{V}_1 \cos\,[\omega_0 t + m \sin \Omega t]$

– Dérivateur : $v_2(t) = \tau \frac{dv_1}{dt} = -\tau V_1 (\omega_0 + m\,\Omega \cos \Omega t) \sin [\omega_0 t + m \sin \Omega t]$

– Détecteur d'enveloppe : $v_3(t) = V_1 \tau \omega_0 + V_1 \tau \Omega \frac{\Delta f}{F} \cos \Omega t$

$v_3(t) = V_1 \tau \omega_0 + V_1 2 \pi \tau k (S \cos \Omega t)$

composante continue

signal BF

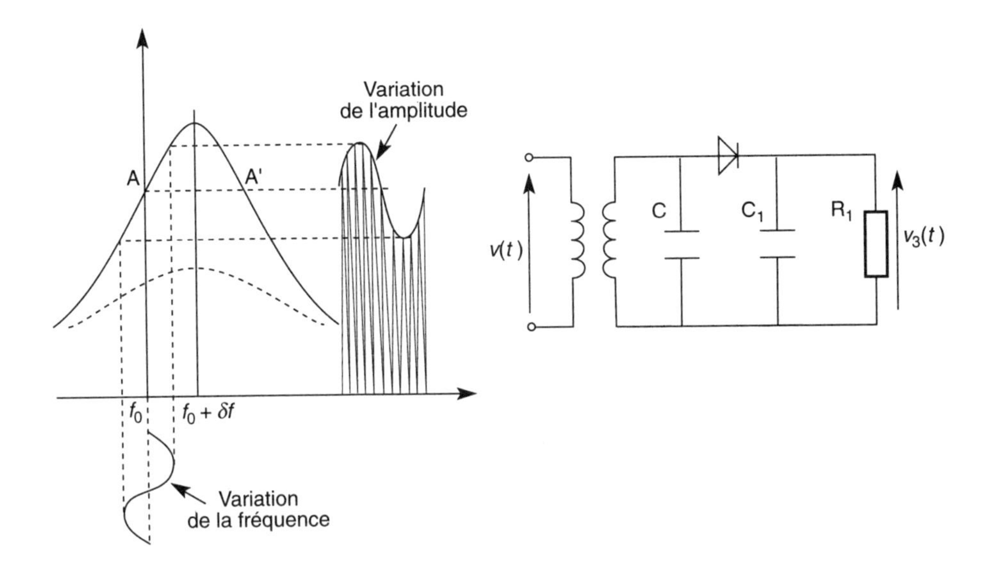

2. Démodulation FM par déphasage

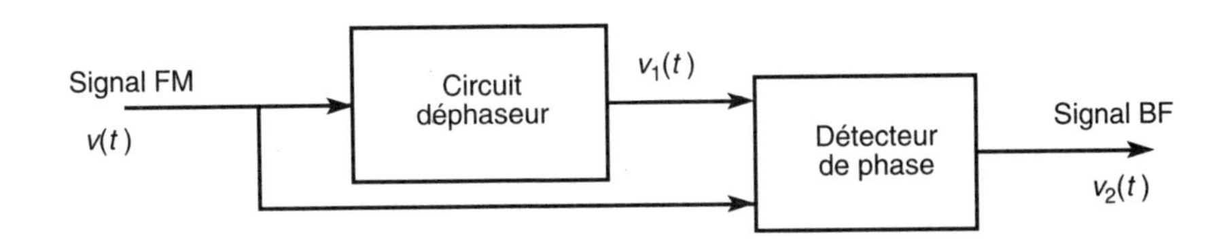

– Circuit déphaseur : il produit un signal dont le déphasage est proportionnel à l'écart de fréquence par rapport à la porteuse.

Soit $v_1(t) = V \cos [\varphi(t) + K\Delta f \cos \Omega t]$

– Détecteur de phase : il fournit un signal image du déphasage entre $v_1(t)$ et $v(t)$

Alors $v_2(t) = \lambda S \cos \Omega t$

signal BF

3. Démodulation FM par PLL

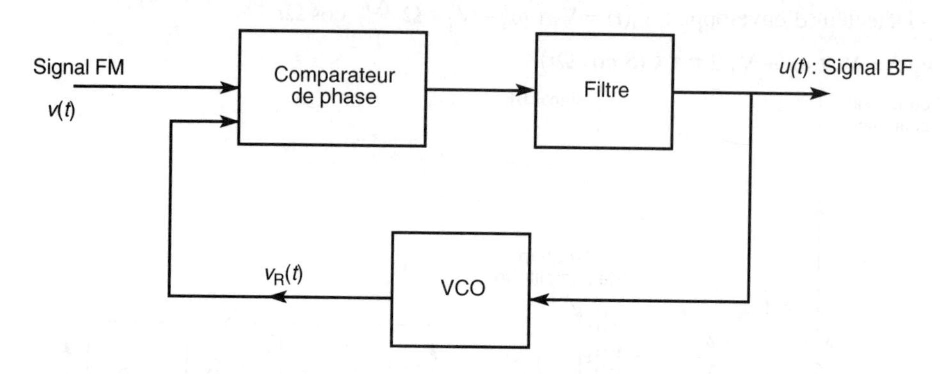

– VCO : il fournit un signal, $v_R(t)$, dont la fréquence est égale à : $f_R(t) = f_0 + K_0\, u(t)$

La fréquence du signal FM est égale à : $f(t) = f_0 + k\, S \cos \Omega t$

Si on suppose que la PLL reste toujours verrouillée alors $f_R(t) = f(t)$ donc $u(t) = \dfrac{k}{K_0} S \cos \Omega t$ ← signal BF

La tension de commande du VCO fournit un signal image du signal modulant $s(t) = S \cos \Omega t$.

Exercices résolus

501 Spectre d'un signal FM à bande étroite

On considère le signal FM suivant :

$v(t) = V \cos(\omega_0 t + m \sin \Omega t)$

avec pour la fréquence de la porteuse $f_0 = \dfrac{\omega_0}{2\pi} = 100$ kHz.

1) Un signal FM est dit à bande étroite lorsque son indice de modulation m est petit devant 1.

a. Pour un indice de modulation $m = 0{,}25$ et une excursion de fréquence $\Delta f = 5$ kHz, calculer la valeur de la fréquence F du signal basse fréquence.

b. A l'aide de développements limités au premier ordre, montrer que $v(t)$ peut être représentée par une somme de trois composantes sinusoïdales.

On rappelle qu'au premier ordre : $\cos\theta \approx 1$ pour $\theta << 1$.
$\sin\theta \approx \theta$.

c. En déduire l'encombrement spectral, B, d'un signal FM à bande étroite.

2) Pour tenir compte d'une augmentation de l'indice de modulation, on utilise alors des développements limités au second ordre.

On rappelle qu'au second ordre :

$\cos\theta \approx 1 - \dfrac{\theta^2}{2}$ et $\sin\theta \approx \theta$ pour $\theta < 1$.

a. Montrer alors que $v(t)$ peut être représenté par une somme de 5 composantes sinusoïdales.

b. Représenter son spectre d'amplitude lorsque $m = 0{,}7$ et $V = 1$ V.

c. En utilisant la décomposition spectrale de $v(t)$, calculer la puissance moyenne, P, que dissiperait le signal $v(t)$ aux bornes d'une résistance R.

d. Rappeler l'expression exacte de la puissance moyenne P_0 que dissipe un signal FM d'amplitude V aux bornes d'une résistance R.

e. En déduire la valeur du rapport $\dfrac{P}{P_0}$ pour $m = 0{,}7$.

1) a. Par définition : $m = \dfrac{\Delta f}{F}$ soit $\mathbf{F = \dfrac{\Delta f}{m} = 20\ kHz.}$

b. $v(t) = V \cos(\omega_0 t + m \sin \Omega t)$

$v(t) = V \cos(\omega_0 t) \cos(m \sin \Omega t) - V \sin(\omega_0 t) \sin(m \sin \Omega t)$

En utilisant un développement limité au 1er ordre on obtient :

$v(t) \approx V \cos \omega_0 t - mV \sin \omega_0 t \sin \Omega t$

soit : $v(t) \approx V \cos \omega_0 t - \dfrac{mV}{2} \cos(\omega_0 - \Omega)t + \dfrac{mV}{2} \cos(\omega_0 + \Omega)t$

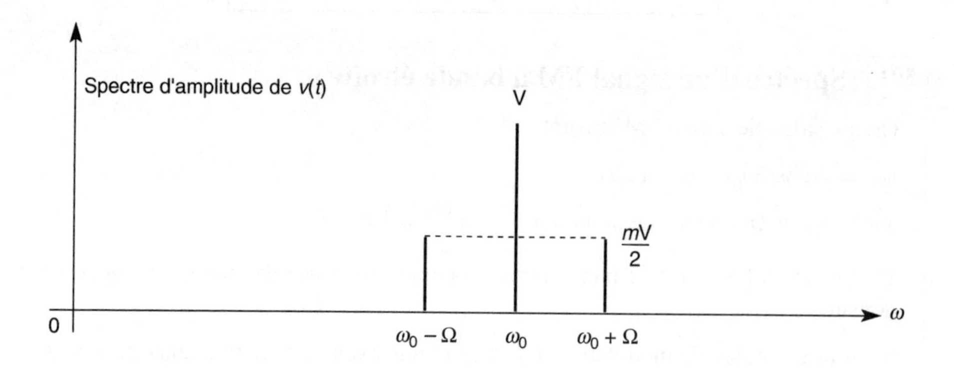

c. L'encombrement spectral du signal FM à bande étroite est donc égal à **B = 2F soit B = 40 kHz.**

2) a. D'après l'expression développée de $v(t)$ nous pouvons écrire :

$$v(t) \approx \mathrm{V} \cos \omega_0 t \left[1 - \frac{m^2}{2} \sin^2 \Omega t\right] - m\mathrm{V} \sin \omega_0 t \sin \Omega t$$

$$v(t) \approx \mathrm{V} \cos \omega_0 t \left[1 - \frac{m^2}{4} (1 - \cos 2\Omega t)\right] - \frac{m\mathrm{V}}{2} \cos (\omega_0 - \Omega) t + \frac{m\mathrm{V}}{2} \cos (\omega_0 + \Omega) t$$

$$v(t) \approx \mathrm{V}\left(1 - \frac{m^2}{4}\right) \cos \omega_0 t - \frac{m^2}{8} \mathrm{V} \cos (\omega_0 - 2\Omega) t - \frac{m^2}{8} \mathrm{V} \cos (\omega_0 + 2\Omega) t$$
$$- \frac{m\mathrm{V}}{2} \cos (\omega_0 - \Omega) t + \frac{m\mathrm{V}}{2} \cos (\omega_0 + \Omega) t$$

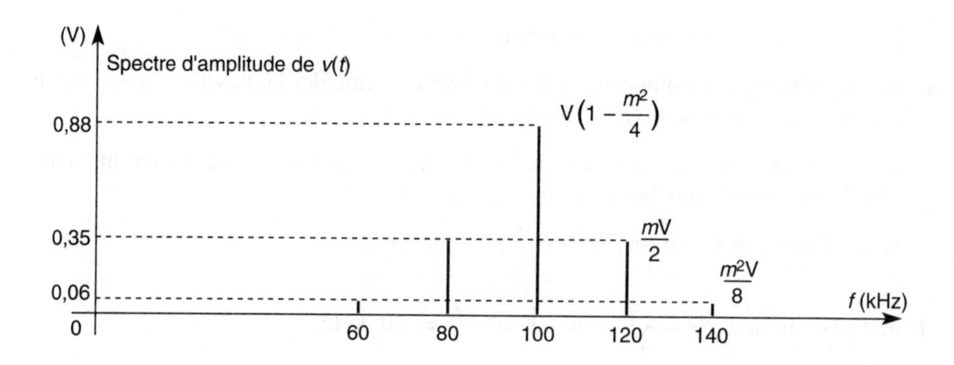

c. La puissance moyenne P est égale à la somme des puissances de chacune des raies donc :

$$\mathrm{P} = \frac{1}{2\mathrm{R}} \mathrm{V}^2 \left(1 - \frac{m^2}{4}\right)^2 + \frac{1}{\mathrm{R}} \left(\frac{m\mathrm{V}}{2}\right)^2 + \frac{1}{\mathrm{R}} \left(\frac{m^2\mathrm{V}}{8}\right)^2$$

$$\mathrm{P} = \frac{\mathrm{V}^2}{2\mathrm{R}} \left[1 - \frac{m^2}{2} + \frac{m^4}{16} + \frac{m^2}{2} + \frac{m^4}{32}\right]$$

$$\mathbf{P} = \frac{\mathbf{V}^2}{\mathbf{2R}}\left[\mathbf{1} + \frac{\mathbf{3}}{\mathbf{32}}\, m^4\right]$$

d. La puissance moyenne du signal FM, P_0, est indépendant de l'indice de modulation et vaut : $\mathbf{P_0} = \dfrac{\mathbf{V^2}}{\mathbf{2R}}$

e. On en déduit : $\dfrac{P}{P_0} = 1 + \dfrac{3}{32}\, m^4$

Soit pour $m = 0{,}7$: $\dfrac{\mathbf{P}}{\mathbf{P_0}} \approx \mathbf{102\ \%}$

502 Modulation de phase - Modulation de fréquence

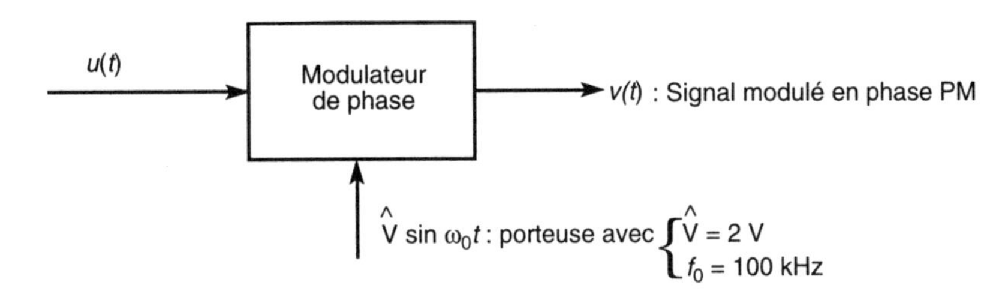

L'expression du signal de sortie est la suivante :

$v(t) = \widehat{V} \cos \varphi_i(t)$ avec $\begin{cases} \varphi_i(t) = \omega_0 t + k\, u(t) \\ k = 2{,}36 \text{ rad/V} \end{cases}$

1) Soit le signal d'entrée suivant :

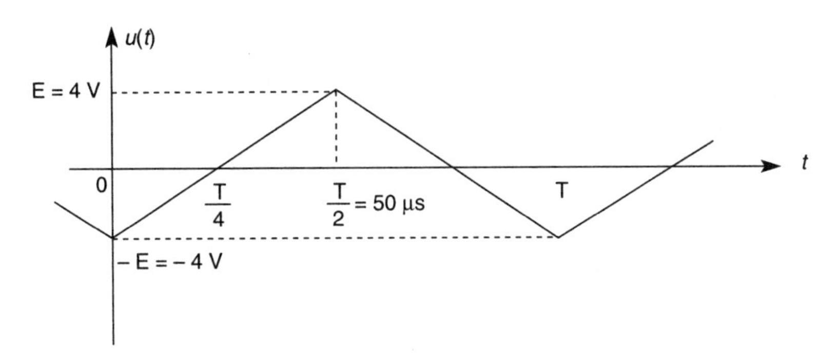

a. Donner l'expression de la fréquence instantanée, $f_i(t)$, du signal PM pour $t \in \left]0, \dfrac{T}{2}\right[$ et $t \in \left]\dfrac{T}{2}, T\right[$.

b. Représenter graphiquement $v(t)$.

2) Le signal $u(t)$ est maintenant fourni par un intégrateur :

$s(t)$ → [$\int$] → $u(t) = \dfrac{1}{\tau}\displaystyle\int_0^t s(x)\,\mathrm{d}x$

a. Montrer que la fréquence instantanée du signal $v(t)$ peut s'exprimer sous la forme suivante : $f_i(t) = f_0 + \mathrm{K}\, s(t)$. En déduire l'expression de K.

b. Le signal $v(t)$ est donc modulé en fréquence par $s(t)$.

Calculer la valeur de τ pour obtenir $k = 10$ kHz/V.

1) a. Pour $t \in \left]0, \frac{\mathrm{T}}{2}\right[$ on a $\dfrac{\mathrm{d}u}{\mathrm{d}t} = \dfrac{4\mathrm{E}}{\mathrm{T}}$.

Or $f_i(t) = \dfrac{1}{2\pi} \times \dfrac{\mathrm{d}\varphi_i}{\mathrm{d}t}$ donc $f_i(t) = f_0 + \dfrac{k}{2\pi}\dfrac{\mathrm{d}u}{\mathrm{d}t}$

Donc : $\boldsymbol{f_i(t) = f_0 + \dfrac{2k\mathrm{E}}{\pi\mathrm{T}}}$ A-N : $f_i(t) = 160$ kHz

Pour $t \in \left]\frac{\mathrm{T}}{2}, \mathrm{T}\right[$ on a $\dfrac{\mathrm{d}u}{\mathrm{d}t} = \dfrac{-4\mathrm{E}}{\mathrm{T}}$ donc $\boldsymbol{f_i(t) = f_0 - \dfrac{2k\mathrm{E}}{\pi\mathrm{T}}}$

A-N : $f_i(t) = 40$ kHz

b.

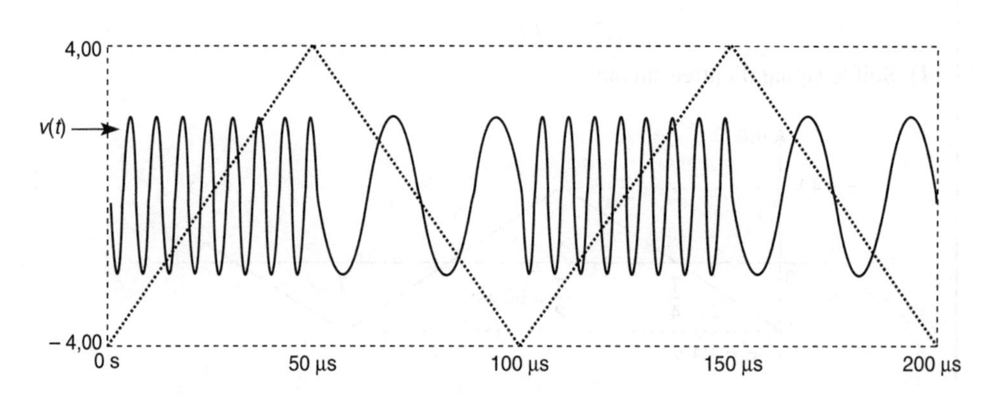

2) a. Nous avons : $f_i(t) = f_0 + \dfrac{k}{2\pi}\dfrac{\mathrm{d}u}{\mathrm{d}t}$

Or $\dfrac{\mathrm{d}u}{\mathrm{d}t} = \dfrac{1}{\tau} s(t)$ donc $\boldsymbol{f_i(t) = f_0 + \dfrac{k}{2\pi\tau} s(t)}$

On en déduit : $\mathbf{K} = \boldsymbol{\dfrac{k}{2\pi\tau}}$.

b. On souhaite obtenir K = 10 kHz/V alors :

$\tau = \dfrac{k}{2\pi K}$ d'où $\tau \approx$ **37,6 µs.**

503 Modulateur FM à réactance

On considère le circuit suivant :

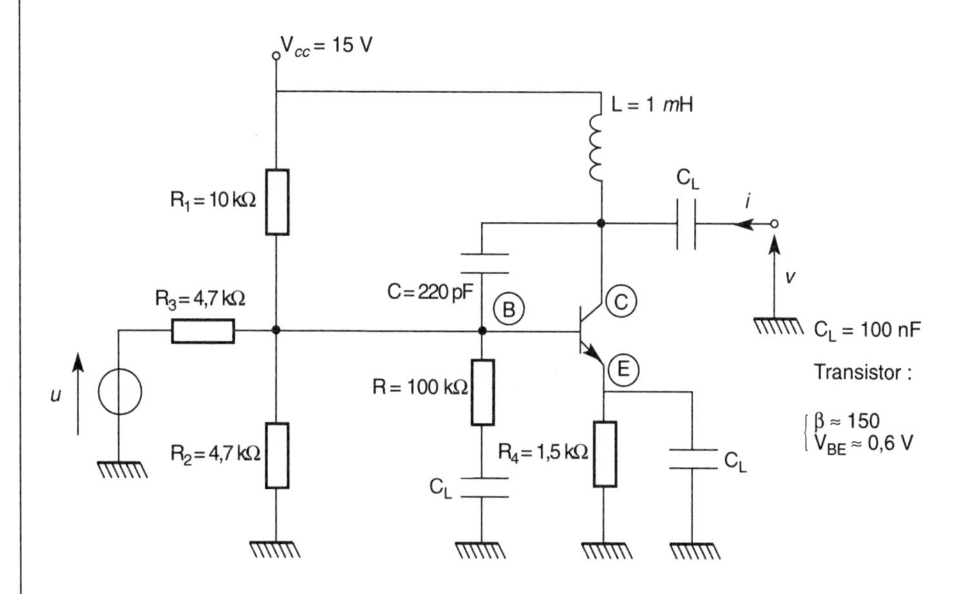

1) Polarisation

a. Représenter le schéma concernant la polarisation du transistor bipolaire.

b. Déterminer le générateur de Thévenin (E_{Th}, R_{Th}) équivalent au circuit, comprenant les trois résistances R_1, R_2, R_3 et les deux sources de tension V_{cc}, u, vu entre la base et la masse.

c. Montrer que E_{Th} s'exprime sous la forme suivante :

$E_{Th} = E_0 + ku.$

Calculer les valeurs de E_0 et k.

d. Déterminer l'expression de I_c en fonction de E_{Th}, V_{BE}, R_4, R_{Th} et β.

e. Montrer que I_c s'exprime sous la forme suivante :

$I_c \approx I_{c_0} + k \dfrac{u}{R_4}$ en tenant compte de la valeur de β.

Calculer la valeur de I_{c_0}.

2) Petits-signaux

A la fréquence de travail, les condensateurs C_L sont équivalents à des courts-circuits.

On adopte pour le transistor le schéma équivalent petits-signaux suivant :

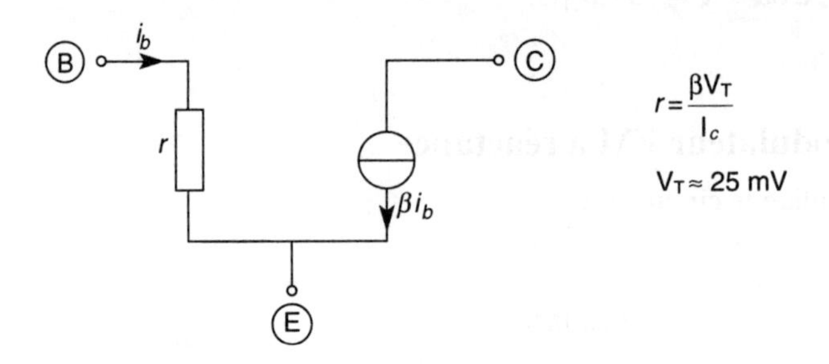

a. Représenter le schéma équivalent petits-signaux du circuit.

b. Déterminer l'admittance $\underline{Y} = \frac{\underline{I}}{\underline{V}}$ sachant que $R_{Th} >> R$.

c. Dans le domaine de fréquence ou $(r//R)\, C\omega << 1$, mettre $\underline{Y}$ sous la forme du dipôle suivant :

Donner l'expression de C_{eq} en fonction de C, R, I_c et V_T en considérant $r >> R$.

On précisera le domaine de validité en fréquence.

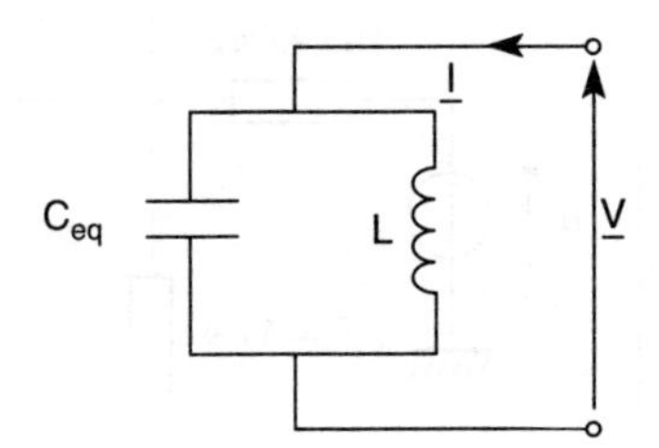

d. A l'aide des résultats du 1° mettre C_{eq} sous la forme suivante : $C_{eq} = C_0\,[1 + \lambda u]$

Donner les expressions de C_0, λ et calculer leurs valeurs.

e. Calculer les valeurs de C_{eq} pour $u = -3$ V, 0 V et 3 V.

3) Modulateur F-M-

On utilise ce dipôle L, C_{eq}, pour réaliser un oscillateur sinusoïdal.

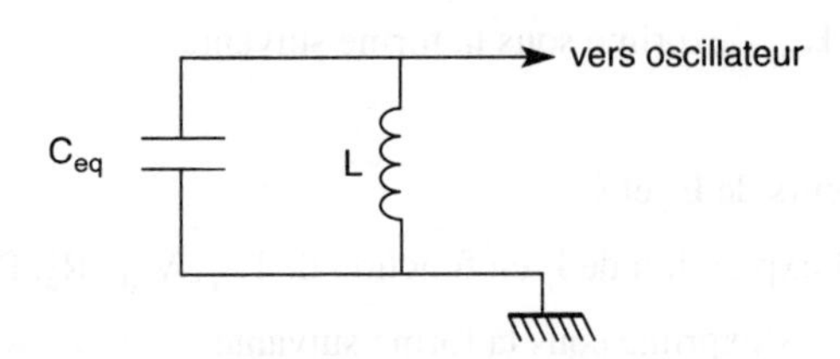

La fréquence de l'oscillateur est donnée par : $f = \dfrac{1}{2\pi\sqrt{LC_{éq}}}$.

a. Sachant que $C_{eq} = C_0(1 + \lambda u)$, à l'aide d'un développement limité, montrer que $f \approx f_0 - K_0\, u$ lorsque $\lambda u << 1$.

On rappelle que $(1 + x)^n \approx 1 + nx$ pour $x << 1$.

Calculer les valeurs de f_0 et K_0.

b. La tension de commande de la capacité est un signal basse-fréquence :

$u(t) = \widehat{U} \cos \Omega t$ avec $\dfrac{\Omega}{2\pi} = F = 2$ kHz $<< f_0$.

Dans le cas ou $\lambda \widehat{U} = 0{,}15$ calculer l'excursion de fréquence ΔF et l'indice de modulation *m*.

1) a. Pour la polarisation, les condensateurs sont équivalents à des circuits-ouverts et l'inductance L à un court-circuit.

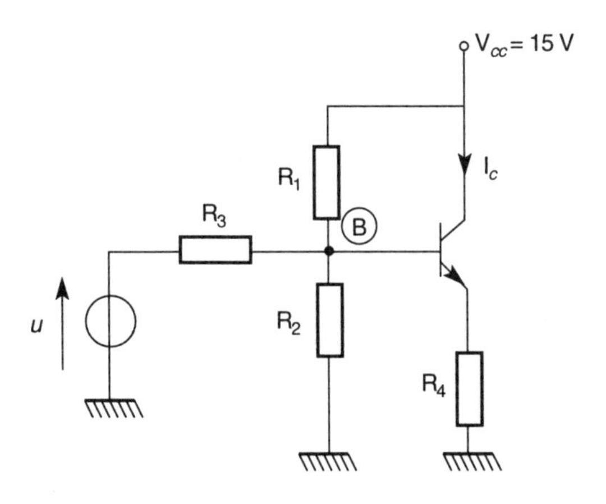

b. Pour déterminer R_{Th}, on court-circuite les sources de tension donc :

$\mathbf{R_{Th} = R_1 // R_2 // R_3}$

On obtient E_{Th} par la méthode de superposition :

$$\mathbf{E_{Th} = V_{cc} \frac{R_2//R_3}{R_1 + R_2//R_3} + u \frac{R_1//R_2}{R_3 + R_1//R_2}}$$

c. En identifiant l'expression de E_{Th} à $E_0 + k\,u$ on obtient :

$$\mathbf{E_0 = V_{cc} \frac{R_2//R_3}{R_1 + R_2//R_3} \approx 2{,}9 \ V}$$

$$\mathbf{k = \frac{R_1//R_2}{R_3 + R_1//R_2} \approx 0{,}40}$$

d. A l'aide du générateur de Thévenin équivalent on obtient le circuit suivant :

$E_{Th} = R_{Th}\, I_B + V_{BE} + R_4\, I_c$

$I_c = \beta\, I_B$

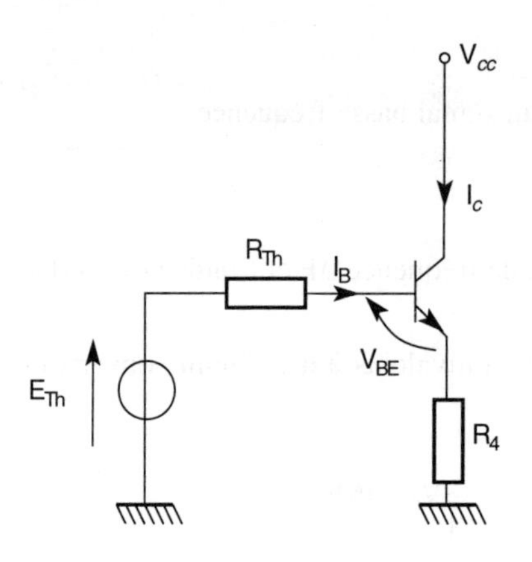

On en déduit :

$$\mathbf{I_c = \frac{E_{Th} - V_{BE}}{R_4 + \frac{R_{Th}}{\beta}}}$$

e. Soit $R_{Th} = R_1//R_2//R_3 = 1{,}9\ k\Omega$ d'où : $\frac{R_{Th}}{\beta} \approx 13\ \Omega$ donc nous avons :

$R_4 = 1500\ \Omega >> 13\ \Omega \approx \frac{R_{Th}}{\beta}$.

Alors : $I_c \approx \frac{E_{Th} - V_{BE}}{R_4}$ d'où : $I_c \approx \frac{1}{R_4}(E_0 + k\ u - V_{BE})$

$$\mathbf{I_c \approx \frac{E_0 - V_{BE}}{R_4} + k\ \frac{u}{R_4}}$$

On pose $I_{c0} = \frac{E_0 - V_{BE}}{R_4}$ alors $I_c \approx I_{c0} + k\ \frac{u}{R_4}$

A-N : $\mathbf{I_{c0} \approx 1{,}5\ mA}$

2) a. On obtient le schéma équivalent petits-signaux suivant :

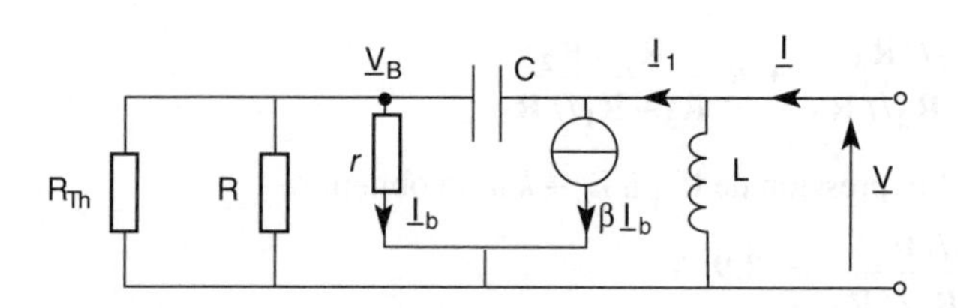

b. On remplace $R_{Th}//R$ par R car $R << R_{Th}$.

Nous avons : $\underline{I} = \underline{I}_1 + \frac{\underline{V}}{j\omega L}$

En appliquant le diviseur de tension nous pouvons écrire :

$$\underline{V}_B = \frac{r//R}{r//R + \frac{1}{j\omega C}}\ \underline{V} = \frac{(r//R)\ j\omega C}{1 + (r//R)\ j\omega C}\ \underline{V}$$

or $\underline{V}_B = r\,\underline{I}_b$ alors $\underline{I}_b = \dfrac{\underline{V}}{r} \times \dfrac{(r//R)\,j\omega C}{1 + (r//R) + j\omega C}$

D'autre part : $\underline{I}_1 = \beta\,\underline{I}_b + \dfrac{\underline{V}}{\dfrac{1}{j\omega C} + (r//R)}$

On en déduit : $\underline{I}_1 = \dfrac{j\omega C}{1 + j\omega(r//R)C}\left[\beta\,\dfrac{R}{R+r} + 1\right]\underline{V}$

Alors : $\mathbf{\underline{Y} = \dfrac{1}{j\omega L} + \dfrac{j\omega C}{1 + j\omega(r//R)\,C}\left[\beta\,\dfrac{R}{R+r} + 1\right]}$

c. Pour $(r//R)C\omega << 1$ et $r >> R$ alors :

$\underline{Y} \approx \dfrac{1}{j\omega L} + j\omega C\left[\beta\,\dfrac{R}{r} + 1\right]$

On remplace r par son expression $\dfrac{\beta V_T}{I_c}$: $Y \approx \dfrac{1}{j\omega L} + j\omega C\left[1 + \dfrac{RI_c}{V_T}\right]$

On en déduit : $\mathbf{C_{eq} = C\left[1 + \dfrac{RI_c}{V_T}\right]}$

Pour obtenir un dipôle L en parallèle avec C_{eq} il faut : $(R//r)\,C\omega << 1$ soit $RC\omega << 1$ car $r >> R$.

Le domaine de validité en fréquence est donné par : $f << \dfrac{1}{2\pi RC} = 7{,}2$ MHz on prendra par exemple $f_{MAX} \approx 720$ kHz.

d. D'après le 1° nous avons $I_c = I_{c0} + k\,\dfrac{u}{R_4}$ d'où $C_{eq} = C\left[1 + \dfrac{RI_{c0}}{V_T} + k\,\dfrac{R}{R_4}\,\dfrac{u}{V_T}\right]$

Alors : $\mathbf{C_0 = C\left[1 + \dfrac{RI_{c0}}{V_T}\right] \approx 1{,}5\ \textit{n}F}$

et $\mathbf{\lambda = k\,\dfrac{R}{R_4} \times \dfrac{1}{V_T\left[1 + \dfrac{RI_{c0}}{V_T}\right]} \approx 0{,}15\,V^{-1}}$

e. $u = -3$V $\quad C_{eq} \approx 0{,}83$ nF

$u = 0$ V $\quad C_{eq} \approx C_0 \approx 1{,}5$ nF

$u = 3$ V $\quad C_{eq} \approx 2{,}2$ nF

3) a. Soit $f = \dfrac{1}{2\pi\sqrt{LC_{eq}}} = \dfrac{1}{2\pi\sqrt{LC_0(1 + \lambda u)}}$

Pour $\lambda u << 1$ on a $f \approx \dfrac{1}{2\pi\sqrt{LC_0}}\left(1 - \dfrac{\lambda}{2}u\right)$

On obtient : $\boldsymbol{f_0 = \dfrac{1}{2\pi\sqrt{LC_0}} \approx 130\ \text{kHz}}$

On en déduit : $\boldsymbol{K_0 = f_0 \dfrac{\lambda}{2} \approx 10\ \text{kHz/V}}$

b. $f(t) = f_0 - K_0\ \widehat{U}\ \cos \Omega t$ alors $\Delta f = K_0\ \widehat{U}$

or $\lambda \widehat{U} = 0{,}15$ donc $\widehat{U} = 1$ V alors $\boldsymbol{\Delta f = 10\ \text{kHz}}$.

Par définition $\boldsymbol{m = \dfrac{\Delta f}{F} = 5}$.

504 Modulateur de fréquence utilisant une PLL

Soit une boucle à verrouillage de phase pilotée par un oscillateur à quartz.

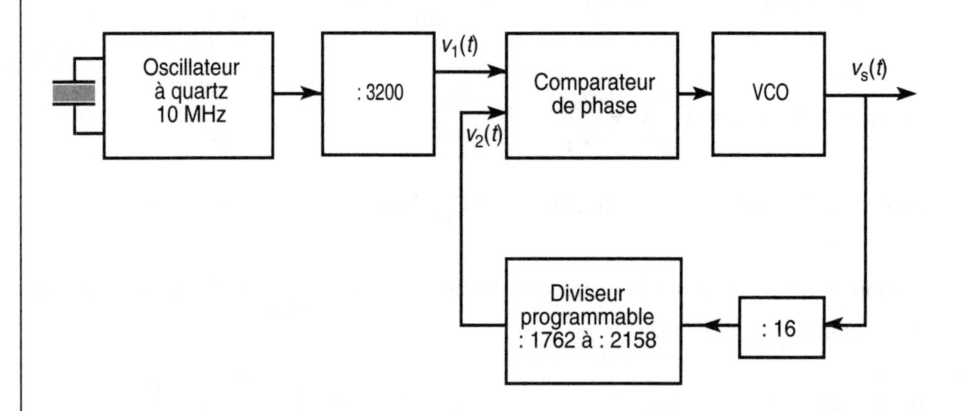

Lorsque la PLL est verrouillée les signaux $v_1(t)$ et $v_2(t)$ sont à la même fréquence. On suppose la PLL verrouillée.

1) a. Calculer les fréquences f_s^{min} et f_s^{MAX} de fonctionnement du VCO lorsque le diviseur programmable passe de 1762 à 2158.

b. Pour changer de canal, on augmente de 4 unités le taux du diviseur programmable.

Calculer la largeur de bande B d'un canal FM.

2) On tolère une dérive de la fréquence de la porteuse de ± 2000 Hz.

L'oscillateur à quartz permet d'obtenir une précision de 2 ppm (partie par million) par an.

Déterminer la dérive maximale par an de la fréquence du VCO pour un taux du diviseur programmable de 2158.

3) Pour pouvoir moduler le VCO par le signal BF on utilise le schéma de principe suivant :

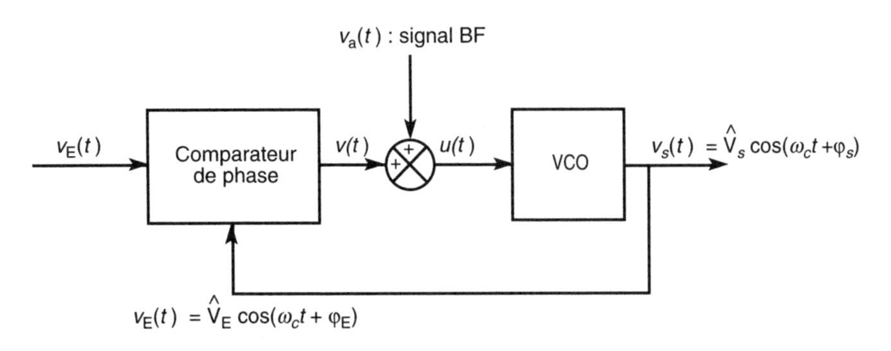

$v_E(t) = \widehat{V}_E \sin(\omega_c t + \varphi_E)$

On suppose que la PLL fonctionne toujours en régime linéaire.

La transmittance du comparateur de phase est :

$$\frac{V(p)}{\phi(p)} = \frac{Kd}{1 + \tau p} \quad \text{avec} \quad \phi(p) = \phi_E(p) - \phi_s(p)$$

La fréquence du VCO est donnée par : $f_s(t) = \dfrac{\omega_c}{2\pi} + K_0\, u(t)$.

a. Représenter le schéma bloc de l'asservissement en faisant apparaître les deux entrées $\phi_E(p)$ et $V_A(p)$ et en prenant $F(p)$ comme grandeur de sortie telle que $F(p) = \mathscr{L}[f(t)]$ avec $f(t) = \dfrac{1}{2\pi}\dfrac{d\varphi_s}{dt}$.

b. On se place dans le cas où $\phi_E(p) = 0$.

Déterminer l'expression de la fonction de transfert $T(p) = \dfrac{F(p)}{V_a(p)}$ et la mettre sous la forme suivante :

$$T(p) = T_0 \frac{p\,(1 + \tau p)}{1 + 2m\dfrac{p}{\omega_0} + \left(\dfrac{p}{\omega_0}\right)^2}$$

Exprimer T_0, m et ω_0 en fonction de K_0, K_D et τ.

c. Pour $K_0 = 1$ MHz/V $K_D = 35\ \mu$V/rad et $\tau = 2{,}3$ ms.

Calculer les valeurs de m, $f_0 = \dfrac{\omega_0}{2\pi}$ et T_0.

Représenter le diagramme de Bode asymptotique de $|\underline{T}(jf)]$ en gardant une échelle linéaire pour les ordonnées.

d. Dans quel domaine de fréquence a-t-on une modulation linéaire du VCO par le signal BF ?

e. On souhaite obtenir une excursion de fréquence $\Delta f = 75$ kHz autour de la porteuse. Calculer le niveau maximale V_a^{MAX} de $v_a(t)$.

1) a. Soit f_1 la fréquence du signal $v_1(t)$.

$f_1 = 10 : 3200 = 3{,}125$ kHz.

On appelle N le taux du diviseur programmable, la PLL étant verrouillée nous pouvons écrire :

$f_1 = f_s/(16\ \mathrm{N})$ alors $f_s = 16\ \mathrm{N} \times f_1$

Pour N = 1762 alors $\mathbf{f_s^{min} = 88{,}1\ MHz}$

Pour N = 2158 alors $\mathbf{f_s^{MAX} = 107{,}9\ MHz}$

b. Quand le diviseur programmable passe de N à N+4, on a une variation de fréquence : $\mathrm{B} = 16 \times 4 \times f_1$.

Soit **B = 200 kHz.**

2) a. Pour le quartz à 10 MHz, on a une dérive égale à :

$\Delta f_{0sc} = 2 \times 10^{-6} \times 10^7$ Hz/an = 20 Hz/an

Pour Δf_1 on obtient : $\Delta f_1 = \dfrac{20}{3200} = 6{,}25$ mHz/an.

Soit pour la fréquence du V-C-O :

$\Delta f_s = 16\ \mathrm{N} \times \Delta f_1$

On en déduit pour N = 2158 $\mathbf{\Delta f_s = 215{,}8\ Hz/an}$ ce qui est bien inférieur au 2000 Hz toléré.

3) a. On obtient le schéma bloc suivant :

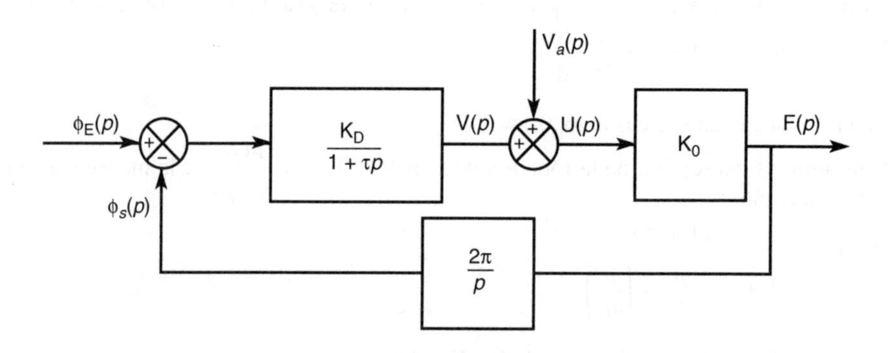

b. D'après la formule de Black nous pouvons écrire :

$$\frac{\mathrm{F}(p)}{\mathrm{V}_a(p)} = \frac{\mathrm{K}_0}{1 + \dfrac{\mathrm{K_0K_D}}{1+\tau p} \times \dfrac{2\pi}{p}} = \frac{\mathrm{K}_0\, p\,(1+\tau p)}{p\,(1+\tau p) + \mathrm{K_0K_D}\, 2\pi}$$

$$\mathbf{T}(p) = \frac{\mathbf{F}(p)}{\mathbf{V}_a(p)} = \frac{1}{2\pi \mathbf{K_D}} \times \frac{p\,(1+\tau p)}{1 + \left(\dfrac{1}{2\pi \mathbf{K_0K_D}}\right) p + \left(\dfrac{\tau}{2\pi\, \mathbf{K_0K_D}}\right) p^2}$$

En identifiant à la forme canonique on obtient :

$$\mathbf{T_0} = \frac{\mathbf{1}}{\mathbf{2\pi K_D}} \qquad \omega_0 = \sqrt{\frac{\mathbf{2\pi K_0 K_D}}{\tau}} \qquad m = \frac{\mathbf{1}}{\mathbf{2}} \times \frac{\mathbf{1}}{\sqrt{\mathbf{2\pi\tau K_0 K_D}}}$$

c. A-N : on obtient $m \approx 0{,}7$, $f_0 \approx 49$ Hz et $T_0 \approx 4{,}5 10^3$ V^{-1}

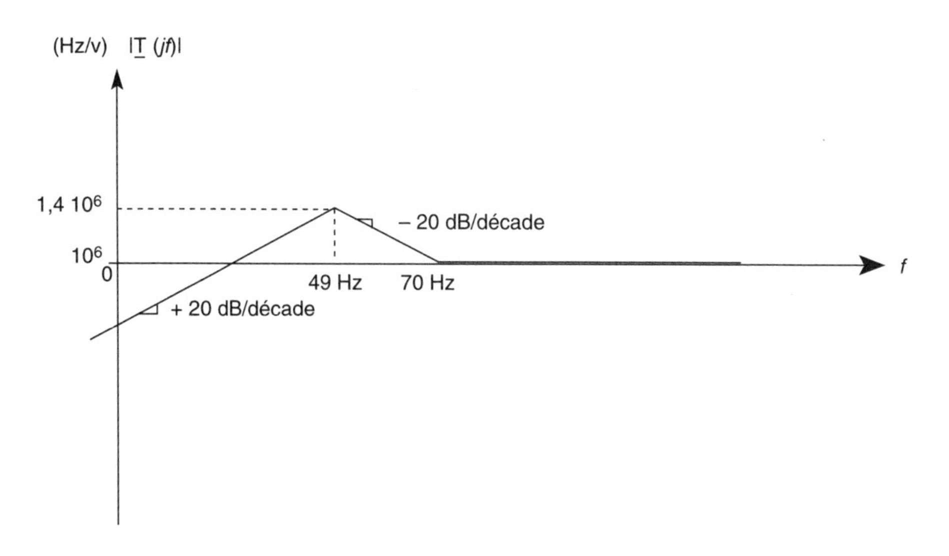

d. D'après le diagramme précédent, on obtient une modulation linéaire pour $f \geq 70$ Hz.

e. Dans la partie linéaire de fonctionnement on a $f = K_0 v_a$.

Alors : $\Delta f = K_0 \, V_a^{MAX}$ soit $\mathbf{V_a^{MAX}} = \dfrac{\mathbf{\Delta f}}{\mathbf{K_0}} = \mathbf{75 \ mV.}$

505 Démodulateur en quadrature (texte d'examen)

Le démodulateur (voir figure 1) a pour rôle de transformer le signal modulé en fréquence qu'on lui applique en une tension proportionnelle au signal de modulation original.

Il est constitué de 3 parties :

– un réseau déphaseur passif

– un multiplieur analogique

– un filtre passe-bas.

On appelle $v_1(t)$ la tension d'entrée du réseau déphaseur (amplitude V_1, pulsation ω) et $v_2(t)$ sa tension de sortie (amplitude V_2, pulsation ω). Dans les parties 1, 2 et 3 le signal d'entrée $v_1(t)$ est un signal sinusoïdal pur haute fréquence (non modulé).

Dans ce cas, l'angle θ représente le déphasage de la tension $v_2(t)$ par rapport à la tension $v_1(t)$ et les tensions instantanées s'écrivent :

$v_1(t) = V_1 \cos \omega t$

$v_2(t) = V_2 \cos (\omega t + \theta)$

La transmittance $\underline{T}(j\omega)$ du réseau complet s'écrit :

$$\underline{T}(j\omega) = \frac{\underline{V}_2}{\underline{V}_1} = \frac{V_2}{V_1} e^{j\theta} = \frac{V_2}{V_1}(\cos\theta + j\sin\theta)$$

1) Etude du multiplieur (figure 3)

Calculer la tension $v(t)$ à la sortie du multiplieur inséré dans le démodulateur. Quelle est la pulsation de sa composante variable ?

2) Etude du filtre passe-bas :

2.1) Quelle condition doit remplir la pulsation de coupure ω_c du filtre passe-bas (supposé idéal) pour que celui-ci élimine la composante haute fréquence du signal $v(t)$.

2.2) Cette condition étant remplie, démontrer que V_s s'écrit :

$$V_s = \frac{k \,.\, V_1^2}{2} \,.\, |\underline{T}(j\omega)| \,.\, \cos\theta$$

2.3) Soit $T_R(\omega)$ la partie réelle de la transmittance $\underline{T}(j\omega)$ du réseau déphaseur. Exprimer V_s en fonction de k, V_1 et $T_R(\omega)$.

3) Etude du réseau déphaseur (figure 2) :

Le réseau déphaseur comporte un condensateur parfait de capacité C' monté en série avec un dipôle D.

Le dipôle D est lui-même constitué par la mise en parallèle d'un résistor de résistance R, d'une bobine d'inductance L et de pertes négligeables, et d'un condensateur parfait de capacité C.

3.1) Donner l'expression de la transmittance complexe $\underline{Y}(j\omega)$ du dipôle D.

3.2) Démontrer que la transmittance complexe $\underline{T}(j\omega)$ du réseau se met sous la forme :

$$\underline{T}(j\omega) = \frac{1}{1 + \frac{C}{C'} - \frac{1}{LC'\omega^2} - \frac{j}{RC'\omega}}$$

3.3) On pose :

$$\omega_0^2 = \frac{1}{1 + (C + C')} \;; \quad Q_0 = \frac{R}{L\omega_0} \;; \quad \alpha = \frac{C'}{C + C'} \;; \quad y = \frac{\omega}{\omega_0}.$$

Montrer que $T_R(\omega)$ devient : $T_R(y) = \dfrac{\alpha \,.\, y^2 . (y^2 - 1)}{(y^2 - 1)^2 + \dfrac{y^2}{Q_0^2}}$

3.4) Variations de $T_R(y)$:

a. Calculer $T_R(1)$

b. La dérivée de $T_R(y)$ s'annule pour 3 valeurs de y :

$y = 0$; $y = 1 - 1/2Q_0$; $y = 1 + 1/2Q_0$.

En supposant que $Q_0 >> 1$, établir les expressions correspondantes de $T_R(y)$ en fonction de α et Q_0.

c. Vers quelle limite tend $T_R(y)$ quand y tend vers l'infini ?

4) Etude du démodulateur

On s'intéresse aux variations de la tension V_s en fonction de la fréquence F.

On donne les valeurs numériques suivantes :

$R = 22\ k\Omega$; $C = 470\ pF$; $L = 245\ \mu H$; $C' = 30\ pF$; $k = 11{,}8\ V^{-1}$; $V_1 = 0{,}6\ V$.

4.1) Calculer les valeurs numériques du maximum V_s^{MAX} et du minimum V_s^{min} de V_s. Calculer celles des fréquences correspondantes F_{min} et F_{MAX} ainsi que celle de la fréquence F_0.

Déterminer la limite de V_s quand y tend vers l'infini.

4.2) Tracer alors le graphe de V_s en fonction de F.

4.3) Autour de la fréquence F_0, la courbe $V_s = f(F)$ est assimilée à sa tangente d'équation :

$$V_s = \frac{k \, . \, V_1^2}{2} \, . \, \frac{2 \, . \, \alpha \, . \, Q_0^2}{F_0} \, . \, (F - F_0) = A \, . \, (F - F_0)$$

Sachant que le signal $v_1(t)$ est maintenant un signal sinusoïdal modulé en fréquence par un signal basse fréquence $s(t)$ (fréquence instantanée $F_1(t) = F_p + k_F \, . \, s(t)$ avec comme conditions : $k_F \, . \, s(t) << F_p$ et F_p proche de F_0), montrer que la tension de sortie V_s est une fonction affine du signal modulant $s(t)$.

Transformations trigonométriques :

$\sin a \, . \cos b = 1/2\ [\sin (a + b) + \sin (a - b)]$

$\cos a \, . \cos b = 1/2\ [\cos (a + b) + \cos (a - b)]$

Formule d'approximation :

$(1 + x)^\alpha \approx 1 + \alpha x$ si $x << 1$.

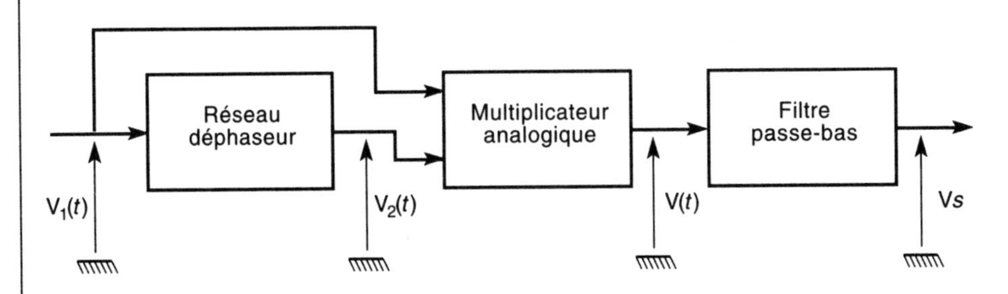

Démodulateur en quadrature

Figure 1 :

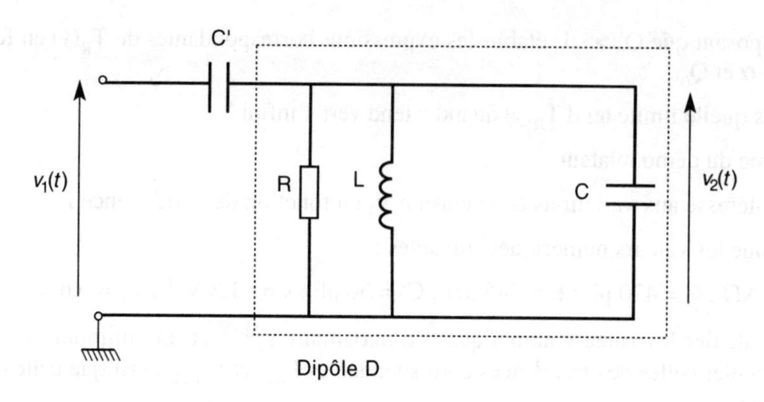

Figure 2

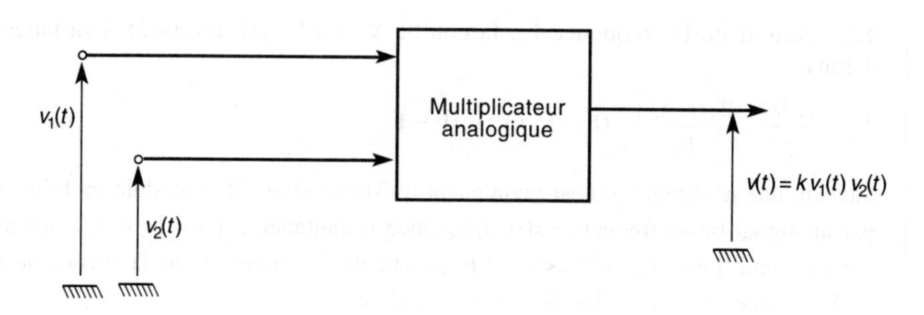

Figure 3

1) A la sortie du multiplieur on a :

$v(t) = k\,V_1\,V_2 \cos \omega t \cos(\omega t + \theta)$

$$\boldsymbol{v(t) = \frac{k\,V_1 V_2}{2}\,[\cos\theta + \cos(2\omega t + \theta)]}$$

La pulsation de sa composante variable est 2ω.

2.1) Pour que le filtre passe-bas élimine la composante haute-fréquence du signal $v(t)$, il faut : $\boldsymbol{\omega_c < 2\omega}$

2.2) A la sortie du filtre passe-bas nous avons :

$$V_s = k\,\frac{V_1 V_2}{2}\cos\theta$$

D'autre part $V_2 = |\underline{T}(j\omega)|\,V_1$ car $\underline{T}(j\omega) = \dfrac{\underline{V}_2}{\underline{V}_1}$ donc :

$$\boldsymbol{V_s = \frac{k\,V_1^2}{2}\,|\underline{T}(j\omega)|\cos\theta}$$

2.3) Nous avons : $\underline{T}(j\omega) = \dfrac{V_2}{V_1}\,(\cos\theta + j\sin\theta)$ et $|\underline{T}(j\omega)| = \dfrac{V_2}{V_1}$.

Donc : $\mathcal{R}e\ [\underline{T}(j\omega)] = T_R(\omega) = \dfrac{V_2}{V_1} \cos\theta = |\underline{T}(j\omega)| \cos\theta$

On en déduit : $\mathbf{V}_s = \dfrac{k\,\mathbf{V}_1^2}{\mathbf{2}}\, \mathbf{T_R}(\omega)$

3.1) Le dipôle D correspond à l'association de R, L, C en parallèle, on peut écrire pour l'admittance :

$$\underline{\mathbf{Y}}(j\omega) = \frac{\mathbf{1}}{\mathbf{R}} + \frac{\mathbf{1}}{j\omega\mathbf{L}} + j\omega\mathbf{C}$$

3.2) On applique le diviseur de tension pour calculer $\underline{T}(j\omega)$

$$\underline{T}(j\omega) = \frac{\dfrac{1}{\underline{Y}}}{\dfrac{1}{j\omega C'} + \dfrac{1}{\underline{Y}}} = \frac{1}{1 + \dfrac{\underline{Y}}{j\omega C'}} = \frac{1}{1 + \dfrac{C}{C'} + \dfrac{1}{j\omega RC'} + \dfrac{1}{LC(j\omega)^2}}$$

Soit : $\underline{\mathbf{T}}(j\omega) = \dfrac{\mathbf{1}}{\mathbf{1} + \dfrac{\mathbf{C}}{\mathbf{C'}} - \dfrac{\mathbf{1}}{\mathbf{LC'}\omega^2} - \dfrac{j}{\mathbf{RC'}\omega}}$

3.3) Nous pouvons écrire : $LC'\,\omega^2 = L(C + C') \times \dfrac{C'}{C + C'}\,\omega^2 = \alpha\left(\dfrac{\omega}{\omega_0}\right)^2 = \alpha y^2$

et $\dfrac{1}{RC'\omega} = \dfrac{1}{LC'\,Q_0\,\omega_0\,\omega} = \dfrac{1}{\alpha\,Q_0\left(\dfrac{\omega}{\omega_0}\right)} = \dfrac{1}{\alpha\,Q_0 y}$

On remplace dans l'expression de $\underline{T}(j\omega)$:

$$\underline{T}(jy) = \frac{1}{\left(\dfrac{1}{\alpha} - \dfrac{1}{\alpha y^2}\right) - j\,\dfrac{1}{\alpha Q_0 y}} = \frac{\alpha y^2}{(y^2 - 1) - j\,\dfrac{1}{Q_0}\,y}$$

On multiplie par la quantité conjuguée :

$$\underline{T}(jy) = \frac{\alpha y^2\left[(y^2 - 1) + j\,\dfrac{1}{Q_0}\,y\right]}{(y^2 - 1)^2 + \dfrac{y^2}{Q_0^2}}$$

On obtient pour la partie réelle : $\mathbf{T_R}(y) = \dfrac{\alpha y^2(y^2 - 1)}{(y^2 - 1)^2 + y^2/Q_0^2}$

3.4) **a.** $T_R(1) = 0$ en l'absence de déphasage entre les deux signaux $v_1(t)$ et $v_2(t)$ la tension de sortie $v_s(t) = 0$ V.

b. On suppose $Q_0 \gg 1$, calculons $T_R\left(1 - \dfrac{1}{2Q_0}\right)$:

$$T_R\left(1-\frac{1}{2Q_0}\right)=\frac{\alpha\left(1-\frac{1}{2Q_0}\right)^2\left[\left(1-\frac{1}{2Q_0}\right)^2-1\right]}{\left[\left(1-\frac{1}{2Q_0}\right)^2-1\right]^2+\frac{1}{Q_0^2}\left(1-\frac{1}{2Q_0}\right)^2}$$

On remplace $\left(1-\frac{1}{2Q_0}\right)^2\approx 1-\frac{1}{Q_0}$ alors :

$$T_R\left(1-\frac{1}{2Q_0}\right)\approx\frac{\alpha\left(1-\frac{1}{Q_0}\right)\left(-\frac{1}{Q_0}\right)}{\frac{1}{Q_0^2}+\frac{1}{Q_0^2}\left(1-\frac{1}{Q_0}\right)}$$

$$T_R\left(1-\frac{1}{2Q_0}\right)\approx\frac{-\alpha Q_0}{2}\times\frac{1-\frac{1}{Q_0}}{1-\frac{1}{2Q_0}}$$

négligeable devant 1

Alors : $\mathbf{T_R\left(1-\frac{1}{2Q_0}\right)\approx\frac{-\alpha Q_0}{2}}$

Pour le calcul de $T_R\left(1+\frac{1}{2Q_0}\right)$ il suffit de remplacer Q_0 par $-Q_0$ dans l'expression précédente alors :

$$\mathbf{T_R\left(1+\frac{1}{2Q_0}\right)\approx\frac{\alpha Q_0}{2}}$$

Pour $y = 0$, on obtient : $\mathbf{T_R(0) = 0}$

c. $\lim_{y\to+\infty} T_R(y)=\lim_{y\to+\infty}\frac{\alpha y^4}{y^4}=\alpha=\frac{C'}{C+C'}$

Aux hautes fréquences le réseau déphaseur se comporte comme un diviseur capacitif.

4.1) $V_s^{MAX}=\frac{k\,V_1^2}{2}T_{RMAX}$ soit $\mathbf{V_s^{MAX}=\frac{\alpha k V_1^2 Q_0}{4}}$ **et** $V_s^{min}=-V_s^{MAX}$.

D'après les valeurs numériques :

$F_0=\frac{\omega_0}{2\pi}=\frac{1}{2\pi\sqrt{L(C+C')}}$ soit $\mathbf{F_0\approx 454{,}7\ kHz}$

$$Q_0 = \frac{R}{L\omega_0} = R\sqrt{\frac{C + C'}{L}} = 31{,}4 \qquad \alpha = \frac{C'}{C + C'} = 0{,}06$$

Alors : $\mathbf{V_s^{MAX} \approx 2\ V}$ **et** $\mathbf{V_s^{min} \approx -2\ V}$

$$F_{min} = F_0\left(1 - \frac{1}{2Q_0}\right) \approx 447{,}5\ \text{kHz} \qquad F_{MAX} = F_0\left(1 + \frac{1}{2Q_0}\right) \approx 461{,}9\ \text{kHz}$$

$$\lim_{y \to +\infty} v_s = \frac{k\,V_1^2}{2}\,\alpha = 127\ \text{mV}$$

4.2)

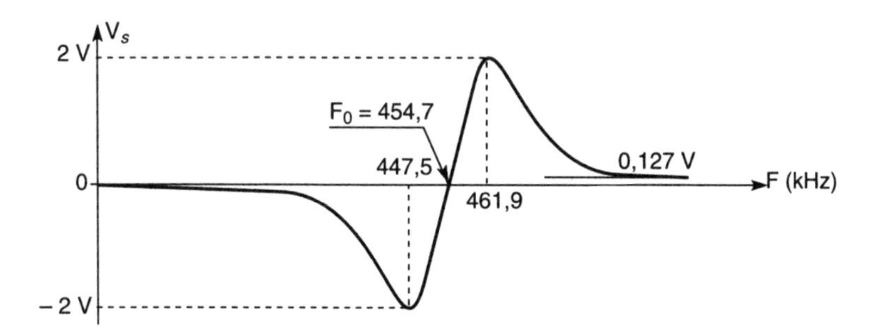

4.3) Dans la partie linéaire nous avons :

$$V_s = \frac{k\,V_1^2}{2} \times \frac{2\,\alpha\,Q_0^2}{F_0}(F - F_0) = A(F - F_0)$$

D'autre part $v_1(t)$ est un signal FM tel que :

$F_1(t) = F_p + k_F\,s(t)$ alors : $\mathbf{V_s = A(F_p - F_0) + A\,k_F\,s(t)}$

Pour F_p proche de F_0, on obtient bien une tension de sortie image du signal modulant $s(t)$.

On a donc réalisé un démodulateur de fréquence.

506 Démodulateur FM à PLL

Le schéma fonctionnel d'une PLL utilisée en démodulateur FM est le suivant :

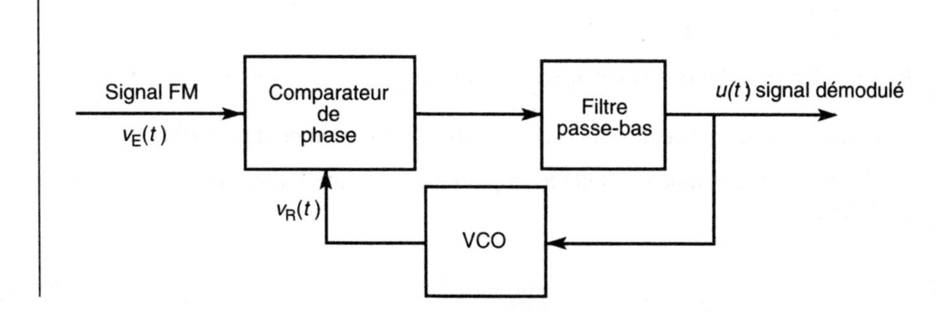

Le signal d'entrée a pour expression : $v_E(t) = V_E \sin[2\pi f_c t + \varphi_E(t)]$

Le VCO délivre une tension : $v_R(t) = V_R \cos[2\pi f_c t + \varphi_R(t)]$

On s'intéresse aux variations de fréquence par rapport à la porteuse f_c.

On pose pour les variations de fréquence instantanée :

$$f_E(t) = \frac{1}{2\pi} \times \frac{d\varphi_E}{dt} \text{ et } f_R(t) = \frac{1}{2\pi} \times \frac{d\varphi_R}{dt}$$

On appelle $F_E(p)$, $F_R(p)$, $\phi_E(p)$ et $\phi_R(p)$ les grandeurs de Laplace associées à $f_E(t)$, $f_R(t)$, $\varphi_E(t)$ et $\varphi_R(t)$.

– Le VCO est caractérisé par : $f_R(t) = K_0\, u(t)$.

– Le comparateur de phase délivre une tension : $v_D(t) = K_D[\varphi_E(t) - \varphi_R(t)]$.

– Le filtre passe-bas a pour transmittance : $G(p) = \dfrac{1}{1 + \tau p}$.

1) On représente le schéma bloc de la PLL sous la forme suivante :

a. Donner les expressions des transmittances $H_E(p)$, $H_D(p)$ et $H_0(p)$.

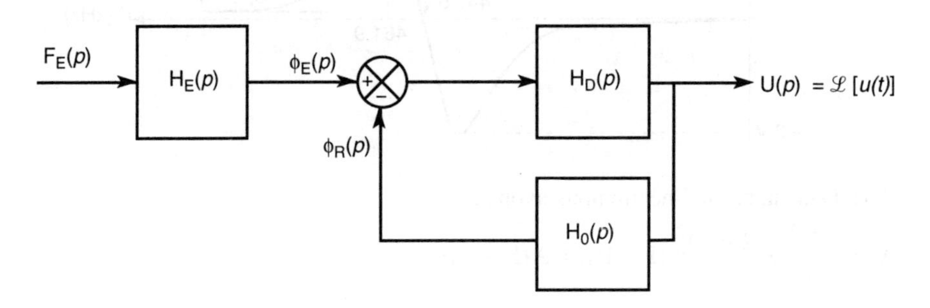

b. Déterminer l'expression de la transmittance : $\dfrac{U(p)}{F_E(p)} = T(p)$ et la mettre sous la forme suivante :

$$T(p) = \frac{T_0}{1 + 2m\dfrac{p}{\omega_0} + \left(\dfrac{p}{\omega_0}\right)^2}$$

Exprimer T_0, m et ω_0 en fonction des constantes K_D, K_0 et τ.

2) La fréquence de la porteuse est égale à $f_c = 100$ kHz.

a. Calculer la valeur de τ sachant que le filtre passe-bas doit atténuer de 20 dB la composante à $2f_c = 200$ kHz.

b. Calculer les valeurs de m et $f_0 = \dfrac{\omega_0}{2\pi}$ pour $K_D = 1$ V/rad et $K_0 = 5$ kHz/V.

c. Calculer la fréquence de coupure à – 1 dB, f_1, de ce démodulateur FM.

d. Tracer le diagramme de Bode asymptotique ainsi que l'allure de la courbe réelle de $\underline{T}(j\omega)$.

3) On applique à l'entrée du démodulateur un échelon de fréquence d'amplitude Δf par rapport à la porteuse.

a. Donner l'expression de U(p).

b. En déduire la valeur de $u(t)$ en régime permanent : $u(+\infty)$

c. L'écart de phase entre φ_E et φ_R ne doit pas dépasser $\frac{\pi}{2}$ pour que la PLL reste verrouillée.

Calculer l'amplitude maximale, Δf_{MAX}, que l'on peut appliquer à l'entrée de la PLL.

1) a. Nous avons $f_E(t) = \frac{1}{2\pi}\frac{d\varphi_E}{dt}$ en prenant la transformée de Laplace de cette équation, on obtient :

$f_E(t) = \frac{1}{2\pi} p\, \phi_E(p)$ alors $\mathbf{H_E(p) = \frac{\phi_E(p)}{F_E(p)} = \frac{2\pi}{p}}$

De même : $f_R(t) = \frac{1}{2\pi}\frac{d\varphi_R}{dt}$ alors $F_R(p) = \frac{1}{2\pi} p\, \phi_R(p)$

D'autre part : $F_R(p) = K_0\, U(p)$

On en déduit : $\mathbf{H_0(p) = \frac{\phi_R(p)}{U(p)} = \frac{2\pi K_0}{p}}$

Pour le comparateur de phase associé au filtre passe-bas nous pouvons écrire :

$$\mathbf{H_D(p) = \frac{U(p)}{\phi_E(p) - \phi_R(p)} = \frac{K_D}{1 + \tau p}}$$

b. En appliquant la formule de Black on obtient :

$$\frac{U(p)}{\phi_E(p)} = \frac{H_D(p)}{1 + H_D(p)\, H_0(p)} = \frac{p K_D}{p(1 + \tau p) + 2\pi\, K_0 K_D}$$

Pour le bloc d'entrée : $\phi_E(p) = \frac{2\pi}{p} F_E(p)$. Alors : $T(p) = \frac{2\pi K_D}{2\pi K_D K_0 + p + \tau p^2}$

Soit : $$\mathbf{T(p) = \frac{1}{K_0} \times \frac{1}{1 + \frac{p}{2\pi K_D K_0} + \frac{\tau}{2\pi K_D K_0} p^2}}$$

On en déduit : $\mathbf{T_0 = \frac{1}{K_0}}$ $\quad \mathbf{\omega_0 = \sqrt{\frac{2\pi K_D K_0}{\tau}}}$ et $\mathbf{m = \frac{1}{2} \times \frac{1}{\sqrt{2\pi K_D K_0 \tau}}}$

2) a. Une atténuation de 20 dB à la fréquence $2f_c$ nous permet d'écrire :

$$\mathbf{20\ \log\left[\frac{1}{\sqrt{1 + (4\pi\tau f_c)^2}}\right] = -\ 20\ dB}$$

On en déduit : $4\pi\tau f_c \approx 10$. D'où : $\tau = \mathbf{\frac{10}{4\pi f_c} \approx 8\ \mu s}$

b. Pour $K_D = 1$ V/rad et $K_0 = 5$ KHz/V on obtient : $\boldsymbol{m \approx 1}$ **et** $\boldsymbol{f_0 \approx 10}$ **kHz**

c. Pour obtenir la fréquence de coupure à – 1 dB nous pouvons écrire :

$$\mathbf{20\ \log\left[\frac{1}{1+\left(\frac{f_1}{f_0}\right)^2}\right] = -\ 1\ dB}$$

Alors : $1+\left(\dfrac{f_1}{f_0}\right)^2 = 10^{\frac{1}{20}}$ soit $f_1 \approx 0{,}35\, f_0$

Donc la bande passante à – 1 dB du démodualteur FM vaut : $\boldsymbol{f_1 \approx 3{,}5}$ **kHz**

d.

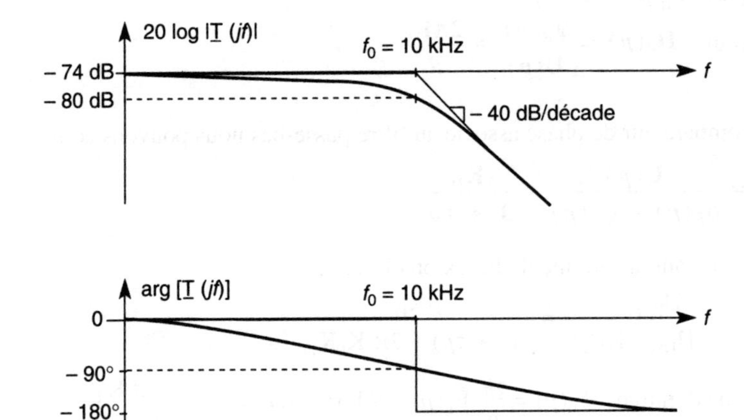

3) a. Echelon de fréquence d'amplitude Δf : $F_E(p) = \dfrac{\Delta f}{p}$

$U(p) = T(p) \times \dfrac{\Delta f}{p}$ alors $\mathbf{U(p) = \dfrac{T_0 \Delta f}{p} \times \dfrac{1}{1 + 2m\dfrac{p}{\omega_0} + \left(\dfrac{p}{\omega_0}\right)^2}}$

b. D'après le théorème de la valeur finale nous pouvons écrire :

$u(+\infty) = \lim\limits_{p \to 0} p\, U(p) = T_0\, \Delta f$ soit $\boldsymbol{u(+\infty) = \dfrac{\Delta f}{K_0}}$

c. Nous avons en régime permanent : $u\,(+\infty) = K_D\,[\varphi_E(+\infty) - \varphi_R(+\infty)]$

Alors : $\Delta f_{MAX} = K_0\, K_D\, \dfrac{\pi}{2} \approx 7{,}8$ kHz

507 Démodulateur FM à amplificateurs opérationnels (Texte d'examen)

Les amplificateurs opérationnels sont supposés idéaux et en fonctionnement linéaire.

1) Etude des étages (1) et (2).

La tension $u_e(t)$ est de la forme $U \cos \Omega t$ et la pulsation Ω est supposée constante (sauf pour la question 4).

Déterminer les expressions des tensions $u_1(t)$ et $u_2(t)$ à la sortie des amplificateurs 1 et 2 en fonction de U, R, C, Ω et $\sin \Omega t$.

On suppose nulle les conditions initiales.

2) Etude des détecteurs de crête.

La diode D est idéale. Les éléments R_0 et C_0 du détecteur sont tels que : $R_0C_0\Omega >> 1$. La résistance R' est très grande par rapport à R_0.

La tension $u_e(t)$ étant toujours de la forme $U \cos \Omega t$, montrer qu'on peut admettre que les tensions u_a et u_b sont des tensions continues respectivement égales aux amplitudes de $u_1(t)$ et $u_2(t)$.

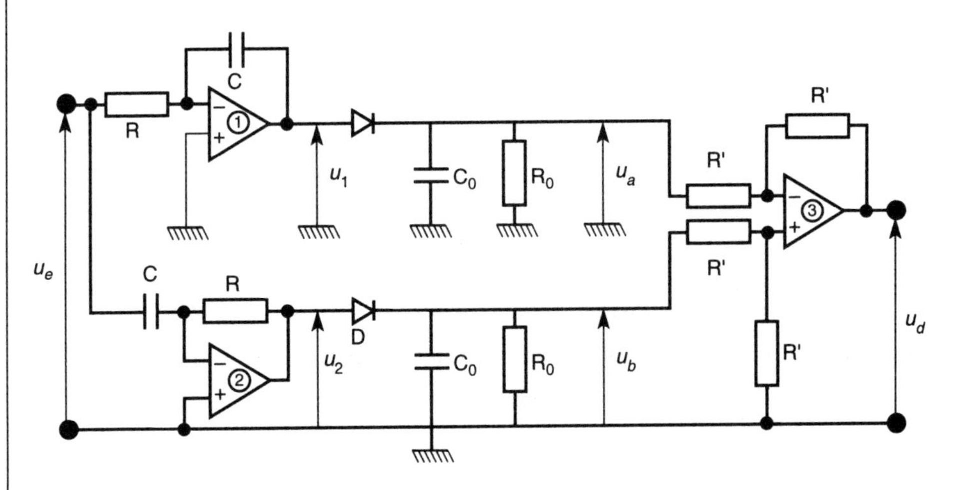

3) Etude de l'étage (3).

Exprimer la tension de sortie u_d en fonction de u_a et u_b.

En déduire que, si $RC\Omega_0 = 1$, pour un signal $u_e(t) = U \sin \Omega t$ la tension $u_d(t)$ s'écrit :

$$u_d = U\left(\frac{\Omega}{\Omega_0} - \frac{\Omega_0}{\Omega}\right).$$

On pose $\Omega = \Omega_0 + \Delta\Omega$ avec $\Delta\Omega << \Omega_0$ et $\alpha = \dfrac{\Delta\Omega}{\Omega_0} = \dfrac{\Delta F}{F_0}$.

A l'aide d'un développement limité montrer que : $u_d \approx U(2\alpha - \alpha^2)$.

On rappele que $\dfrac{1}{1+x} \approx 1 - x$ lorsque $x << 1$.

4) On admet que les résultats précédents applicables lorsque la pulsation Ω est fonction du temps et varie légèrement autour de Ω_0.

Le montage est donc un démodulateur. Il est dit linéaire si :
$u_d \approx K.\Delta F$.

Quelle condition doit satisfaire α pour que cette linéarité soit obtenue à 1 % près ?

Dans ce cas, donner l'expression de K en fonction du U et F_0 ?

Quelle est alors la déviation de fréquence permise pour le signal modulé appliqué à l'entrée du démodulateur si $F_0 = 125$ kHz.

1) Le circuit associé à l'A.O. n° 1 correspond à un intégrateur :

$$\frac{u_e(t)}{R} = -C\frac{du_1}{dt} \quad \text{soit} \quad \frac{du_1}{dt} = -\frac{1}{RC}\,u_e(t)$$

Les conditions initiales étant nulles on obtient : $u_1(t) = -\dfrac{1}{RC}\displaystyle\int_0^t u_e(x)\,dx$

Nous avons $u_e(t) = U\cos\Omega t$ donc: $\boldsymbol{u_1(t) = -\dfrac{U}{RC\Omega}\sin\Omega t}$

Le circuit associé à l'A.O. n° 2 correspond à un dérivateur :

$$C\frac{du_e}{dt} = \frac{-u_e(t)}{R} \quad \text{soit } u_2(t) = -\frac{du_e}{dt}$$

Nous avons $u_e(t) = U\cos\Omega t$ donc : $\boldsymbol{u_2(t) = U\,R\,C\,\Omega\sin\Omega t}$

2) La constante de temps R_0C_0 du détecteur de crête est grande devant la période du signal $T = \dfrac{2\pi}{\Omega}$, donc le condensateur va se charger à l' amplitude maximale positive du signal d'entrée et ne se déchargera pratiquement pas.

On obtient aux bornes des condensateurs une tension pratiquement constante.

Soit : $\boldsymbol{u_a \approx \dfrac{U}{RC\Omega}}$ **et** $\boldsymbol{u_b \approx URC\Omega}$

3) Le circuit associé à l'A.O. n° 3 correspond à un soustracteur :

soit : $\boldsymbol{u_d = u_b - u_a}$

On a donc : $u_d = U\,RC\Omega - \dfrac{U}{RC\Omega} = U\left(RC\Omega - \dfrac{1}{RC\Omega}\right)$

On pose $RC\Omega_0 = 1$ alors : $\boldsymbol{u_d = U\left(\dfrac{\Omega}{\Omega_0} - \dfrac{\Omega_0}{\Omega}\right)}$

On remplace Ω par $\Omega_0 + \Delta\Omega$ avec $\Delta\Omega << \Omega_0$ et $\dfrac{\Delta\Omega}{\Omega_0} = \alpha$:

$$u_d = U\left(\frac{\Omega_0 + \Delta\Omega}{\Omega_0} - \frac{\Omega_0}{\Omega_0 + \Delta\Omega}\right)$$

$$u_d = U\left(1 + \alpha - \frac{1}{1+\alpha}\right) = U \times \frac{(1+\alpha)^2 - 1}{1+\alpha} = U \times \frac{2\alpha + \alpha^2}{1+\alpha}$$

On utilise le développement limité au 1er ordre pour $\frac{1}{1+\alpha} \approx 1 - \alpha$ alors :

$u_d \approx U(2\alpha + \alpha^2)\,(1 - \alpha) = U(2\alpha + \alpha^2 - 2\alpha^2 - \alpha^3)$

On ne conserve que les termes d'ordre inférieur ou égal à 2 :

$\boldsymbol{u_d \approx U(2\alpha - \alpha^2)}$

4) Pour obtenir un démodulateur linéaire il faut que α^2 soit négligeable par rapport à 2α.

Alors : $u_d \approx U \times 2\alpha = U \times \frac{2\Delta\Omega}{\Omega_0} = 2U\,\frac{\Delta F}{F_0}$

Soit : $\boldsymbol{u_d \approx \left(\frac{2U}{F_0}\right)\Delta F}$ **avec** $\boldsymbol{K = \frac{2U}{F_0}}$

Pour obtenir une linéarité à 1 % près il faut avoir : $\left|\frac{U \times 2\alpha - U\,(2\alpha - \alpha^2)}{U \times 2\alpha}\right| < 1\,\% = 10^{-2}$

soit $\frac{|\alpha|}{2} < 0{,}01$ donc $\boldsymbol{|\alpha| < 0{,}02.}$

On en déduit pour la déviation de fréquence maximale :

$\Delta F_{MAX} = 0{,}02 \times F_0$ soit $\boldsymbol{\Delta F_{MAX} = 2{,}5\ \text{kHz}.}$

Exercices à résoudre

508 Comparaison procédé SECAM et D2MAC/PAQUET (Texte d'examen)

1) Intermodulation luminance-chrominance

Un signal vidéo contient un signal luminance et deux signaux de chrominance.

Hypothèses

$E_R(t)$, $E_V(t)$, $E_B(t)$ représentent les valeurs instantanées des signaux fournis par la caméra et correspondent respectivement aux couleurs primaires rouge, vert, bleu.

La valeur instantanée du signal luminance, exprimée en volts, est donnée par la relation suivante :

$E_y(t) = 0{,}3\ E_R(t) + 0{,}6\ E_V(t) + 0{,}1\ E_B(t)$

Les valeurs instantanées, exprimées en volts, des signaux de chrominance sont données par les relations :

$C_R(t) = -\ 1{,}9\ [E_R(t) - E_y(t)]$ et $C_B(t) = +\ 1{,}5\ [E_B(t) - E_y(t)]$

On précise que pour le BLANC $E_V = E_R = E_B = 1$
pour le NOIR $E_V = E_R = E_B = 0$

Procédé SECAM

Chaque signal chrominance module une porteuse en fréquence. Ces porteuses sont en fait appelées sous porteuses pour une raison qui apparaît ci-après.

$C_R(t)$ module la fréquence d'une porteuse de 4,43 MHz et $C_B(t)$ celle d'une porteuse de 4,25 MHz.

Les signaux de chrominance sont multiplexés dans le temps (voir figure 1). Le signal modulé en fréquence est additionné au signal luminance. Le signal résultant module en amplitude une porteuse de fréquence $F_C = 600{,}00$ MHz.

Cette modulation d'amplitude présente une bande latérale atténuée dite encore bande latérale résiduelle (voir figure 2).

Remarque : Une raie située dans l'intervalle Δf noté sur la figure 2 pourra être interprétée comme de la chrominance lors du décodage.

Rappel sur le codage D2-MAC/PAQUET

Le signal luminance et les signaux de chrominance sont multiplexés dans le temps.

1) Généralités sur la modulation

Pour cette question, se reporter à la figure 3.

1.1) Spectre de $v_2(t)$

On module en fréquence une porteuse sinusoïdale d'amplitude $a = 1{,}0$ V et de fréquence $F_R = 4{,}43$ MHz par un signal sinusoïdal $v_1(t)$ de fréquence $f_1 = 100{,}00$ KHz. L'indice de modulation correspondant vaut : $m = 2{,}0$.

On pose $\Omega_R = 2\pi F_R$, $\omega_1 = 2\pi f_1$

a. ΔF_R étant l'excursion de fréquence de la porteuse, on rappelle la définition de m :

$$m = \frac{\Delta F_R}{F_1}.$$

La déviation instantanée de fréquence sera notée sous la forme $C_1 . \cos(C_2 t)$, C_1 et C_2 étant des constantes déjà introduites que l'on identifiera. Exprimer la pulsation instantanée $\Omega(t)$ du signal modulé $v_2(t)$. En déduire une expression de $v_2(t)$ faisant apparaître les grandeurs a, Ω_R, ω_1 et m. ($v_2(t)$ s'écrira sous la forme $C_3 . \cos(\theta(t))$, C_3 étant une constante déjà introduite et $\theta(t)$ une expression que l'on déterminera).

b. En utilisant les renseignements portés sur la figure 4, développer l'expression précédente, compte tenu de la valeur de m en limitant le développement à l'écriture des termes correspondants aux cinq raies centrales du spectre de $v_2(t)$.

c. Déduire de la question précédente les fréquences et les amplitudes des composantes du spectre de $v_2(t)$.

1.2) Le signal $v_2(t)$ est additionné au signal sinusoïdal $v_3(t)$ d'amplitude 0,5 V de fréquence de 2,00 MHz. Indiquez les amplitudes et les fréquences des composantes du spectre d'amplitude du signal $v_4(t)$.

1.3) Le signal $v_4(t)$ module en amplitude une porteuse sinusoïdale de fréquence 600,00 MHz. Indiquez les fréquences des composantes du spectre du signal $v_5(t)$ en justifiant votre réponse.

2) Retour aux codages SECAM et D2-MAC/PAQUET

Considérons une caméra SECAM filmant des raies verticales d'égales largeurs alternativement blanches et noires. On admettra que le nombre de raies est tel qu'il en résulte un signal luminance périodique, de fréquence 1,00 MHz, de rapport cyclique 0,5.

2.1) Donnez les valeurs de $C_R(t)$ et de $C_B(t)$.

2.2) Représentez le graphique de $E_y(t)$ sur une période et justifiez les valeurs prises par $E_y(t)$.

2.3) Justifiez l'absence d'harmoniques de rang pair dans le spectre d'amplitude de $E_y(t)$.

2.4) Donner les fréquences des composantes du spectre d'amplitude du signal $u(t)$ de la figure 1 dans l'intervalle de temps où $C_R(t)$ est transmis (composantes de la bande latérale droite seulement).

2.5) Lors de la démodulation dans le récepteur couleur SECAM, quelles sont les valeurs souhaitables de $C_R(t)$ et de $C_B(t)$?

2.6) En fait un fond de couleur apparaît : justifiez ce phénomène.

2.7) Ce phénomène peut-il se produire avec le D2-MAC/PAQUET ?

Justifiez votre réponse.

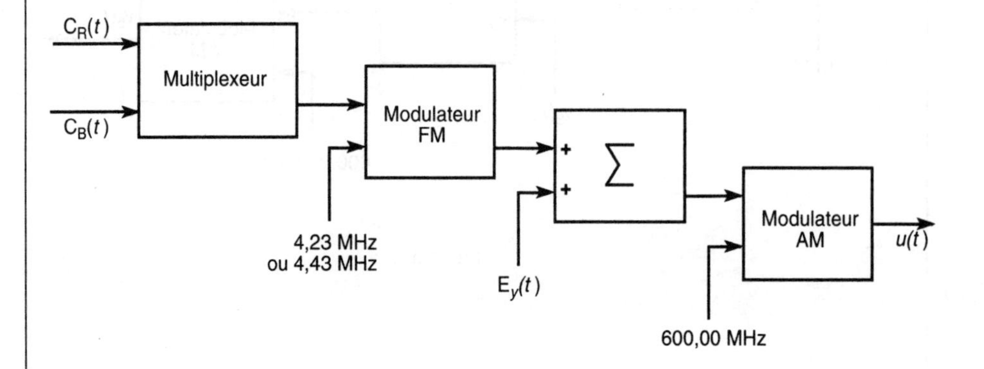

Figure 1 :

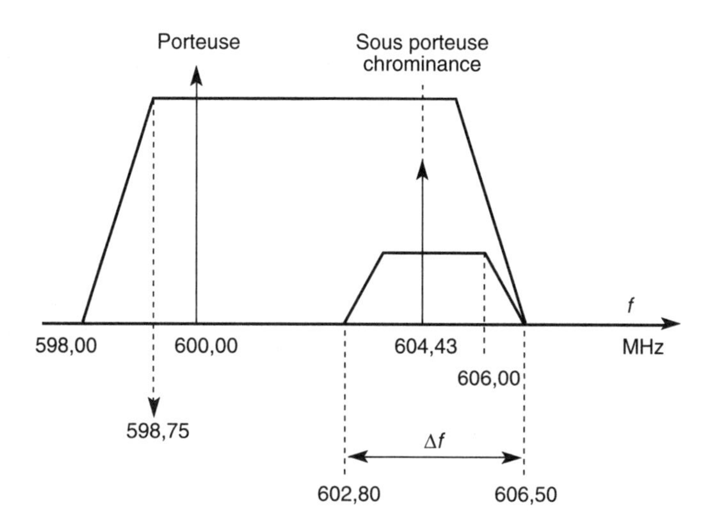

Figure 2 :

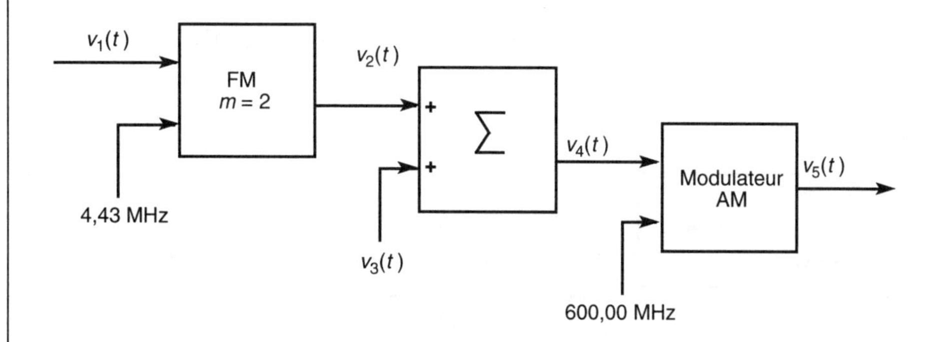

Figure 3 :

COEFFICIENTS DE BESSEL

m	J_0	J_1	J_2	J_3	J_4	J_5	J_6	J_7	J_8	J_9	J_{10}	J_{11}	J_{12}	J_{13}	J_{14}	J_{15}	J_{16}
0,00	1,00	—	—	—	—	—	—	—	—	—	—	—	—	—	—	—	—
0,25	0,98	0,12	—	—	—	—	—	—	—	—	—	—	—	—	—	—	—
0,5	0,94	0,24	0,03	—	—	—	—	—	—	—	—	—	—	—	—	—	—
1,0	0,77	0,44	0,11	0,02	—	—	—	—	—	—	—	—	—	—	—	—	—
1,5	0,51	0,56	0,23	0,06	0,01	—	—	—	—	—	—	—	—	—	—	—	—
2,0	0,22	0,58	0,35	0,13	0,03	—	—	—	—	—	—	—	—	—	—	—	—
2,5	-0,05	0,50	0,45	0,22	0,07	0,02	—	—	—	—	—	—	—	—	—	—	—
3,0	-0,26	0,34	0,49	0,31	0,13	0,04	0,01	—	—	—	—	—	—	—	—	—	—
4,0	-0,40	-0,07	0,36	0,43	0,28	0,13	0,05	0,02	—	—	—	—	—	—	—	—	—
5,0	-0,18	-0,33	0,05	0,36	0,39	0,26	0,13	0,05	0,02	—	—	—	—	—	—	—	—
6,0	0,15	-0,28	-0,24	0,11	0,36	0,36	0,25	0,13	0,06	0,02	—	—	—	—	—	—	—
7,0	0,30	0,00	-0,30	-0,17	0,16	0,35	0,34	0,23	0,13	0,06	0,02	—	—	—	—	—	—
8,0	0,17	0,23	-0,11	-0,29	-0,10	0,19	0,34	0,32	0,22	0,13	0,06	0,03	—	—	—	—	—
9,0	-0,09	0,24	0,14	-0,18	-0,27	-0,06	0,20	0,33	0,30	0,21	0,12	0,06	0,03	0,01	—	—	—
10,0	-0,25	0,04	0,25	0,06	-0,22	-0,23	-0,01	0,22	0,31	0,29	0,20	0,12	0,06	0,03	0,01	—	—
12,0	0,05	-0,22	-0,08	0,20	0,18	-0,07	-0,24	-0,17	0,05	0,23	0,30	0,27	0,20	0,12	0,07	0,03	0,01
15,0	-0,01	0,21	0,04	-0,19	-0,12	0,13	0,21	0,03	-0,17	-0,22	-0,09	0,10	0,24	0,28	0,25	0,18	0,12

$\cos (a + b) = \cos a \,.\, \cos b - \sin a \,.\, \sin b$

$\cos (m \sin x) = J_0(m) + 2\, J_2(m) \cos 2x + 2\, J_4(m) \cos 4x + \ldots$

$\sin (m \sin x) = 2\, J_1(m) \sin x + 2\, J_3(m) \sin 3x + \ldots$

$\cos p \,.\, \cos q = \frac{1}{2}\, [\cos (p + q) + \cos (p - q)]$

$\sin p \,.\, \sin q = \frac{1}{2}\, [\cos (p - q) - \cos (p + q)]$

509 Convertisseur fréquence-tension utilisant un monostable

Le schéma de principe est le suivant :

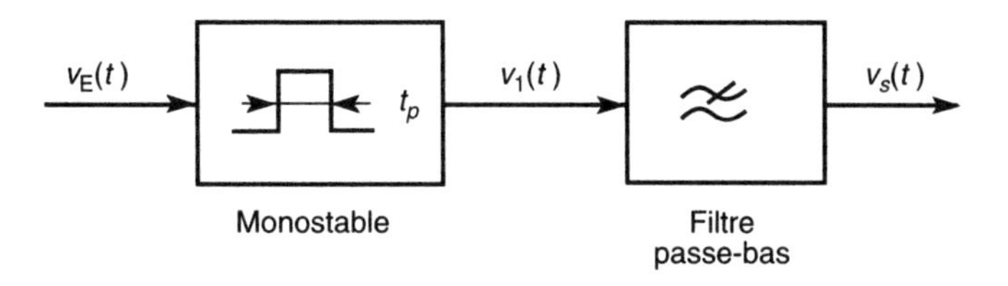

Le signal d'entrée $v_E(t)$ est périodique de fréquence $f = \frac{1}{T}$:

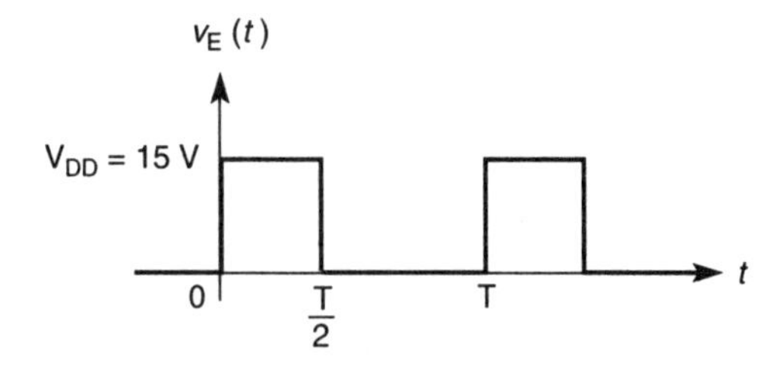

1) La durée de l'impulsion délivrée par le monostable est inférieure à T.

a. Représenter $v_E(t)$ et $v_1(t)$ en concordance de temps pour $f = 10$ kHz et $t_p = 20$ µs.

b. Le filtre passe-bas permet d'extraire la valeur moyenne de $v_1(t)$. Déterminer l'expression de $\overline{v_1(t)}$ en fonction de V_{DD}, t_p et f.

c. La constante K du convertisseur fréquence-tension est définie par : $v_s = \text{K}f$.

Donner l'expression de K et calculer la valeur de t_p pour obtenir K = 0,1 V/kHz.

d. Déterminer la fréquence maximale, f_{MAX}, de fonctionnement du convertisseur.

e. Représenter graphiquement $v_s(f)$ pour $f \in]0, 200 \text{ kHz}]$.

2) Le filtre passe-bas correspond à un filtre RC du premier ordre :

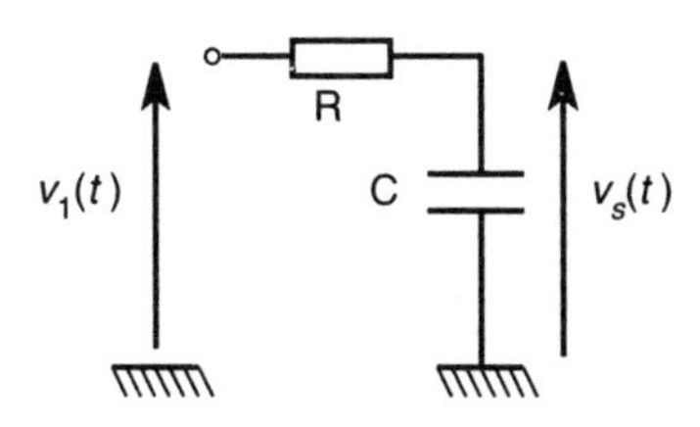

$v_1(t)$ est un signal créneau périodique de rapport cyclique $\theta = \frac{t_p}{T}$.

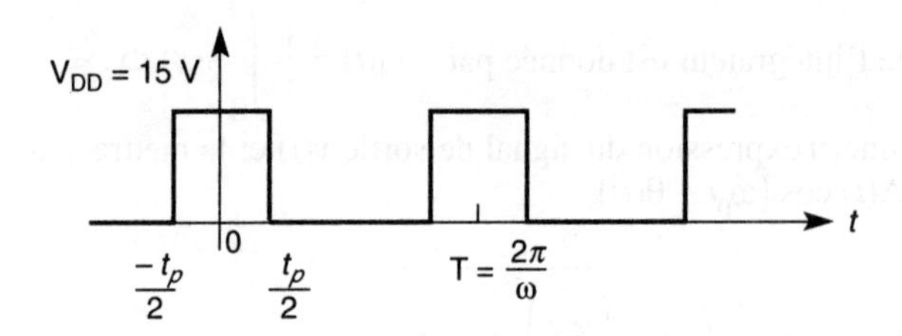

On assimile $v_1(t)$ à sa composante continue associée à son fondamental.

a. Déterminer l'expression de l'amplitude du fondamental de $v_1(t)$ notée a_1 en fonction de V_{DD}, et θ.

b. Donner alors l'expression de $v_1(t)$ composée de sa valeur moyenne et de son fondamental.

c. Calculer la fonction de transfert $\frac{\underline{V}_s}{\underline{V}_1}$.

d. Exprimer alors $v_s(t)$ sous la forme suivante : $v_s(t) = V_0 + V_1 \cos(\omega t + \varphi)$

Donner les expressions de V_0, V_1 et φ.

e. Dans le cas où $RC\omega >> 1$ montrer que le rapport $\frac{\Delta v_s}{V_0}$ s'exprime de la façon suivante :

$$\frac{\Delta v_s}{V_0} \approx \frac{4 \sin(\pi t_p f)}{2\pi^2 RC\, t_p f^2}$$

Δv_s représente l'ondulation crête à crête de $v_s(t)$ autour de sa valeur moyenne.

f. Aux basses fréquences on a $\pi t_p f << 1$, à l'aide d'un développement limité calculer $\frac{\Delta v_s}{V_0}$, l'ondulation relative de la tension de sortie.

Calculer la valeur de la constante de temps RC pour obtenir $\frac{\Delta v_s}{V_0} = 5\ \%$ à $f = 1{,}5$ kHz.

g. Dans le cas où on applique un échelon de fréquence à l'entrée du convertisseur. Calculer la valeur du temps de réponse à 5 % de $v_s(t)$ pour un fonctionnement linéaire du dispositif.

510 Modulateur de fréquence de type Armstrong

On considère le dispositif suivant :

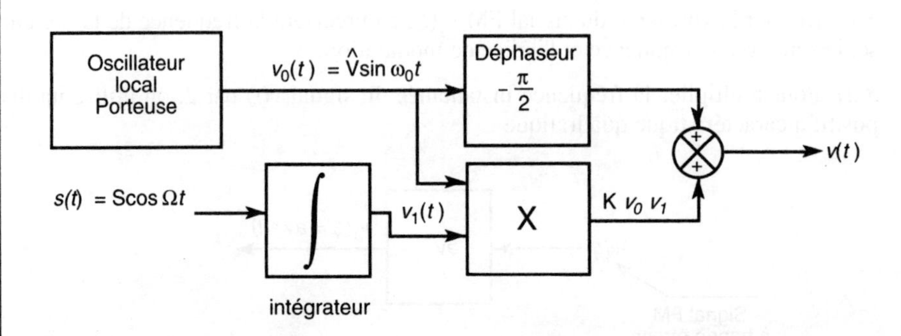

La sortie de l'intégrateur est donnée par : $v_1(t) = \frac{1}{\tau}\int_0^t s(x)\,\mathrm{d}x$.

1) Déterminer l'expression du signal de sortie $v(t)$ et le mettre sous la forme suivante : $v(t) = \mathrm{A}(t)\cos[\omega_0 t + \theta(t)]$

avec :

$$\begin{cases} \mathrm{A}(t) = \hat{\mathrm{V}}\sqrt{1 + \left(\dfrac{\mathrm{KS}}{\tau\Omega}\right)^2 \sin^2 \Omega t} \\ \theta(t) = \arctan\left[\left(\dfrac{\mathrm{KS}}{\tau\Omega}\right)\sin \Omega t\right] \end{cases}$$

2.1) On suppose $\frac{\mathrm{KS}}{\tau\Omega} << 1$, montrer que $v(t)$ correspond pratiquement à un signal FM dont on donnera l'expression.

On rappelle que : $\arctan x \approx x$ pour $x << 1$.

2.2) En déduire l'expression de l'indice de modulation, m, du signal FM.

2.3) Exprimer la fréquence instantanée que l'on mettra sous la forme suivante :

$f(t) = f_0 + k\,s(t)$ avec $f_0 = \frac{\omega_0}{2\pi}$.

Donner l'expression du coefficient k en fonction de K et τ.

3) Pour augmenter l'indice de modulation on utilise un multiplicateur de fréquence.

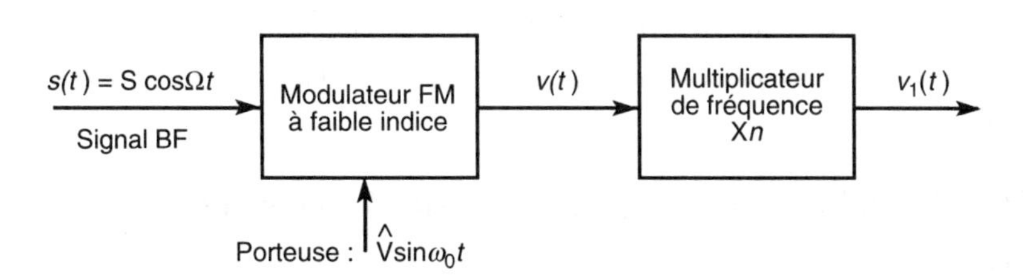

3.1) Donner l'expression du signal FM $v_1(t)$, en précisera la fréquence de la porteuse, l'excursion de fréquence et l'indice de modulation.

3.2) Pour multiplier la fréquence instantanée du signal $v(t)$ par 2, on utilise un dispositif à caractéristique quadratique :

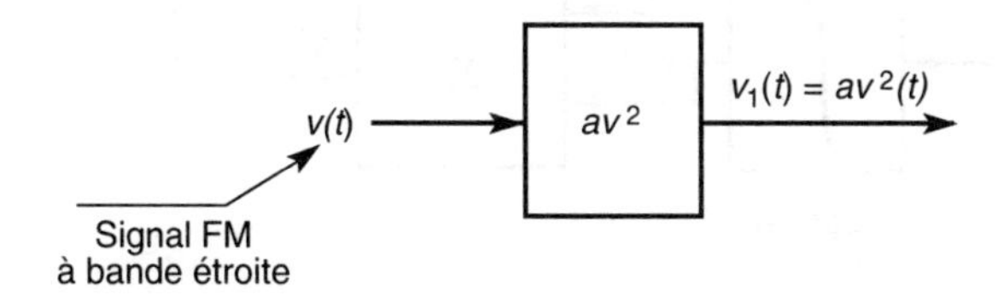

L'expression de $v(t)$ étant :

$$v(t) = \hat{V} \cos \omega_0 t - \frac{m\hat{V}}{2} \cos (\omega_0 - \Omega)t + \frac{m\hat{V}}{2} \cos (\omega_0 + \Omega)t.$$

Calculer et représenter le spectre d'amplitude du signal $v_1(t)$ et le comparer à un signal FM dont la porteuse est $2 f_0$ et l'excursion de fréquence $2\ m$F.

On prendra pour les applications numériques :

$m = 0{,}1 \quad f_0 = \frac{\omega_0}{2\pi} = 1$ MHz $\quad F = \frac{\Omega}{2\pi} = 10$ kHz $\quad \hat{V} = 1$ V $\quad a = 1\ V^{-1}$.

IMPRESSION – FINITION

Achevé d'imprimer en mai 1994
N° d'impression L 45567
Dépôt légal mai 1994
Imprimé en France